Ergebnisse der Aerodynamischen Versuchsanstalt zu Göttingen

Unter Mitwirkung von

Dr.-Ing. C. Wieselsberger

und

Dipl.-Ing. Dr. phil. A. Betz

herausgegeben von

Dr.-Ing. Dr. L. PRANDTL

o. Professor an der Universität Göttingen

I. Lieferung

Mit einer Beschreibung der Anstalt und ihrer Einrichtungen und einer Einführung in die Lehre vom Luftwiderstand

3. Auflage in Manuldruck

Mit 91 Abbildungen im Text und 2 Tafeln

München und Berlin 1925

Druck und Verlag von R. Oldenbourg

Vorwort.

In den »Ergebnissen der Aerodynamischen Versuchsanstalt«, deren erste Lieferung nach Überwindung mannigfaltiger, aus den Zeitumständen entsprungener Schwierigkeiten jetzt vorliegt,
sollen, in zwangloser Folge erscheinend, die wichtigsten Resultate der Göttinger Anstalt der
Fachwelt in bequemerer Weise zugänglich gemacht werden als dies bisher der Fall war, wo sie
in kleinen »Mitteilungen« in der Zeitschrift für Flugtechnik und — im Kriege — in den Technischen Berichten der Flugzeugmeisterei erschienen sind.

Die erste Lieferung enthält nur unveröffentlichte Versuchsergebnisse, die zum kleineren Teil
noch während des Krieges, zum größten Teil aber erst nach seiner Beendigung gewonnen sind.
Daneben enthält sie eine ausführliche Beschreibung der Anstalt und ihrer wichtigsten, bisher in
Tätigkeit getretenen Einrichtungen, mit allen denjenigen Angaben, die vom versuchstechnischen
Standpunkt aus wichtig erscheinen. Sie enthält endlich eine Einführung in die Lehre vom
Luftwiderstand, in der diejenigen Grundbegriffe und Gesetze der Aerodynamik, deren Kenntnis
für das Verständnis der Versuchsergebnisse nötig ist, in einer für technisch vorgebildete Leser
leicht faßlichen Weise aneinandergesetzt sind. Am Schlusse des Heftes befindet sich ein Verzeichnis der bisherigen Göttinger aerodynamischen Veröffentlichungen.

Mit den Vorbereitungen für die zweite Lieferung ist bereits begonnen worden, doch wird
ihr Erscheinen nicht vor Ablauf eines Jahres zu erwarten sein, da noch eine große Reihe
bisher unausgeführten Versuche darin Platz finden sollen. Ob dann noch weitere Lieferungen
werden erscheinen können, muß der Zukunft vorbehalten bleiben.

An der Abfassung des I. Teiles (Beschreibung der Anstalt) haben sich neben dem Heraus-
geber die Herren Dr. A. Betz und Dr.-Ing. C. Wieselsberger beteiligt, und zwar stammen die
Abschnitte 1, 2 und 5 vom Herausgeber, Abschnitt 3 von Dr. Betz, 4 und 6 von Dr.-Ing.
Wieselsberger. Teil II (Einführung in die Lehre vom Luftwiderstand) stammt vom Herausgeber,
Teil III und IV (Versuchstechnik und Versuchsergebnisse) sind von dem Versuchsleiter Dr. Wiesels-
berger verfaßt. Der größte Teil der in diesem Heft mitgeteilten Messungen ist von Herrn
Kap.-Lt. a. D. K. Hellwig und Herrn E. Becker ausgeführt worden.

Die Herausgabe der »Ergebnisse« ist in der letzten Zeit durch Verschärfung der auf dem
Büchermarkt bestehenden Schwierigkeiten erneut in Frage gestellt gewesen. Zwei namhafte
Spenden ungenannter Stifter haben dann das Erscheinen des Buches doch noch ermöglicht.
Den beiden Spendern sei dafür unser herzlicher Dank ausgesprochen.

Auch der Verlagsbuchhandlung gebührt unser Dank für die Übernahme ihres Teiles am
Risiko des Unternehmens, aber auch für die gute Ausstattung des Heftes.

Göttingen, Weihnachten 1920.

L. Prandtl.

Inhaltsverzeichnis.

Geschichtliche Vorbemerkungen.

———

Geschichtliche Vorbemerkungen.

Manchem wird es vielleicht verwunderlich sein, daß eine den Interessen der Luftfahrttechnik in erster Linie gewidmete Anstalt in einer stillen Universitätsstadt entstanden ist, fern von allen Plätzen des Luftverkehrs. Um die stattgehabte Entwicklung verständlich zu machen, muß deshalb über die in Göttingen bestehenden besonderen Vorbedingungen in Kürze einiges gesagt werden. Die Entwicklung knüpft vornehmlich an zwei Namen an. In dem Bestreben, die damals verloren gegangene Fühlung der exakten Universitätswissenschaften mit der Technik wieder herzustellen, war der weitblickende Organisator der Göttinger Mathematik und Physik, *Felix Klein*, seit den neunziger Jahren des vorigen Jahrhunderts eifrig bestrebt, den Anwendungen der Mathematik und Physik in Göttingen einen Boden zu schaffen. Nach verschiedenen Fehlschlägen, die ihn niemals entmutigten, gelang es ihm im Jahre 1897, eine aus deutschen Industriellen und Göttinger Professoren bestehende eigenartige Vereinigung zu schaffen und als deren Führer den damaligen Leiter der Elberfelder Farbwerke Friedrich Bayer & Co. Herrn Dr. *Henry Th. Böttinger* zu gewinnen. Die „Göttinger Vereinigung zur Förderung der angewandten Physik und Mathematik" kam bald unter dem harmonischen Zusammenwirken dieser beiden Männer zu hoher Blüte. Von der preußischen Unterrichtsverwaltung wurden unter der Führung von Ministerialdirektor *Althoff* die Absichten der Vereinigung mit feinem Verständnis gefördert. Es entstanden Institute für angewandte Elektrizität, für angewandte Mechanik und für angewandte Mathematik, in denen in sehr fruchtbarer Weise die Grenzgebiete zwischen Universitätswissenschaften und Technik gepflegt wurden[1].

Als im Jahre 1906 durch *Althoff* und *Rathenau* die Motor-Luftschiff-Studiengesellschaft gegründet wurde und sich mit einem großen technischen Ausschuß umgab, wurden die Göttinger angewandten Wissenschaften hieran beteiligt. *Felix Klein* war zum „Sprecher der dynamischen Gruppe" dieses Ausschusses bestimmt worden und veranlaßte in dieser Eigenschaft die Mitglieder der Gruppe zu Vorschlägen für zu unternehmende wissenschaftliche Arbeiten. Anknüpfend an meine damaligen Arbeiten über die Strömungsgesetze und den Widerstand der Körper in Flüssigkeiten schlug ich damals vor, Modellversuche ähnlicher Art, wie sie im Schiffbau bereits üblich waren, in größerem Maßstab auch für die Luftschiffahrt zu machen. Der Plan fand Anerkennung, und ich wurde im Januar 1907 mit Vorarbeiten für eine solche Anstalt beauftragt. Für diese Vorarbeiten gewann ich zum 1. März 1907 meinen früheren Schüler, Herrn Dipl.-Ing. *Georg Fuhrmann*, der dann lange Zeit der erste Assistent an der Anstalt war. Dieser vorzügliche Mitarbeiter, der später Abteilungsleiter der Deutschen Versuchsanstalt für Luftfahrt wurde, ist leider bereits in den ersten Wochen des Krieges an der belgischen Front gefallen.

Die Nützlichkeit der Modellversuche konnte bereits an einem in kleinen Abmessungen hergestellten vorläufigen Apparat erwiesen werden. Die inzwischen ausgearbeiteten Baupläne fanden die Billigung der Gesellschaft, und es wurde im September 1907 der geforderte Betrag von M. 20000

---

[1] Vgl. etwa das „Klein-Heft" der „Naturwissenschaften" (1919, S. 303 u. 307) oder die Festschrift „Die Physikalischen Institute der Universität Göttingen", Leipzig 1906 bei Teubner.

für eine kleine, von vornherein als Provisorium gedachte Anlage in Göttingen bewilligt. Diese wurde auf einem von der Stadtverwaltung abgepachteten Grundstück errichtet. Der 35pferdige für Regulierung in weiten Grenzen eingerichtete Elektromotor wurde von der A. E. G. in Berlin leihweise überlassen und später der Anstalt geschenkt. Die preußische Unterrichtsverwaltung und die Göttinger Vereinigung haben sich an den Betriebskosten beteiligt, so daß das Personal auf zwei Assistenten und zwei Mechaniker hat vermehrt werden können. Die Einrichtungen der Anstalt, die ohne Vorbild geschaffen werden mußten und für die nur durch vorherige Kleinversuche Anhaltspunkte gewonnen worden waren, wurden in den Jahren 1908 und 1909 der Reihe nach entwickelt und haben sich in allen wesentlichen Zügen wohl bewährt.

Die Anstalt, die bei der Liquidation der M. St. G. in das Eigentum der Unterrichtsverwaltung überging, ist bis zu ihrem Abbruch im Herbst 1918 in immer steigendem Maße in Benutzung gestanden. Daß sie mit so sehr bescheidenen Mitteln gebaut war, und daß besonders ihre Luftgeschwindigkeit von nicht ganz 10 m/s in einem Querschnitt von 3,6 m² den steigenden Anforderungen nur mangelhaft genügen konnte, war die Veranlassung, daß bereits im Anfang des Jahres 1911 an die inzwischen gegründete „Kaiser-Wilhelm-Gesellschaft zur Förderung der Wissenschaften" herangegangen wurde. Ich will nicht verschweigen, daß wieder *Klein* es war, der mich zu diesem Schritt ermuntert hat. Der neue Plan sollte viel weiter ausgreifen: Es wurde ein allgemeines Forschungsinstitut für Aerodynamik und Hydrodynamik angestrebt. Unsere Absichten wurden besonders durch Herrn *v. Böttinger*, der inzwischen zum Senator der Kaiser-Wilhelm-Gesellschaft ernannt worden war, stark gefördert, so daß ich im Herbst 1912 den Auftrag erhielt, eine genaue Beschreibung des geplanten Institutes mit Entwurfsskizzen und Kostenanschlägen einzureichen.

Die Verhandlungen haben sich, da die preußische Unterrichtsverwaltung mit der Hälfte der Baukosten beteiligt werden sollte, längere Zeit hingezogen. Im Sommer 1914 schienen sie einem günstigen Abschluß nahe zu sein, als der Krieg ausbrach und die Pläne auf unbestimmte Zeit zu vertagen zwang. Die Assistenten der Anstalt zogen als Kriegsfreiwillige ins Feld, der Betrieb ruhte im ersten halben Kriegsjahr völlig, da niemand mit einem langen Kriege rechnete.

Als man jedoch Anfang 1915 zur Erkenntnis kam, daß der Krieg noch lange dauern würde, erhielt die Anstalt neue Versuchsaufträge, und es mußten auch ihre Mitarbeiter wieder aus dem Militärdienst zurückgeholt werden. Für die Neubaupläne eröffneten sich damit auch neue Möglichkeiten. Eine durch Vermittlung von Herrn Dr.-Ing. *M. Oertz* dem für alle fliegerischen Angelegenheiten stark interessierten *Prinzen Heinrich von Preußen* überreichte Denkschrift über die Notwendigkeit einer größeren Versuchsanstalt wurde von diesem mit warmer Befürwortung dem Kriegsministerium und dem Reichsmarineamt weitergegeben und fand an beiden Stellen lebhaftes Interesse. Wenige Tage später bereits trafen zwei Herren aus dem Kriegsministerium zur Besichtigung der bisherigen Einrichtungen in Göttingen ein, und bald darauf, am 11. Mai, wurde in einer unter der Leitung von Herrn Oberst *Oschmann* im Kriegsministerium stattfindenden Sitzung beschlossen, daß von mir ein Projekt der Anstalt eingereicht werden solle. Die Kosten der Anstalt wurden auf Grund eines Vorprojektes, dessen bauliche Bearbeitung Herr Regierungsbaumeister *Bruker* von der Bauabteilung des Kriegsministeriums übernommen hatte, zu rd. M. 200000 festgestellt. Nachdem die Zwischenzeit zu weiteren Projektierungsarbeiten und zu der Vorbereitung von allerhand Vorversuchen benutzt worden war, fand durch Vermittlung von Geheimrat *v. Böttinger* am 10. Juni eine Sitzung im Reichsamt des Innern statt, auf Grund deren eine Verständigung zwischen den beteiligten Behörden (Kriegsministerium, Reichsmarineamt und Kultusministerium) mit der Kaiser Wilhelm-Gesellschaft derart getroffen wurde, daß das entstehende Institut Eigentum der Kaiser-Wilhelm-Gesellschaft werden sollte, die Bausumme für den zunächst errichteten Bau samt Einrichtung aber von den beiden Kriegsverwaltungen zu gleichen Teilen gegeben werden sollte. Das Kultusministerium war bereit, mich für Kriegsdauer von meinen Unterrichtsverpflichtungen zu entbinden und außerdem die Oberaufsicht über den Bau durch einen von ihm zu benennenden Sachverständigen zu übernehmen. Herr Geheimrat *v. Böttinger* schenkte das für den Bau erforderliche Grundstück und übernahm die Funktion des Bauherrn in Gemeinschaft mit mir. Er war mir in dieser Eigenschaft in vielen schwierigen Situationen ein treuer Berater und eine starke Hilfe. Die beteiligten Stellen wurden in einem „Vorläufigen Kuratorium" zusammengefaßt, das von dem

Präsidenten der Kaiser-Wilhelm-Gesellschaft, Exz. *Harnack*, geleitet wurde. Als Name der Anstalt wurde „Modellversuchsanstalt für Aerodynamik" gewählt.

Unter der Mitarbeit von Dr.-Ing. *Hans Thoma*, damals in Gotha, von August an Bauleiter für die technischen Einrichtungen der Anstalt, wurden nun die endgültigen Entwürfe für den Bau gemacht und einem Architekten zur Bearbeitung übergeben. Die endgültige Bewilligung der Bausumme erfolgte am 19. August, wenige Tage später erfolgte der erste Spatenstich. Leider zeigte sich bald, daß die mit großen Hoffnungen begonnene Arbeit durch mangelhaftes Funktionieren sowohl der Architektenfirma, wie auch einzelner Handwerksfirmen, da sie durch den Krieg wichtiger Mitarbeiter beraubt waren, nicht nur nicht in dem erwünschten Maße fortschritt, sondern sogar solche Fehler gemacht waren, daß ganze Bauteile wieder entfernt werden mußten. Damit war die gute Bauzeit zu Ende gegangen. Nachdem Mitte Januar ein sehr tüchtiger Architekt, Herr *O. Krege*, gewonnen worden war[1]), wurden die Baupläne von neuem bearbeitet und für die bei der wesentlich solideren Bauart entstandenen Mehrkosten seitens der Kriegsverwaltungen eine Nachtragsbewilligung ausgesprochen. Nun wurde der Bau mit allen Mitteln gefördert. In das Obergeschoß des Vorderhauses wurde eine Dienerwohnung eingebaut, deren Kosten die Kaiser-Wilhelm-Gesellschaft übernahm. Die Versuchshalle, die vorher in Backsteinbau vorgesehen war, wurde jetzt nach den Plänen der Firma *Gerdum & Breuer*, Cassel, die auch die Ausführung übernahm, in Eisenbeton ausgeführt. Durch die gewählte Steifrahmenkonstruktion mit ebener Decke konnte dabei ein sehr wertvoller geräumiger Dachbodenraum hinzugewonnen werden.

Die Oberaufsicht über den Bau hat zu dieser Zeit der Leiter des Göttinger Universitäts- und Hochbauamtes, Herr Baurat *Leben*, übernommen. Die maschinentechnische Bauleitung übernahm nach dem Ausscheiden von Dr. *Thoma* Herr Dipl.-Ing. *A. Betz*. Anfang August wurde bereits der Laufkran in Gang gebracht, und ziemlich gleichzeitig kam die Halle unter Dach. Die Folgezeit wurde zum Ausbau des Windkanals und der inneren Einrichtung verwandt.

Die Beschaffung der elektrischen Maschinen hatte ursprünglich große Schwierigkeiten ergeben, da wir, nachdem bereits fertige Angebote vorlagen, wegen der Kupferbeschlagnahme auf den Weg verwiesen wurden, uns die Maschinenanlage aus entbehrlichen fertigen Maschinen, die noch zu suchen waren, zusammenzustellen. Später aber griff das Reichsmarineamt helfend ein und vermittelte die Bestellung der Maschinen, wobei auf Betreiben dieses Amtes die ursprünglich vorgesehene Gebläsestärke von 120 bis 150 PS auf 300 PS erhöht worden ist, unter Bewilligung der Mehrkosten seitens der Kriegsverwaltungen. Die Maschinenbestellung wurde vollständig vom Reichsmarineamt übernommen. Es ist mir eine angenehme Pflicht, hier besonders den Herrn Marinebaurat *Laudahn* und Dipl.-Ing. *Tröltsch* für ihre Mühewaltung und für ihr verständnisvolles Eingehen auf meine zahlreichen Sonderwünsche besonderen Dank zu sagen. Die von den *Siemens-Schuckert-Werken* gebauten Maschinen sowie das von der Maschinenfabrik *Briegleb, Hansen & Co.* in Gotha gelieferte Gebläse wurden von Januar bis März 1917 aufgestellt. Am 7. März konnte zum ersten Male Wind gemacht werden, wobei unsere Vorausberechnungen bezüglich Windstärke und Gebläseleistung sich als sehr gut erfüllt erwiesen. Es wurden nun die Versuchseinrichtungen der Reihe nach fertig gestellt und erprobt, wobei zur Ausnutzung des Luftstromes vorerst eine Reihe einfacher Widerstandsmessungen an Originalflugzeugteilen gemacht wurden. Im Januar 1918 wurden die regelmäßigen Messungen mit der Dreikomponentenwage begonnen.

Den Bedürfnissen des Krieges entsprechend war inzwischen die Tätigkeit der alten Anstalt durch die Organisation eines „Kriegshilfsdienstes" von Göttinger Studenten und Studentinnen — ein Verdienst meines Mitarbeiters Dr. *Munk* — vervielfacht worden. Es waren besondere Gruppen für die Vorbereitung der Messung, für deren Ausführung und für die Auswertung der Versuche gebildet worden. Zur Unterbringung dieser Mitarbeiter wurde Anfang 1917 eine Baracke mit vier Bureauräumen an die neue Anstalt angebaut und Anfang Mai bezogen. In dem Maße als die neue Anstalt leistungsfähiger wurde, wurden die Versuchsarbeiten von der alten auf sie übernommen und die alte Anstalt schließlich mehr für die Durchführung spezieller Versuche verwandt. Gleichzeitig mit dem Bureaupersonal ist auch das Werkstattpersonal ständig vermehrt worden. Die

---

[1]) Er ist leider im Dezember 1918 von der Grippe im 43. Lebensjahr dahingerafft worden.

gesamte Belegschaft erreichte im Sommer 1918 die Höchststärke mit 50 Köpfen, die sich folgender-
maßen gliederte:

Leitung: 1 Direktor,
           3 Abteilungsleiter für Neukonstruktionen und theoretische Arbeiten, für den Ver-
              suchsbetrieb und für die Werkstätte und Materialverwaltung,
           5 wissenschaftliche Hilfsarbeiter für die Versuche und für theoretische Arbeiten.

Hilfskräfte für Bureau und Versuchsbetrieb:

10 studentische Hilfskräfte,	2 Korrespondentinnen.
5 Techniker und Zeichner,	1 Buchhalterin,
4 Rechnerinnen,	1 Photographin.

Werkstattpersonal:

4 Mechaniker und 1 Mechaniker- lehrling,	3 Tischler,
4 Klempner,	3 Hilfsarbeiter,
1 Schlosser,	2 Boten.

Als Aufsichtsorgan für die Betriebsführung war vom vorläufigen Kuratorium ein „Verwaltungs-
ausschuß" unter dem Vorsitz von Herrn Geheimrat *v. Böttinger* und als beratendes Organ für die
Versuchsarbeit ein „Betriebsausschuß" unter Vorsitz des Direktors der Anstalt eingesetzt worden.

Da die alte Anstalt in einem anderen Stadtteil gelegen war und mit dem Verkehr zwischen
beiden Anstalten viel Zeitverlust und auch sonstige Hemmnisse verbunden waren, fanden sich die
Kriegsverwaltungen im Sommer 1918 bereit, die Mittel für eine Verlegung der alten Anstalt auf
das Grundstück der neuen und für eine gleichzeitige Erweiterung der Bureauräumlichkeiten zu
bewilligen. Mit der Verlegung wurde im September 1918 begonnen, jedoch zeigte eine Reihe von
eintretenden Hemmnissen bereits die ungemein schwierige wirtschaftliche Lage des Landes. Bei dem
großen Zusammenbruch Anfang November trat ein vorübergehender Stillstand in den Bauarbeiten
ein. Im Jahre 1919 wurden sie aber wieder stetig gefördert, und so konnte der Anbau Ende Juli
1919 in Benutzung genommen werden, allerdings in einer vorher nicht vorgesehenen Weise, nämlich als Notwohnung! Der kleine Windkanal, der nach Art des großen mit Düse und Auffangtrichter
an Stelle des geschlossenen Kanals versehen wurde und auch ein neues Gebläserad erhielt, bei dem im
übrigen aber die alten Einrichtungen beibehalten worden sind, ist seit März 1920 wieder in Benutzung.

Der Betrieb der ganzen Anstalt ist sofort bei der Revolution sehr stark eingeschränkt worden,
da naturgemäß auch die Aufträge zunächst fast ganz schwanden. Im Jahre 1919 war es lange Zeit
ungewiß, ob die Anstalt würde in Betrieb gehalten werden können. Durch die unermüdlichen Be-
mühungen des Herrn Geheimrat *v. Böttinger* und dadurch, daß das Reichsluftamt unseren Absichten
mit großem Verständnis entgegenkam, ist nun eine Regelung derart getroffen worden, daß das Bestehen der Anstalt über die nächste Zeit hinaus gesichert ist. Es ist ein besonderer „Verein zur
Förderung der aerodynamischen Versuchsanstalt in Göttingen" gegründet worden, dessen Mitglieder
hauptsächlich der Luftfahrtindustrie angehören und zu dem das Reich einen Zuschuß von vorerst
M. 60000 für dieses Jahr gegeben hat. Weitere Beiträge stehen von den Einzelstaaten in Aussicht.
Dazu kommen die laufenden Beiträge der Kaiser-Wilhelm-Gesellschaft mit M. 15000 und der Göttinger Vereinigung mit M. 6000, ferner als eigene Einnahmen der Anstalt die Versuchsgebühren.
Diese werden allerdings erst dann größere Beträge aufweisen können, wenn die deutsche Luftfahrt
von den Fesseln befreit sein wird, die die Feinde ihr immer noch aufzwingen.

Der Name der Anstalt wurde aus dem Grunde, weil künftig die Versuchsarbeit alle Anwen-
dungsgebiete der Aerodynamik umfassen soll, in „Aerodynamische Versuchsanstalt" umgeändert.

Die Belegschaft ist zurzeit auf 15 Köpfe zurückgegangen; zum Vergleich mit der obigen Auf-
zählung mag sie hier ebenfalls angegeben werden. Sie besteht aus:

1 Direktor,

2 Abteilungsleiter: 1. für theoretische und Konstruktionsarbeiten, Werkstätte und Materialverwaltung und 2. für die laufenden Versuchsarbeiten;

im Bureau:	in der Werkstätte:
1 Assistent,	1 Mechaniker und 1 Mechaniker-
2 Zeichner (die auch am Versuchs-	lehrling,
platz verwendet werden),	1 Klempner,
1 Rechnerin,	1 Tischler,
1 Korrespondentin,	1 Hilfsarbeiter,
1 Buchhalterin;	1 Bote (halbtätig).

Im Februar 1920 legte Herr *v. Böttinger*, da er nach Erreichung der Sicherstellung der Anstalt seines hohen Alters wegen entlastet zu sein wünschte, den Vorsitz des Verwaltungsausschusses nieder. An seine Stelle trat in sehr dankenswerter Weise Exz. Staatsminister Dr. *Schmidt-Ott*, wobei gleichzeitig an Stelle des von dem vorläufigen Kuratorium abgezweigten Verwaltungsausschusses ein definitives Kuratorium getreten ist. In diesem sind außer der Kaiser-Wilhelm Gesellschaft vertreten das Reichsamt für Luft- und Kraftfahrwesen, das Preußische Kultusministerium, der neue Verein und die Göttinger Vereinigung.

Über den Anteil der verschiedenen Mitarbeiter sowie außenstehender Einzelpersonen und Firmen an den Entwurfs- und Ausführungsarbeiten mag, in Ergänzung des Vorstehenden, das Folgende gesagt werden:

An der Gesamtanordnung hat neben dem Unterzeichneten besonders Herr Dr.-Ing. *Hans Thoma* wesentlichen Anteil. Von ihm stammt der sehr glückliche Gedanke, den Windumlauf, der im Vorprojekt noch wagerecht vorgesehen war, senkrecht anzuordnen in der Weise, daß die Rückleitung des Windes in dem Kellerraum unter dem Versuchskanal untergebracht wurde. Im Zusammenhang damit wurden die festen Teile des Windkanals und selbst die Umlenkschaufeln — ebenfalls nach einem Vorschlag von Dr. *Thoma* — in Eisenbeton ausgeführt, eine Bauart, die sich sehr bewährt hat.

Die Feststellung der günstigsten Form für die Einzelteile der Windleitung sowie für das Gebläse ist das Verdienst von Herrn Dr. *Albert Betz*, der zu diesem Zweck umfangreiche Kleinversuche angestellt hat. Die maschinentechnische Ausführung des Gebläses wurde von der Maschinenfabrik *Briegleb, Hansen & Co.* in Gotha übernommen. Die nach den *Betz*schen Zeichnungen ausgeführten Flügelblätter des Gebläses sind ein Geschenk der Firma *C. Lorenzen*, Luftschraubenbau, Berlin-Cölln. Die aus Holz gebauten beweglichen Windkanalteile sind von der Göttinger Zimmererfirma *A. Gennerich* geliefert.

Die elektrische Anlage einschließlich der Schalteinrichtungen und elektrischen Regler wurde von den *Siemens-Schuckert-Werken* geliefert. Die selbsttätige Schaltanlage der Regler und deren Schaltung und Dimensionierung stammt dabei von dem Unterzeichneten.

Die Druckwage, für die durch die Druckwage der alten Anstalt bereits Erfahrungen vorlagen, wurde von Dr. *Carl Wieselsberger* entworfen und dann in gemeinsamer Arbeit mit Dr. *Betz* und dem Unterzeichneten so verbessert und vervollständigt, daß sie jetzt den sehr schwierigen Betriebsbedingungen, die aus der Forderung entstehen, die schweren Maschinen bei ganz kleinen wie bei ganz großen Luftkräften zu regeln, in sehr zufriedenstellender Weise genügt.

Die Drehscheibe mit Schwimmern und Versenkung ist nach dem Entwurf des Unterzeichneten von der „*A.-G. für Eisengießerei und Maschinenfabrikation vormals Freund & Co.* in Charlottenburg" gebaut worden.

Die Sechskomponentenwage, die Dreikomponentenwage und die Schraubenversuchseinrichtung sind im wesentlichen von Herrn Dr. *Betz* konstruiert worden, die selbsttätigen Ablesungswagen der Sechskomponentenwage sind von Herrn Dr. *Wieselsberger*, dem die Anstalt auch sonst verschiedene schöne feinmechanische Konstruktionen verdankt, durchgebildet worden. Der präzisionsmechanische

Teil der Wagen ist teils in der eigenen Werkstätte, teils bei der Firma *Georg Bartels, Werkstätte für Feinmechanik*, in Göttingen hergestellt worden. Die Gestelle der beiden ersteren Apparate wurden von Göttinger Handwerksfirmen geliefert, das Gestell und das Getriebe der Schrauben-Versuchseinrichtung ist von der *Maschinenfabrik Augsburg-Nürnberg, Werk Nürnberg*, geliefert.

———

Dieser geschichtliche Überblick mag mit einem Verzeichnis der hauptsächlichsten wissenschaftlichen Mitarbeiter der Anstalt seit ihrem Beginn abgeschlossen werden. Es sind die folgenden:

1. Dipl.-Ing. Dr. phil. *Georg Fuhrmann*, Assistent vom 1. März 1907 bis 1. Oktober 1910 und — nach Ableistung seines Militärjahres — vom 1. Oktober 1911 bis 8. Oktober 1912, gefallen bei Chapelle aux Bois in Belgien, 4. September 1914[1]).

2. Dr.-Ing. *Otto Föppl*, Assistent vom 1. Januar 1909 bis 1. Juli 1911.

3. Dipl.-Ing. *Paul Bejeuhr*, 1. April 1909 bis 1. Oktober 1910., Bearbeiter des Luftschraubenwettbewerbes der „Ila", Frankfurt a. M., dann Assistent vom 1. Oktober 1910 bis 1. November 1911, gest. 11. Februar 1916 als Oberingenieur der Inspektion der Fliegertruppen zu Untertürkheim bei Stuttgart[2]).

4. Stud. math. *Herbert Renner*, Assistent vom 1. Juni bis 13. Juli 1911, wo er durch einen Radunfall tödlich verunglückte.

5. Dipl.-Ing. Dr. phil. *Albert Betz*, Assistent seit 1. September 1911, zurzeit Abteilungsleiter für Werkstätte und Neukonstruktion.

6. Dr.-Ing. *Carl Wieselsberger*, Assistent seit 1. September 1912, zurzeit Abteilungsleiter für die Versuchsarbeiten.

7. Dr. phil. Dr.-Ing. *Max Munk*, Assistent, später Abteilungsleiter der alten Anstalt, vom 1. März 1915 bis 1. April 1918.

8. Dipl.-Ing. *Hans Kumbruch*, Versuchsingenieur der neuen Anstalt vom 15. März 1917 bis 31. Mai 1919.

Wie erwähnt, hat sich die Anstalt während des Krieges der Mitarbeit einer großen Anzahl von freiwilligen Mitarbeitern erfreut. Es ist hier nicht möglich, sie alle aufzuzählen, doch verdienen wegen ihrer selbständigen wissenschaftlichen Arbeit die folgenden hier genannt zu werden:

Dr. *Karl Pohlhausen*, Lt. d. R., von der Flugzeugmeisterei nach Göttingen kommandiert vom 1. Dez. 1916 bis 1. Jan. 1919.

Dr. *W. Ackermann*, Lt. d. R., ebenfalls von der Flugzeugmeisterei hierher kommandiert vom 5. Mai bis 15. Nov. 1918.

Erich Hückel, stud. math. et phys., vom 1. August 1916 bis 1. Mai 1918.

Dr. phil. *Wilhelm Molthan* vom 15. Januar 1917 bis 31. Januar 1919.

Dr. phil. *Paul Hirsch* vom 1. März bis 30. November 1918.

Es ist mir ein Bedürfnis, diesen Mitarbeitern sowie auch allen nicht Genannten, die in Bureau und Werkstätte mitgewirkt haben, um die Anstalt zu schaffen, ihre Einrichtungen zu entwickeln und Versuchsarbeit zu leisten, an dieser Stelle meinen herzlichsten Dank auszusprechen. Ich bin mir bewußt, daß ohne ihre treue, hingebende und unermüdliche Mitarbeit das Werk nicht hätte vollbracht werden können.

Eine andere nicht geringere Dankesschuld empfinde ich gegen alle diejenigen, die die Anstalt in ihrer Entstehungszeit und dann später während ihres Betriebes durch ihre tatkräftige Hilfe, durch ihre Mitwirkung bei Beseitigung der im Kriege nicht geringen Hemmnisse gefördert haben. In erster Linie muß ich natürlich Herrn Geheimrat *v. Böttinger* als den ursprünglichen Förderer, späteren Bauherrn und Vorsitzenden des Verwaltungsausschusses der Anstalt nennen. Es ist mir

———

[1]) Vgl. den Nachruf in der ZFM 1914, S. 267 und Phys. Zeitschr. 1914, S. 902.
[2]) Vgl. den Nachruf in der ZFM 1916, S. 39.

schmerzlich, daß dieser Dank ihn nicht mehr erreicht. Am 9. Juni ds. Js. ist er nach gan
kurzer Krankheit, 72 Jahre alt, gestorben[1]). Daneben habe ich den großzügigen Förderer wissen-
schaftlicher Arbeit, Herrn Generalmajor *Oschmann* im Kriegsministerium, zu erwähnen, der die
ersten Verhandlungen über das Zustandekommen der Anstalt geleitet hat und auch öfter fördernd
eingriff. Auch er ist leider nicht mehr unter den Lebenden. Weiter habe ich Seiner Exzellenz, dem
Herrn Staatsminister Dr. *Schmidt-Ott* zu danken für die entgegenkommende Förderung, die er als
Ministerialdirektor meinen Bauangelegenheiten und meinen vielen sonstigen Wünschen angedeihen
ließ, sowie für seine jetzige Mühewaltung als Vorsitzender des Kuratoriums der Anstalt. Weiter
habe ich noch besonderen Dank abzustatten dem Inspekteur der Fliegertruppen, Herrn Oberstleut-
nant *Siegert*, der als Mitglied des Verwaltungsausschusses uns jederzeit seine temperamentvolle
Unterstützung geliehen hat und der uns die Mittel zur Ausführung des Erweiterungsbaues ver-
schafft hat, ferner Herrn Major *Wagenführ*, dem Kommandeur der Flugzeugmeisterei, und seinem
getreuen Mitarbeiter Dr.-Ing. *Hoff* (jetzt Leiter der Deutschen Versuchsanstalt für Luftfahrt) für
ihre anregende Mitarbeit im Betriebsausschuß und für die Förderung der Arbeiten der Anstalt,
besonders indem sie für eine gute Fühlung zwischen Forschung und Industrie sorgten; endlich auch
Herrn Prof. Dr.-Ing. *Bendemann*, der unsere Pläne von Anbeginn bei den Behörden als Sachver-
ständiger warm unterstützt und unsere Versuchsarbeiten durch Zusammenarbeit mit seiner eigenen
Anstalt sehr bereichert hat, und der jetzt als Referent im Luftamt die Angelegenheiten der Anstalt
bearbeitet und ihr ein warmes Interesse entgegenbringt.

---

[1]) Vgl. etwa den Nachruf in der ZFM 1920, S. 169 oder in den Berichten und Abhandlungen der
WGL Heft 1, S. 1.

L. Prandtl.

I. Beschreibung der Anlage und der Versuchseinrichtungen.

Im folgenden soll zunächst die Einrichtung der 1916/17 erbauten großen Versuchsanlage im Zusammenhang kurz beschrieben werden, wobei auch auf die Gründe für die gewählte Art der Ausführung einzugehen sein wird. In weiteren Abschnitten werden dann die wichtigeren Teile der Anlage und die Versuchseinrichtungen, soweit sie mit den in diesem Bande mitgeteilten Versuchsergebnissen in Beziehung stehen, genauer beschrieben werden, wobei auch auf die konstruktiven Einzelheiten näher eingegangen werden soll. Die Beschreibung einiger weiterer Versuchseinrichtungen[1]) sowie der kleinen Versuchsanlage wird der beabsichtigten II. Lieferung vorbehalten bleiben.

1. Kurze Beschreibung der großen Versuchsanlage.

a) Wahl der Kanalbauart.

Um die Verhältnisse eines in ruhender Luft bewegten Objektes in solcher Weise nachzuahmen, daß das Objekt ruht, muß ihm die Luft in gleichförmig und geradlinig fortschreitender Bewegung entgegengeführt werden, möglichst ohne alle Strudelbewegungen, wie sie in künstlichen Luftströmen immer vorhanden sind, wenn nicht besondere Vorkehrungen dagegen getroffen werden. Der Ausgestaltung des Luftkanals muß daher große Sorgfalt gewidmet werden.

Als Muster für die zu wählende Bauart des Luftkanals kamen hauptsächlich drei Ausführungen in Betracht, die unserer eigenen alten Anstalt[2]), die der Eiffelschen Anlage in Paris-Auteuil[3]) und die des National physical laboratory in Teddington[4]). An unserer alten Anstalt, die seinerzeit ohne Vorbild gebaut worden ist und sich im ganzen gut bewährt hat, war zu bemängeln, daß die Beruhigungseinrichtungen in dem mit konstantem Querschnitt ausgeführten Kanal einen sehr großen Teil der Gebläseleistung verzehrten und daß außerdem eine gleichförmige Geschwindigkeitsverteilung nur durch ein mühsames „Retuschieren" hergestellt werden konnte und zudem wegen allmäh-

---

[1]) Von bisher vorhandenen Versuchseinrichtungen sind dies die Sechskomponentenwage, die Drehscheibe mit Schwimmern und die mit letzterer in Verbindung stehenden Einrichtungen, nämlich die Schraubenprüfanlage und die liegende Dreikomponentenwage, ferner die Vorrichtung für die Aufnahme der Druck- und Geschwindigkeitsverteilung im Luftstrom und das zugehörige selbstaufzeichnende Manometer.

[2]) Rechteckförmig geschlossener Kanal von konstantem quadratischem Querschnitt mit Umlenkschaufeln in den Ecken und mit zwei Gleichrichtern und einem Sieb vor der Versuchsstrecke; in der Versuchsstrecke gleicher Druck wie in dem davor liegenden Arbeitsraum. Eine Beschreibung findet sich in der Zeitschr. d. Ver. deutscher Ing. 1909, S. 1711, eine kürzere im Jahrbuch der Motorluftschiff-Studiengesellschaft 1908/10, S. 138 u. f.

[3]) Ansaugung der Luft aus einer Halle durch eine Düse in einem luftdichten Raum, den die Luft in freiem Strahl von Kreisquerschnitt durchfließt; Arbeitsplatz über dem Luftstrom. Die Luft fließt durch einen Auffangtrichter und einen erweiterten Effusor zum Gebläse und durch dieses in die Halle zurück. Beschreibung in dem Buch „Nouvelles recherches sur la résistance de l'air et l'aviation" von G. Eiffel, Paris, Dunod et Pinat, 1914.

[4]) Ansaugung der Luft aus einer Halle in einen Kanal von rechteckigem Querschnitt, der hinter einem Gleichrichter die Versuchsstrecke enthält; hinter dieser eine Querschnittserweiterung, die das luftschraubenartige Gebläse enthält, dahinter ein längerer Lattenkäfig, durch dessen Spalte die Luft auf großen Querschnitt verteilt in die Halle zurückfließt. Beschreibung im III. Annual Report des Advisory Committee for Aeronautics, Teddington 1912/13, S. 59 u. f. Die dieser Anlage nachgebaute Versuchsanlage des Massachusett Institute of Technology ist von Munk in der Zeitschr. f. Flugt. u. Motorl. 1915, S. 103 beschrieben worden.

lichen Rostens der Siebe usw. von Zeit zu Zeit nachgearbeitet werden mußte. Besser war es daher, die Beruhigung des Luftstromes in einem größeren Kanalquerschnitt vorzunehmen, wo die Geschwindigkeit kleiner ist und entsprechend kleinere Anteile der Gebläseleistung zu vernichten waren, um einen ruhigen Strom zu erhalten. Wurde der Kanal hinter der Beruhigungsstrecke wieder stark eingeengt, um die große Geschwindigkeit des Versuchsplatzes zu erzeugen, so wurde hierdurch die Gleichförmigkeit des Versuchsluftstromes sehr stark verbessert, da alle Luftteilchen beim Durchlaufen des Druckgefälles, das sich in der Verengung einstellt, dieselbe kinetische Energie neu erteilt bekommen; wenn nur die kinetische Energie, die sie mitbrachten, klein ist gegen die neu erteilte, dann war ohne besondere Retuschierung bereits ein hoher Grad von Gleichförmigkeit zu erreichen.

Der Versuchsplatz konnte mit einem Kanal ausgeführt werden oder mit einem aus einer Düse ausfließenden freien Strahl, wie ihn die Eiffelsche Anordnung zeigt. Die alte Göttinger Anstalt hatte einen Kanal. Die Kanalwände waren dabei häufig hinderlich, wo es galt, nicht normale Versuche auszuführen, denn für alle zu einer außerhalb befindlichen Meßvorrichtung führenden Verbindungsglieder usw. mußten Löcher oder Schlitze in die Kanalwände geschnitten werden. Um eine in der Längsrichtung gleichbleibende Geschwindigkeit zu erhalten, mußte der Kanal mit einer schwachen Erweiterung entsprechend der Zunahme der Dicke der Wirbelschicht an den Wänden ausgeführt werden. Es war natürlich in keiner Weise sichergestellt, ob diese für den leeren Kanal durch Ausprobieren ermittelte Erweiterung durch das Einbringen von Modellen nicht unrichtig wurde, d. h. die Geschwindigkeit in der Längsachse anders verlief als im unendlich ausgedehnten Luftstrom. Für die Messung der kleinen Widerstände von Luftschiffmodellen kommt dieser Einfluß sehr merklich in Betracht.

Der Strahl war also dem Kanal aus dem Gesichtspunkt der Zugänglichkeit unbedingt vorzuziehen. Um seine aerodynamischen Eigenschaften im Vergleich zum Kanal zu studieren, wurden bereits im Jahre 1914 Vergleichsversuche mit einer in den alten Versuchskanal von 2 × 2 m eingebauten Düse von 1 m Durchm. und mit einem an die Düse angebauten Kanal von gleichfalls 1 m Durchm. angestellt[1]), die zeigten, daß die Messungen in der Düse mindestens gleichwertig denen im Kanal waren, ja sogar eine kleine Überlegenheit des Strahls bezüglich der Größe der Modelle, die ohne allzu große Fehler durch die endlichen Luftstromabmessungen angewandt werden durfte, ergaben. Auch die Geschwindigkeitsmessung war im Strahl bequemer durchzuführen, da es genügte, den Druckabfall in der Düse zu messen. Die Entscheidung fiel also zugunsten des freien Strahles aus.

Bei der Eiffelschen Anordnung fließt der Strahl in einem Raume, in dem während des Betriebes Unterdruck herrscht, der also nach außen hin sehr gut abgedichtet sein muß und aus praktischen Gründen nicht allzu groß gemacht werden kann. Die Versuchsapparate und die beobachtenden Personen befinden sich in dem Unterdruckraum. Führt man statt dessen die Luft vom Gebläse durch einen geschlossenen Kanal zur Düse, so ist man in der Lage, am Versuchsplatz denselben Druck zu haben wie im Außenraum; der Versuchsplatz kann deshalb offen gebaut werden und ist in seinen Abmessungen und in seiner Zugänglichkeit in keiner Weise beschränkt. Durch die gute Führung der Luft zwischen dem Gebläse und dem Raume vor der Düse wird gleichzeitig die sehr erwünschte Wirkung erzielt, daß die Luft wesentlich gleichförmiger vor der Düse ankommt, als dies bei der Eiffelschen Bauart der Fall ist, wo die Luft nach dem Austritt aus dem Gebläse sich selbst überlassen wird und durch das Gebäude in unregelmäßigen Strömungen vor die Düse gelangt. Die nicht gerade erwünschten Gleichrichter, die bei der Eiffelschen Anlage in die Düse eingebaut sind, sind bei der gekennzeichneten Bauart entbehrlich. In der guten Ausnützung der Gebläseleistung sind beide Anordnungen etwa gleichwertig, dagegen ist die neue Anordnung in den Baukosten wohl etwas teurer, da der Umführungskanal wahrscheinlich etwas mehr kostet als der Eiffelsche Unterdruckraum. Wegen der besseren Luftführung und der größeren Freiheit bezüglich der Versuchseinrichtungen war jedoch die Anordnung mit dem Umführungskanal entschieden vorzuziehen.

In einem ersten Entwurf wurde der Umführungskanal wagerecht gelegt, wie dies der Anordnung der alten Göttinger Anstalt entsprach. Auf den Rat des bauleitenden Ingenieurs, Dr.-Ing.

---

[1]) Mitteilg. I 21, vgl. das Literaturverzeichnis am Ende des Buches (B I 21).

H. Thoma, wurde jedoch dann eine senkrechte Anordnung gewählt, bei der der Umführungskanal in den Keller gelegt wurde, wodurch der Versuchsplatz von beiden Seiten her frei zugänglich wurde. Der ganze Windkanal zwischen dem Gebläse und der Düse wurde aus Eisenbeton gebaut. Auch die Umlenkschaufeln, die ganz entsprechend denen der alten Anstalt in den Kanalecken angebracht wurden, sind nach dem Vorschlage von Dr. *Thoma* aus Eisenbeton hergestellt; sie sind ähnlich wie Kanalisationsröhren außerhalb der Baustelle hergestellt und mit dem Kran eingesetzt. Diese Bauart hat sich sehr bewährt.

Für die genauere Formgebung der Düse, des Auffangtrichters usw. sind Modellversuche mit einem kleinen Gebläse gemacht worden, durch die wichtige Aufschlüsse über die zweckmäßigste Düsenform sowie über die Ausdehnung desjenigen Gebietes, in dem die Geschwindigkeit konstant ist, gewonnen worden sind. Für die zweckmäßigste Form des Gebläses wurden ebenfalls Modellversuche angestellt, aus denen sich als geeignetste Ausführung ein Schraubengebläse ergab, das einer vierflügeligen Luftschraube sehr ähnlich sieht. Bearbeiter dieser Fragen war Dipl.-Ing. A. Betz.

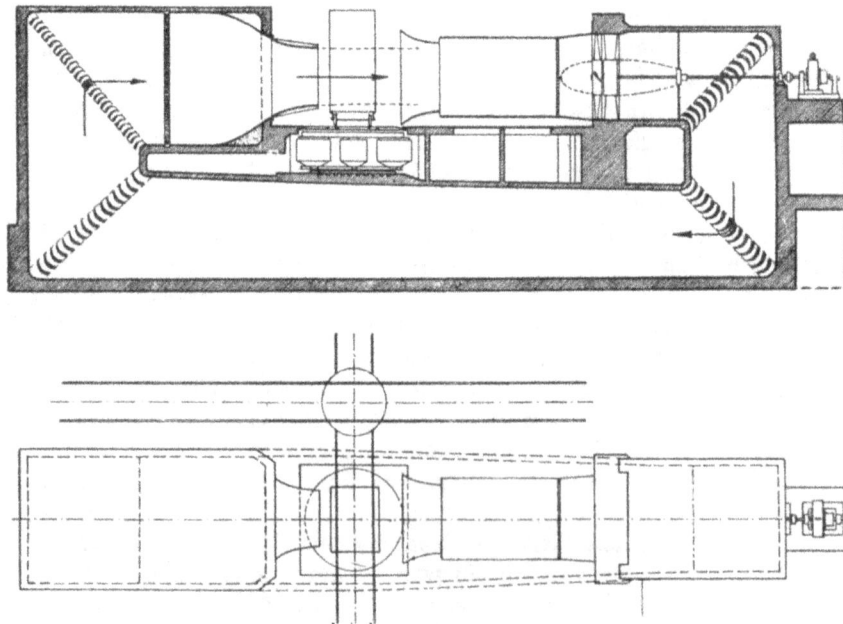

Abb. 1.

Die ganze Anordnung, wie sie zur Ausführung gewählt wurde, ist aus der Schnittzeichnung Abb. 1 deutlich zu ersehen.

Als Düsenquerschnitt war ursprünglich 3,14 m² entsprechend einem Durchmesser des Luftstrahles von 2 m vorgesehen. Auf Betreiben des Reichsmarineamts wurde im Zusammenhang mit einer Vergrößerung der Gebläseleistung eine Vergrößerung des Düsenquerschnittes auf 4 m² entsprechend einem Durchmesser von 2,24 m vorgenommen. Das Gebläse hat einen Innendurchmesser von 3 m; hinter dem Gebläse erweitert sich der Kanal auf ein Rechteck von 3 × 3,5 m und erfährt mit diesem Querschnitt zwei Umlenkungen um je einen rechten Winkel. Im Keller erweitert sich der Querschnitt von 3 × 3,5 m auf 3,5 × 4,5 m, ist in dem senkrecht aufsteigenden Stück 4 × 4,5 m und in dem anschließenden wagerechten Stück vor der Düse 4,5 × 4,5 m. In diesem Querschnitt ist ein Gleichrichter angebracht, der ähnlich dem der alten Anstalt aus nebeneinander gepackten ebenen und gewellten Blechstreifen von 200 mm Tiefe besteht. Die einzelnen Kanäle des Gleichrichters haben einen Querschnitt von rd. 8,5 cm². Hinter dem Gleichrichter ist die Anbringung eines Siebes vorgesehen, mit dessen Hilfe später noch eine „Retusche" der Geschwindigkeitsverteilung vorgenommen werden kann, indem das Sieb an den Stellen, wo die Geschwindigkeit zu groß ist, mit dünnem Lack bestrichen wird, der den Durchgangsquerschnitt etwas verringert. Bisher ist ohne eine solche Retusche gearbeitet worden, da die Geschwindigkeitsverteilung auch ohne besondere Hilfsmittel schon zufriedenstellend war. Der Querschnitt des Luftstromes wird nämlich von rund 20 m² vor der Düse auf 4 m² in der Düse eingeengt, die Geschwindigkeit steigt also auf das Fünffache, die lebendige Kraft somit auf das Fünfundzwanzigfache der mittleren lebendigen Kraft, mit der die Luftteilchen in den Raum vor der Düse eintreten. Sie bekommen also ²⁴/₂₅ ihrer mittleren nachherigen lebendigen Kraft in dem Druckgefälle mitgeteilt, das sich in der Düse einstellt; die Schwankungen der lebendigen Kraft, mit denen der ankommende Luftstrom behaftet ist, betreffen demnach nur den fünfundzwanzigsten Teil der nachherigen lebendigen Kraft; werden sie selbst zu 50 v. H. angenommen, so ergeben sie erst 2 v. H. des endgültigen Staudruckes, d. i. 1 v. H. der endgültigen Geschwindigkeit. Nicht ebenso günstig verhält sich die Düse bezüglich etwaiger Geschwindigkeitskomponenten senkrecht zur Düsenachse. Hier ergibt der Flächensatz für die tangentiale Komponente eine Abnahme der verhältnismäßigen Schwankung nur im Verhältnis 1 : $\sqrt{5}$. Diese Komponenten sind jedoch bis auf geringe Reste durch den Gleichrichter beseitigt.

Die Düse kann um geringe Beträge sowohl in der Senkrechten wie in der Wagrechten geneigt werden, um den Luftstrom genau ausrichten zu können, was für die Genauigkeit der Meßergebnisse von großer Wichtigkeit ist.

b) Versuchseinrichtungen.

Die einzelnen Versuchseinrichtungen befinden sich auf fahrbaren Gestellen, die mittels eines Geleises auf den Versuchsplatz gefahren werden können. Neben dem Versuchsplatz befindet sich eine Drehscheibe, mittels deren die gerade nicht gebrauchten Versuchseinrichtungen auf einem zweiten, zum ersten senkrechten Geleis abgestellt werden können. Weitere Plätze für abzustellende Versuchseinrichtungen sind durch Anfügung von seitlichen Ausbauten an der Halle gewonnen worden. Die Halle ist ein rd. 12 m breiter und 34 m langer Eisenbetonbau mit einer Höhe von 7,6 m über dem Boden des Versuchsplatzes. Der Fußboden des hintersten Teiles ist tiefer gelegt, um größere Stücke unmittelbar von der Straße hereinbringen zu können. Die ganze Halle ist von einem handbetriebenen Laufkran für 4 t Höchstlast bestrichen.

Das Geleisstück auf dem Versuchsplatz befindet sich auf einer unter dem Fußboden angebrachten Drehscheibe, das mittelste Stück davon kann mittels eines Schraubenhebewerkes gesenkt und gehoben werden. Dies hat den Zweck, daß die Versuchseinrichtungen, die zunächst auf Rädern stehen, soweit gesenkt werden können, bis sie mit festen Füßen auf vorbereiteten Unterlagen aufruhen und so während der Versuchsarbeit die nötige Standsicherheit haben. In der Drehscheibe sind vier große Wasserbehälter angebracht, in denen sich Schwimmkörper befinden, die einen steifen Rahmen schwimmend erhalten; dieser Rahmen vermag bei voller Füllung der Wasserbehälter eine Last von 2000 kg schwimmend zu erhalten. Die Einrichtung dient dazu, um irgendwelche Körper in den Luftstrom bringen und sie um eine vertikale Achse beliebig drehen zu können, wobei die Körper in allen wagerechten Richtungen sich frei bewegen können. Werden die wagerechten Bewegungen durch Stoßstangen oder Drähte verhindert, die zu Waghebeln führen, so lassen sich die wagerechten Luftkräfte sehr einwandfrei messen. Die Einrichtung ist vor allem für Luftschraubenversuche von Bedeutung, da man mit ihrer Hilfe das ganze Luftschraubengetriebe samt einem 50pferdigen Elektromotor schwimmend erhalten kann und so eine saubere Schubmessung gewinnt (bei den sonstigen Anordnungen zur Luftschraubenprüfung hat man eine längsbewegliche Kupplung nötig, für die eine meßtechnisch wirklich befriedigende Lösung bisher noch nicht gefunden ist). Die Drehscheibe mit Schwimmern hat weiter Bedeutung für die Messung der Luftwiderstände von Körpern, deren Größenabmessungen oder deren Gewicht es verbietet, sie an die normale Luftwiderstandswage zu hängen.

An endgültigen Versuchseinrichtungen ist außer der bereits erwähnten Schraubenprüfeinrichtung, die zurzeit noch im Bau ist, und einer wagrechten „Dreikomponentenwage" zur Ausführung der soeben angedeuteten Messungen, von der erst der Entwurf bearbeitet wird, zu erwähnen eine ungefähr nach dem Schema der Wage der alten Anstalt gebaute Dreikomponentenwage für Kräfte in einer senkrechten Ebene, außerdem eine „Sechskomponentenwage", die dazu dient, an irgendeinem Körper Auftrieb, Widerstand und Seitenkraft sowie die drei Drehmomente um die Längsachse, Querachse und Hochachse zu messen. Sie ist so eingerichtet, daß unmittelbar diese sechs Komponenten an den einzelnen Ablesevorrichtungen entnommen werden können, was durch besondere Hebelanordnungen erreicht werden konnte. Diese Wage ist sehr frühzeitig begonnen worden, die Arbeiten an ihr mußten jedoch des öfteren wegen anderer dringender Aufgaben zurückgestellt werden, so daß sie erst jetzt ihrer Vollendung entgegengeht. Die in diesem Buche mitgeteilten Messungsergebnisse sind größtenteils mit der Dreikomponentenwage gewonnen worden. Daneben sind verschiedentlich behelfsmäßige Versuchseinrichtungen zur Anwendung gekommen.

c) Elektrische Anlage.

Für den Antrieb des Gebläses stand Drehstrom von 5000 Volt zur Verfügung, der zurzeit von der Überlandzentrale des städtischen Elektrizitätswerkes Göttingen (Dampfturbinenwerk) geliefert wird, später jedoch von der Edertalsperre bezogen werden soll. Um das Gebläse mit allen beliebigen Drehzahlen betriebssicher und stabil betreiben zu können, wurde ein Leonard-Umformer angewandt: ein Drehstrommotor treibt eine Gleichstromdynamomaschine, deren Magnetfeld durch einen feinstufigen Widerstandsregler zwischen Null und einem Höchstwert reguliert werden kann, so daß Strom von beliebig einstellbarer Spannung entsteht. Der mit unveränderlicher Felderregung betriebene Gebläsemotor läuft dann mit Drehzahlen, die beliebig zwischen Null und dem Höchstwert eingestellt werden können.

Nach dem ursprünglichen Plan sollte der Umformer für eine Leistung von etwa 150 kW drehstromseitig entworfen werden, entsprechend einer größten Luftgeschwindigkeit von etwa 42 m/s. Auf besonderen Wunsch der Marinebehörde ist jedoch die Maschinenleistung auf 315 kW drehstromseitig gesteigert worden, was bei gleichzeitiger Vergrößerung des Versuchstrahlquerschnittes eine Geschwindigkeit von 52 m/s ergab, in guter Übereinstimmung mit der Vorausberechnung an Hand der Ergebnisse von Modellversuchen. Die Maschinen vertragen eine Überlastung von 25 v. H. auf eine halbe Stunde. Es werden demnach nach Anschluß des Göttinger Netzes an die Edertalsperre durch Überlastung auf etwa 400 kW auch noch 60 m/s hergestellt werden können. Wegen der hohen Stromkosten, die mit den hohen Luftgeschwindigkeiten verbunden sind — die Leistung steigt annähernd mit der dritten Potenz der Geschwindigkeit —, werden die meisten Messungen mit wesentlich kleinerer Luftgeschwindigkeit, meist 30 m/s, durchgeführt.

Mit dem Umformer ist noch eine zweite kleinere Leonard-Dynamo von 52 kW gekoppelt, die zum Antrieb des Motors der Schraubenprüfvorrichtung dient, die im übrigen als Stromquelle von beliebig veränderlicher Spannung auch für andere Zwecke Verwendung finden kann. Weiter befindet sich auf der Umformerwelle eine Erregermaschine, die den Strom für sämtliche Magnetwicklungen liefert.

Für den Antrieb der Kleinmotoren und für die Beleuchtung ist das Haus noch an das städtische Gleichstromnetz (Dreileiter mit 2×220 Volt) angeschlossen.

Besondere Sorgfalt ist der Ausbildung der Schalt- und Regelungsanlage gewidmet worden. Um eine genügend feinstufige Regelung der Luftgeschwindigkeit zu erhalten, ist in den Erregerkreis der großen Gleichstromdynamo ein vielstufiger Widerstandsregler eingebaut, „Grobregler" genannt, dessen einzelne Stufen durch einen „Feinregler" überbrückt sind. Damit der Feinregler sowohl bei kleinen wie bei großen Stromstärken im Erregerkreis wirksam ist, besteht er aus einem dem Grobregler vorgeschalteten und einem ihm parallel geschalteten Teil.

Mit Rücksicht darauf, daß die Versuchseinrichtungen häufig von Personen bedient werden, denen eine genauere Kenntnis der Behandlung so großer Maschinen fehlt, ist die Einrichtung getroffen, daß das Gebläse von einer Druckknopfsteuerung aus angelassen und abgestellt wird. Die richtige Luftgeschwindigkeit wird dabei durch eine Druckwage vollkommen selbsttätig eingestellt und weiterhin konstant gehalten. Beim Übergang von einer Geschwindigkeit zur anderen brauchen nur die erforderlichen Gewichte auf die Wage gelegt oder abgenommen werden. Die Druckwage betätigt durch elektrische Fernsteuerung den Feinregler und bei gröberen Gleichgewichtsstörungen auch den Grobregler; dabei ist noch die Einrichtung getroffen, daß der Grobregler, falls der Feinregler an seine Endstellungen gelangt, ganz langsam von Kontakt zu Kontakt weiter rückt, bis der Feinregler die Regelung wieder übernehmen kann.

2. Das Haus.

Die Gesamtanordnung des Gebäudes ist aus den Lichtbildern Abb. 2 und 3 und aus den Schnitten und Grundrissen von Tafel I und II zu erkennen. An der Straßenfront befindet sich ein wohnhausähnlicher Bau, der im Kellergeschoß neben dem Kohlenkeller und der Heizungsanlage eine Schmiede-

Abb. 2. Ansicht von Osten.

Abb. 3. Ansicht von Westen.

werkstätte, im Erdgeschoß die Hauptwerkstätte und ein Schreibzimmer, im Obergeschoß einen Zeichensaal und zwei Schreibzimmer, endlich im Dachgeschoß eine Wärterwohnung enthält.

An diesen Vorderbau schließt sich die aus Eisenbetonrahmen mit Ziegelausmauerung hergestellte Versuchshalle, deren Abmessungen durch den Windkanal im wesentlichen vorbestimmt waren. Zu beiden Seiten des Windkanals sollte soviel Platz bleiben, um gerade nicht benützte Versuchseinrichtungen oder auch selbst — bei anormalen Versuchen — zur Seite gesetzte Teile der beweglichen Kanalstrecke aufnehmen zu können. Links und rechts vom Versuchsplatz sind Vorbauten angeschlossen, die, wie bereits erwähnt, zur Aufnahme von weiteren Versuchseinrichtungen dienen. Die Geleisanlage zum Verschieben der Versuchseinrichtungen ist in diese Vorbauten hineingeführt, außerdem ist sie in die Werkstätte hinein verlängert, die deshalb mit der Halle durch eine große Tür von 2,9 × 3,7 m verbunden ist. Im hintersten Feld der Halle befindet sich ein Einfahrttor von 3,1 × 4,5 m Öffnung, um mit großen Stücken aus- und einfahren zu können. Die Höhe der Halle von 7,1 m bis Unterkante Binder war dadurch bestimmt, daß der Laufkran alle Teile der Halle, auch die auf dem Düsenkasten befindliche Empore, bestreichen kann. Der von der Firma *Zobel, Neubert & Co.* in Schmalkalden gelieferte handbetriebene Laufkran für 4 t Tragkraft besitzt eine nach unseren Angaben ausgeführte Sonderbauart der Laufkatze mit weit seitlich angeordneter Handkette, um die sperrigen Versuchseinrichtungen bequem heben zu können.

Im Kellergeschoß der Halle sind die Räume neben dem Windkanal als Arbeitsräume verwertet: im Osten Lichtpausraum und Dunkelkammer, im Westen eine Hilfswerkstatt, ein Laboratoriums- und ein Schreibraum. Zu erwähnen sind noch die zwei nach Osten herausführenden „Frischluftkanäle", die in der Weise zur Verwendung kommen sollen, daß die Luft hinter dem Auffangtrichter nach abwärts in den ersteren dieser Kanäle geleitet wird und ins Freie strömt, während aus dem zweiten Kanal vom Gebläse frische Luft angesaugt wird. Der bewegliche Teil dieser Einrichtung, die für solche Versuche vorgesehen ist, bei denen Lufterneuerung erforderlich ist (Kühlerversuche, Rauchversuche usw.), ist bisher noch nicht zur Ausführung gelangt.

Der Dachraum über der Halle dient als Lagerplatz für Modelle und andere leichte Gegenstände. Durch eine besondere, von der Firma *C. H. Jucho*, Hamm, gelieferte Dachkonstruktion ist der Dachraum innen völlig frei und bietet daher die Möglichkeit, etwaige Schleppversuche zur Bestimmung des Luftwiderstandes auszuführen. Einrichtungen dafür sind jedoch einstweilen nicht getroffen worden. Die aus Eisenbeton ausgeführte Decke des Versuchsraumes weist zwei große Luken auf, eine von 2,5 × 3,1 m über dem Versuchsplatz (zur etwaigen Aufhängung von Versuchseinrichtungen, zum Photographieren der Luftströmungen von oben u. a. m.) und eine von 3,0 × 3,5 m über der Einfahrt (zur Beförderung von Versuchseinrichtungen usw. in den Dachraum mit Hilfe eines Flaschenzugs). Über dem östlichen Vorbau befindet sich eine Plattform, von der aus z. B. Versuche mit freifliegenden Modellen gemacht werden können. Der westliche Vorbau ist überdacht.

Im Norden ist an die Halle der Hochspannungsschaltraum angelehnt.

Zur Erweiterung der Schreibräume ist im Frühjahr 1917 ein Barackenanbau im Nordwesten der Halle zugefügt worden.

Im Herbst 1918 wurde damit begonnen, die alte, von der Motorluftschiff-Studiengesellschaft errichtete Anstalt, die in einem anderen Stadtteil stand, auf das Grundstück zu verlegen und gleichzeitig umzubauen und zu erweitern. Dieser neue Gebäudeteil schließt sich im Norden an den Hochspannungsraum an und ist in Schnitt und Grundriß auf Tafel I zu erkennen. Die Einrichtung des kleinen Windkanals soll in der zweiten Lieferung näher beschrieben werden.

3. Die Windführung und Winderzeugung.

Die Anforderungen, welche dem Entwurf zugrunde lagen, waren im wesentlichen folgende: Es sollte ein gleichmäßiger Luftstrom von 4 m² Querschnitt und von mindestens 50 m/s Geschwindigkeit erzeugt werden[1]. Außerdem sollte die Geschwindigkeit bei Verwendung einer kleineren Düse noch weiter erhöht werden können. Dabei mußten sowohl die einmaligen Anlagekosten wie auch die laufenden Stromkosten möglichst niedrig bleiben, was die Forderung in sich schloß, einerseits kleine, schnellaufende Maschinen zu verwenden, und anderseits die Erzielung hoher Wirkungsgrade bei allen energieverzehrenden Einzelteilen anzustreben. In erster Linie mußte aber darauf gesehen werden, daß der erzeugte Luftstrom am Versuchsplatz möglichst gleichmäßig wurde, d. h.

---

[1] Diese Zahlen gelten für Dauerbetrieb. Unter Ausnützung der auf kurze Zeit zulässigen Überlastbarkeit der elektrischen Maschinen ergeben sich entsprechend höhere Leistungen.

daß die Stromlinien einander parallel laufen, daß die Geschwindigkeit an jeder Stelle des Strahlquerschnittes gleich groß und ohne erhebliche zeitliche Schwankung sein sollte. Wegen dieser für
die Güte der Messungen wesentlichen Bedingungen mußte manche sonst bewährte Konstruktion
vermieden und durch eine andere ersetzt werden. Soweit es die zur Verfügung stehende Zeit er-
laubte, wurde die Wirkungsweise der wichtigsten Bauteile durch Modellversuche zu klären ver-
sucht. Wenn es auch nicht in allen Fällen gelang, die gewünschten Eigenschaften vollständig zu
erreichen (z. B. ließe sich vielleicht die Wiedergewinnung der kinetischen Energie der Luft mittels
Auffangtrichter und Diffusor noch etwas vollkommener gestalten), so sind doch die ausgeführten
Konstruktionen als Ergebnis zum Teil eingehender Versuche nicht ohne Interesse. Hauptsächlich
waren es folgende Bauteile, welche besondere Sorgfalt erforderten: Die Düse, der Auffangtrichter
mit anschließender Erweiterung, die Umlenkvorrichtung an den Ecken und das Gebläse.

a) Die Düse.

Dieser Teil bot in hydrodynamischer Hinsicht verhältnismäßig wenig Schwierigkeiten, da bei
der Umsetzung von Druck in Bewegungsenergie kaum Abweichungen von einer reinen Potential-
strömung zu erwarten waren. Immerhin mußten einige Versuche angestellt werden, um festzustellen, wie kurz man die Düse ausführen kann, ohne die Gleichmäßigkeit und Parallelität des
Strahles zu gefährden. Eine Verkürzung der Düse brachte nämlich eine Verkürzung der ganzen
Versuchshalle und damit eine wesentliche Verminderung der Baukosten mit sich. Eine in der früheren
kleineren Versuchsanstalt benützte und gut bewährte Düse besaß ein verhältnismäßig langes zylindrisches Stück am Ausflußende, das den Zweck hatte, die austretenden Stromlinien parallel zu richten.
Die ausgeführten Versuche zeigten, daß man mit einer wesentlich geringeren Länge auskommen
konnte, wenn man das Düsenende nicht genau zylindrisch machte, sondern ganz schwach konisch
erweiterte. Diese Erweiterung war allerdings so gering, daß sie praktisch unterhalb der Herstel-
lungsgenauigkeit war. Es war deshalb bei der Konstruktion vorgesehen, daß die Form der Düsenmündung nachträglich durch Unterlegen von Holzstreifen unter die Blechauskleidung der Düse noch
justiert werden kann, um damit bessere Parallelität zu erreichen. Im übrigen ist eine geringe Ab-

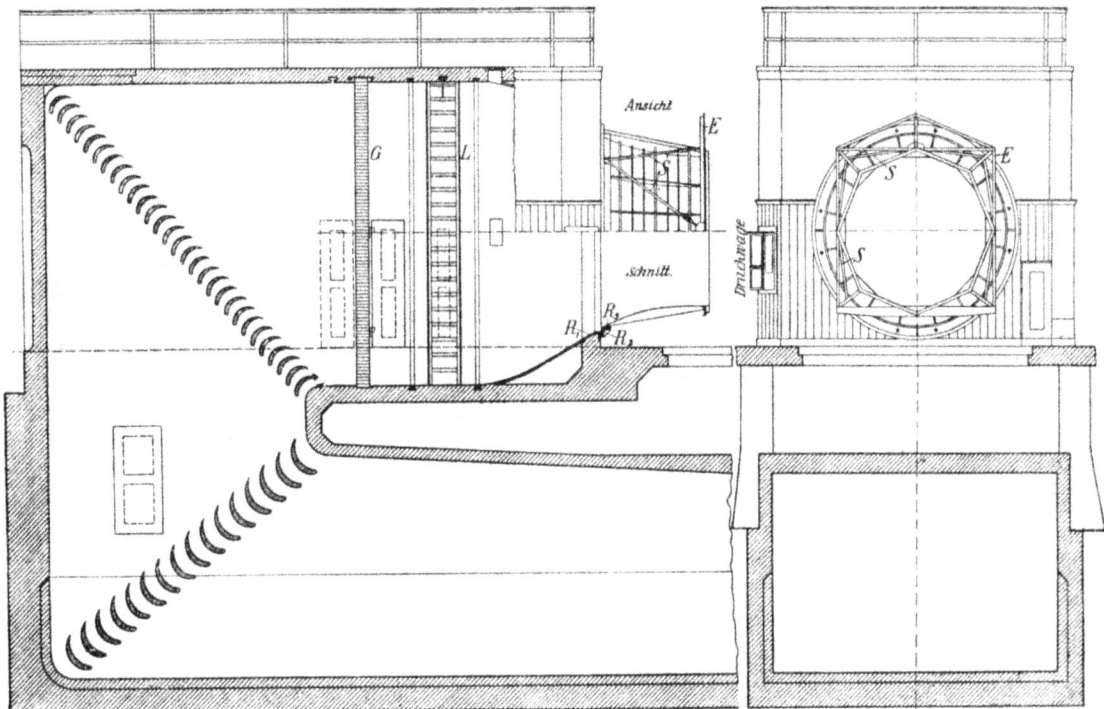

Abb. 4.

weichung von der parallelen Richtung der Stromlinien für die meisten Messungen belanglos, da
diese Abweichung in sehr kurzer Entfernung vom Düsenrand sich ausgleicht.

Die Form und Anordnung der Düse ist aus Abb. 4 zu ersehen. Der weitere Teil der Düse, in
dem der Übergang vom quadratischen zum runden Querschnitt erfolgt, liegt innerhalb des großen
Windkastens und ist in Monierbauart (Drahtgeflecht mit Zementmörtel verputzt) ausgeführt. Dieser
Teil ist durch einen in die Wand des Windkastens einbetonierten Gußeisenring abgeschlossen. Auf
diesem fest eingebauten Ring R_1 ist ein weiterer Gußeisenring R_2 mit Schrauben befestigt, an den der
äußere Teil der Düse angebaut ist. Die beiden Gußeisenringe sind mittels gedrehter Flächen und
Zentrierrand genau aufeinander gepaßt, so daß man den äußeren Düsenteil abnehmen und wieder
ansetzen kann, ohne befürchten zu müssen, daß sich dabei die Richtung des Strahles merklich ändert.
Diese Anordnung wurde getroffen, um auch anders geformte Düsen, z. B. solche von kleinerem
Durchmesser oder aber von rechteckigem Mündungsquerschnitt, anbringen zu können. Der äußere
Düsenteil selbst besteht aus längs und quer laufenden Holzrippen, welche mit Blech ausgekleidet sind.
Mit Rücksicht auf die leichtere Herstellbarkeit der Blechauskleidung ist dieser Teil der Düse mit sech-
zehneckigem Querschnitt ausgeführt, abgesehen von einem kurzen Übergangsstück in der Nähe des run-
den Gußeisenringes. Die Düsenmündung ist durch einen Rahmen E aus Eisenfachwerk versteift. Dieser
Rahmen ist durch acht Stangen S mit dem Gußeisenring fest verbunden und bildet mit ihm zusammen
ein starres Eisengerüst, welches seinerseits den Holzrippen als Auflager dient. In die Verbindungsstangen S

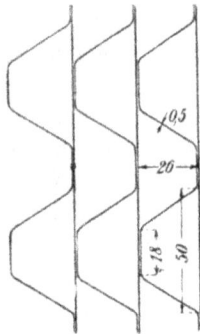

Abb. 5.

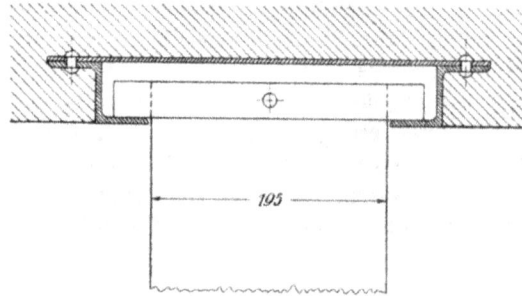

Abb. 6.

sind Spannschlösser eingebaut, so daß sie etwas verlängert und verkürzt werden können. Hierdurch
ist es möglich, die Düsenmündung etwas zu drehen und dadurch den austretenden Luftstrahl genau
horizontal zu richten. Damit sich bei dieser Verstellung die Holzrippen nicht klemmen, sind sie nur
mit ihrem äußeren Ende starr mit dem Fachwerkrahmen verbunden, während das andere Ende in
einem Holzring R_3 sitzt, welcher den Gußeisenring auskleidet und in ihm verschiebbar ist.

Bevor die Luft in die Düse eintritt, durchströmt sie den bereits (S. 10) erwähnten Gleichrichter G (Abb. 4). Dieser besitzt eine Tiefe von 19,5 cm und besteht aus ebenen und gewellten
0,5 mm starken Blechen von der in Abb. 5 dargestellten Form, wobei je ein gewelltes Blech mit
einem ebenen Blech an einzelnen Stellen vernietet ist. Die so entstehenden Streifen sind an einem
Ende mit einem Querstück versehen und sind mit Hilfe desselben in einem in die Decke der Düsenkammer einbetonierten Eisenträger aufgehängt (Abb. 6). Die gewellten Bleche wurden auf einem
eigens für diesen Zweck gebauten Walzwerk mit gezähnten Walzen hergestellt, wobei durch Vor-
versuche festgestellt wurde, daß das Zahnprofil unsymmetrisch sein muß, damit die Wellen des
durchgewalzten Blechstreifens eine symmetrische Form bekommen. Vor und hinter dem Gleichrichter sind in der Decke eiserne Rillen einbetoniert, in denen das obere Ende der Leiter L (Abb. 4)
aufgehängt werden kann. Diese Leiter sollte dazu dienen, jede Stelle eines vor oder hinter dem
Gleichrichter ausgespannten Siebes zwecks Vornahme einer Retusche zur Verbesserung der Geschwindigkeitsverteilung des Luftstromes zu erreichen. Wie bereits erwähnt, hat sich eine solche
Retusche bisher nicht als nötig erwiesen. Dagegen ist die Anbringung von einem oder mehreren
Sieben zur Verminderung der bisher noch vorhandenen Pulsationen in Aussicht genommen.

b) Der Auffangtrichter und Diffusor.

Um die kinetische Energie des Luftstrahles wenigstens teilweise wieder auszunützen, wird dieser, nachdem er den Versuchsstand durchlaufen hat, aufgefangen und einem Kanal von größerem Querschnitt zugeführt, wobei sich seine Geschwindigkeit verringert unter gleichzeitiger Erhöhung des Druckes. Während die Umsetzung von Druck in Geschwindigkeit in der Düse nahezu verlustfrei vor sich geht, bietet der umgekehrte Vorgang, die Umsetzung von Geschwindigkeit in Druck im Diffusor, ganz wesentliche Schwierigkeiten und ist überhaupt bis jetzt nur mit sehr großem Raumbedarf oder mit verhältnismäßig schlechtem Wirkungsgrad zu erreichen. Außer der Erzielung eines guten Wirkungsgrades war im vorliegenden Falle noch danach zu streben, daß der Wirkungsgrad zeitlich konstant blieb, da sonst Schwankungen der Strahlgeschwindigkeit auftreten würden. Ferner war darauf zu achten, daß die vom Strahl aus dem Beobachtungsraum mitgerissene Luftmenge in möglichst unschädlicher Weise wieder abgeführt wird, da sie sonst am Rande des Auffangtrichters herausströmt und gegen Versuchskörper oder Meßinstrumente bläst, wodurch die Messungen gestört werden. Weiter sollte im Auffangtrichter auch kein erheblicher Unter- oder Überdruck gegenüber dem Strahl herrschen, da sich sonst ein Druckgefälle bis in den Strahl hinein erstrecken würde, welches bei der Untersuchung langgestreckter Körper Fehler verursachen würde.

Die Versuche bestätigten die Überlegung, daß es wirtschaftlich günstig ist, die mitgerissene Luft möglichst bald hinter dem Auffangtrichter wieder abzuführen, solange sie sich noch wenig mit dem Strahl vermischt hat. Dann besitzt sie nämlich nur geringe kinetische Energie, und es wird daher mit ihrer Entfernung dem Luftstrome nur wenig Energie entzogen. Aus diesem Grunde wurde kurz hinter dem Auffangtrichter eine Öffnung gelassen, aus der die überschüssige Luft abfließen kann. Weiter zeigten die Versuche, daß es für den Nutzeffekt des Diffusors keinen wesentlichen Unterschied macht, ob die Querschnittserweiterung allmählich in einem konischen Rohr oder stufenförmig in unstetig weiter werdenden zylindrischen Rohren vorgenommen wird, wenn nur die Stufen nicht zu groß gewählt werden. Die zeitliche Gleichförmigkeit des Wirkungsgrades scheint bei einem solchen stufenförmigen Diffusor eher günstiger zu sein als bei einem konischen. Diese Gesichtspunkte führten dazu, hinter dem Auffangtrichter ein zylindrisches Rohr von größerem Durchmesser anzuordnen. Der Übergang von dem kleineren Querschnitt des Auffangtrichters zu dem größeren dieses Rohres ist nicht abgeschlossen; er bildet die oben erwähnte Öffnung zum Abfließen der überschüssigen Luft. Die lichten Querschnitte an den wichtigsten Stellen sind in nachstehender Tabelle zusammengestellt:

Windkasten vor der Düse . . . . 20,3 m²,
Düsenmündung (Strahl) . . . . 4,0 ,,
Querschnitt des Auffangtrichters auf der Einströmungsseite . . . . 8,8 ,,
,, ,, ,, an der engsten Stelle . . . . 4,4 ,,
,, ,, ,, am Ausströmungsende . . . . 4,8 ,,
,, der zylindrischen Trommel hinter dem Auffangtrichter . . . . 6,1 ,,

Der konstruktive Aufbau des Auffangtrichters ist ähnlich wie jener der Düse. Er besteht aus einem System von Holzrippen, das von einem Eisenfachwerk getragen wird und mit Blech ausgekleidet ist.

c) Die Umlenkschaufeln.

An den vier Ecken des Kanales, in welchem die Luft umläuft, sind Umlenkschaufeln eingebaut (Abb. 1), einerseits um die Gleichförmigkeit des Luftstromes möglichst wenig zu stören, und anderseits, um den Energieverlust, der sonst bei einem solchen Richtungswechsel sehr erheblich ist, möglichst niedrig zu halten. Durch geeignete Bemessung der Umlenkschaufeln, welche in Modellversuchen ausprobiert wurde, gelang es, den Energieverlust an jeder Ecke auf ca. 15% der kinetischen Energie der Luft an der betreffenden Stelle herabzudrücken. Da die Geschwindigkeit an den Ecken selbst nur ein Bruchteil der Maximalgeschwindigkeit ist, so ist der Verlust nur noch von ganz untergeordneter Bedeutung (vgl. die Zusammenstellung S. 19). In den beiden ersten Umlenkecken hinter dem Ventilator wird die Luft ohne Querschnittsänderung abgelenkt. Bei der dritten und vierten

Ecke ist mit der Umlenkung zugleich eine Querschnittsvergrößerung verbunden.   In Abb. 7 ist
Form und Anordnung der Schaufeln für Umlenkung mit gleichzeitiger Erweiterung wiedergegeben.
Für Umlenkung bei gleichbleibendem Querschnitt beträgt der Winkel zwischen zuströmender Luft und

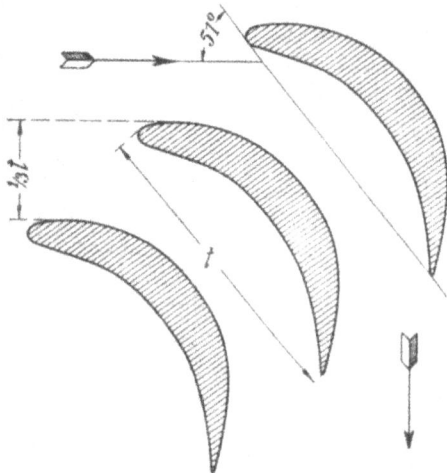

Profilsehne statt 51° nur 48°; im übrigen sind die
Abmessungen dieselben wie bei dem dargestellten
Beispiel. Bei den ersten drei Ecken beträgt die Tiefe t
ca. 600 mm, bei der letzten ca. 400 mm.

Die Schaufeln sind, wie bereits S. 10 erwähnt,
aus Eisenbeton angefertigt, ihre dünnen Austritts-
kanten sind durch Blechwinkel vor Beschädigung
geschützt. Zum Einbau der Schaufeln waren in den
Seitenwänden der Kanäle 85 bzw. 45 cm breite und
10 cm tiefe Nischen ausgespart worden. In diese
wurden die fertigen Schaufeln eingeschoben. Der
Zwischenraum zwischen den einzelnen Schaufeln
wurde in den Nischen durch besondere aus Beton
gefertigte Paßstücke ausgefüllt, wodurch die Schaufeln in ihrer Lage festgehalten sind.

d) Das Gebläse.

Abb. 7.

Während man sonst bei einigermaßen großen
Gebläseanlagen meist Schleudergebläse wegen ihres
besseren Wirkungsgrades wählt, wurde hier von dieser Bauart abgesehen und ein Schraubengebläse verwandt, einmal wegen der erheblich größeren Abmessungen und Baukosten, welche mit
einem Schleudergebläse verbunden gewesen wären, insbesondere aber mit Rücksicht auf die Gleichförmigkeit des Luftstromes. Bei einem Schraubengebläse nimmt nämlich bei gleichbleibender Drehzahl
der erzeugte Druck mit zunehmender Durchflußmenge merklich ab. Diese Eigenschaft bewirkt aber
eine Stabilisierung der Geschwindigkeit, indem sich bei Änderung der Geschwindigkeit der Druck in
dem Sinne ändert, daß dadurch die Geschwindigkeit nach dem Gleichgewichtszustande hin reguliert
wird. Bei Schleudergebläsen ist diese Eigenschaft meist viel weniger ausgesprochen, ja vielfach ist
sogar umgekehrt mit einer Steigerung der Durchflußmenge eine Erhöhung des Druckes verbunden.
Da aber auch eine möglichst gute Energieausnützung anzustreben war, so wurden eine Reihe von
Versuchen mit Modellgebläsen ausgeführt zu dem Zweck, einen für die vorliegende Aufgabe geeigneten Schraubenventilator herauszubilden, der nicht nur möglichst hohen Wirkungsgrad besitzt,
sondern diesen auch auf einem nicht zu engen Betriebsbereich beibehält. Diese letztere Forderung
war nötig, da das Gebläse auch bei vergrößertem Widerstand (z. B. bei Verwendung einer
kleineren Düse) befriedigend arbeiten soll. Tatsächlich gelang es auch auf Grund der Versuchsergebnisse in Verbindung mit theoretischen Überlegungen, die Flügelform so zu verbessern,
daß der ausgeführte Schraubenventilator in bezug auf Wirkungsgrad einem Schleudergebläse durch-
aus gleichwertig ist. In Abb. 8 ist das Gebläse mit dem umgebenden Teil des Windkanales dargestellt. Das Gebläserad besitzt vier Flügel (F). Diese sind aus Holz angefertigt[1]) und in einer
Nabe aus Stahlguß befestigt. Das Gebläse hat 3 m Durchm., die Nabe 1,2 m Durchm.
Die Steigung der Flügel auf der Druckseite beträgt rd. 2 m. Um die vom Ventilator der Luft erteilte
Drehung zu beseitigen, ist hinter dem Gebläserad ein Leitapparat (L) angeordnet, der aus neun schwach-
gewölbten Schaufeln aus Eisenblech besteht. Dieser Leitapparat dient gleichzeitig als Stütze zur Aufnahme eines Traglagers der Antriebswelle. Zur Verminderung des Strömungswiderstandes ist die gestrichelt eingezeichnete Verkleidung der Ventilatornabe vorgesehen, die bis jetzt aber noch nicht zur
Ausführung gelangte. Um Beschädigungen der Ventilatorflügel durch hineinfliegende Teile zu vermeiden, ist vor dem Gebläse ein Schutzgitter angebracht. Letzteres besteht aus einem Drahtgeflecht von 45 mm Maschenweite und 2 mm Drahtstärke, welches sich gegen ein Gerüst aus
Flacheisenstäben von 50×5 mm² Querschnitt legt.

---

[1]) Sie sind ein Geschenk der Firma C. Lorenzen, Berlin-Neukölln.

Der Ventilator ist so bemessen, daß beim normalen Betriebszustande die Durchflußmenge etwas größer ist, als dem günstigsten Wirkungsgrade entsprechen würde, aber doch noch so, daß der Wirkungsgrad noch nicht wesentlich gegenüber seinem Maximum abgefallen ist. Dies geschah deshalb, weil das Gebläse, wie bereits erwähnt, auch bei vergrößerten Widerständen, also bei kleinerer Durch-

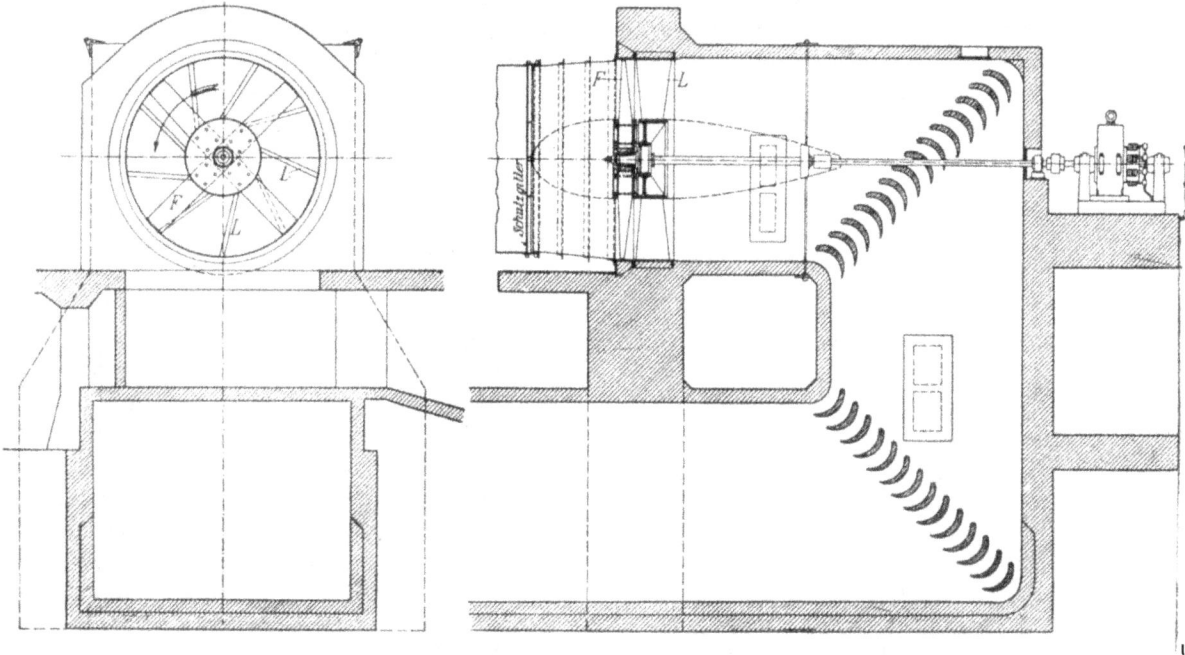

Abb. 8.

flußmenge, noch gut brauchbar sein sollte. Bei zu starker Drosselung würde das Gebläse sehr erheblichen Lärm verursachen und außerdem einen schlechten Wirkungsgrad ergeben.

Mit Rücksicht auf geräuschlosen Gang wäre es, wenn mit den Baukosten nicht gespart werden muß, günstiger, ein Gebläse mit mehr Flügeln und dafür kleinerer Drehzahl zu verwenden. Im vorliegenden Falle war wegen der geringeren Kosten schnellaufender Maschinen die Umfangsgeschwindigkeit der Flügel so hoch gewählt worden, als es mit Rücksicht auf Betriebszuverlässigkeit zulässig erschien; sie beträgt bei voller Leistung 157 m/s. Dadurch mußte aber bei den größten Geschwindigkeiten ein, wenn auch erträglicher, so doch unerfreulicher Lärm, ähnlich dem der Luftschrauben, in Kauf genommen werden.

e) Zusammenstellung des Energieverbrauches.

Auf Grund der Ergebnisse von Modellversuchen und von Messungen an der fertigen Anlage läßt sich der Energieverbrauch an den einzelnen Stellen ungefähr abschätzen. Wählt man die in der Sekunde durch den Düsenquerschnitt fließende Energiemenge $\frac{\gamma}{2g} F v^3$ $\left(\frac{\gamma}{g}\right.$ = Luftdichte, F = Düsenquerschnitt = 4 m², v = Ausflußgeschwindigkeit) als Einheit, so ergeben sich ungefähr folgende Verhältnisse:

Die erforderliche Motorleistung beträgt nach Messung an der fertigen Anlage . . $0{,}68 \frac{\gamma}{2g} F v^3$

Die vom Gebläse abgegebene Nutzleistung ist danach bei ca. 80 v. H. Wirkungsgrad $0{,}54$,,
Dieser Energiebedarf setzt sich ungefähr in folgender Weise zusammen:

Freier Strahl, Auffangtrichter bis zum Gebläse . . . . $0{,}26$,,
Erweiterung hinter dem Gebläse . . . . $0{,}17$,,
Umlenkung an den vier Ecken . . . . $0{,}06$,,
Einbauten (Gleichrichter, Schutzgitter) . . . . $0{,}05$,,

2*

4. Die Druckwage.

Es wurde bereits ausgeführt, daß die räumliche Verteilung der Geschwindigkeit über den Querschnitt des Luftstrahles eine sehr gleichmäßige ist. Anderseits ist es aber auch wünschenswert,
daß die Geschwindigkeit zeitlich möglichst unveränderlich bleibt. Die zeitlichen Geschwindigkeitsänderungen sind hauptsächlich hervorgerufen durch Änderung der Drehzahl des Antriebsmotors
infolge wechselnder Periodenzahl und Spannung im Netz und infolge von Erwärmung der Widerstände in den Reglern und der Wicklungen der elektrischen Maschinen. Im übrigen haben auch
Änderungen des Modellwiderstandes, wie sie z. B. durch Anstellwinkeländerungen hervorgerufen
werden, bei dem geringen Eigenwiderstand des Luftstromes einen deutlichen Einfluß. Das Regler-
system wird, da hauptsächlich Luftwider-
stände gemessen werden sollen, zweckmäßig
nicht die Geschwindigkeit selbst konstant
halten, sondern den Staudruck (das Produkt aus der Dichte und dem halben
Geschwindigkeitsquadrat, vgl. Nr. II, 1),
denn die Luftwiderstände sind in vielen
Fällen dem Staudruck proportional. Die
Geschwindigkeit ist dann bei konstantem
Staudruck je nach Barometerstand und
Temperatur (die während des Versuches
durch die vernichtete Strömungsenergie
steigt) veränderlich; sie läßt sich stets
leicht angeben, wenn die Dichte der Luft
(aus Messung ihres Druckes und ihrer
Temperatur) bekannt ist.

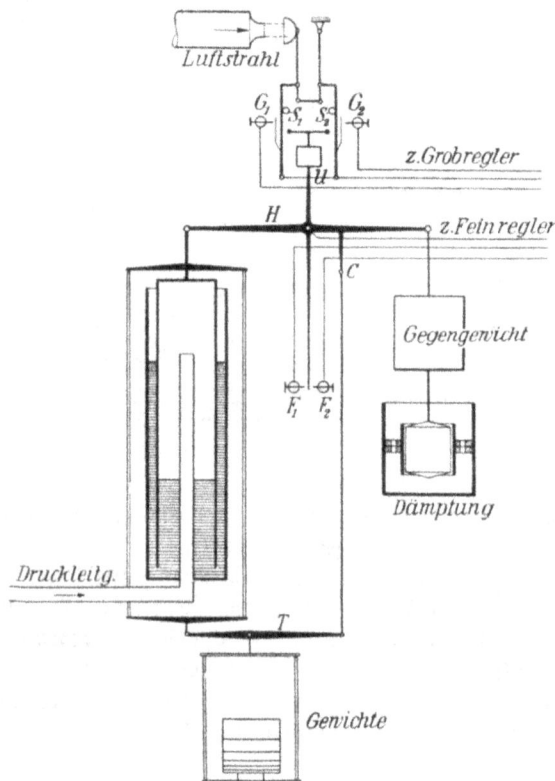

Abb. 9.

Die Konstanthaltung des Staudruckes
wird durch die in Abb. 9 schematisch dargestellte Druckwage erreicht. Auf der einen
Seite des Waghebels H hängt eine zylin-
drische, unten offene Glocke, welche in
ein etwa zur Hälfte mit Flüssigkeit (Toluol)
gefülltes Gefäß taucht. Das Innere der
Glocke ist durch eine Rohrleitung mit dem
Innern des Düsenkastens, also mit einer
Stelle in Verbindung, an welcher annähernd
der Staudruck der Strömung herrscht.
Infolge des Überdruckes im Innern der
Glocke wird auf diese eine Kraft nach oben

ausgeübt, welcher durch unten aufgelegte Gewichtsstücke das Gleichgewicht gehalten wird. Wird
nun durch Änderung des Staudruckes das Gleichgewicht gestört, so schlägt die vom Wagbalken
nach unten gehende Zunge nach einer Seite aus und stellt bei F_1 bzw. F_2 Stromschluß her,
wodurch der Feinregler in Bewegung gesetzt wird. Dieser wirkt in der Weise auf die Drehzahl
des Antriebsmotors des Ventilators ein, daß die Drehzahl vermindert wird, falls der Staudruck im
Wachsen begriffen war und umgekehrt.

Um ein Überregulieren zu vermeiden, hat es sich als nötig erwiesen, den Stromschluß bei F_1
bzw. F_2 schon zu einem Zeitpunkt zu unterbrechen, bei welchem der der Gleichgewichtslage entsprechende Staudruck noch nicht ganz erreicht ist. Wird diese Rücksicht außer acht gelassen und
der Kontakt erst gelöst, wenn der gewünschte Staudruck erreicht ist, so wird die Drehzahl, da die
rotierenden Teile des Antriebsmotors und des Ventilators und auch die Luftmassen infolge ihrer
Trägheit sich noch weiter beschleunigen (falls beispielsweise die Druckwage auf höhere Drehzahl
reguliert hat), und daher einen neuen Gleichgewichtszustand erst nach einiger Zeit annehmen, infolge

davon also nach Beendigung des Reguliervorganges über die der Gleichgewichtslage entsprechende Drehzahl hinausgehen. Die Druckwage veranlaßt hierauf ein Regulieren im umgekehrten Sinne, und so würde im günstigsten Fall erst nach einigem Hin- und Herregulieren die Gleichgewichtslage erreicht werden, wahrscheinlich aber das Pendeln kein Ende nehmen. Um dies zu vermeiden, wurden die Kontakte F_1 und F_2 in der in Abb. 10 schematisch skizzierten Weise ausgeführt. Die beiden Kontaktstücke sind an Federn aufgehängt und tragen am unteren Teil ein Eisenstück E. Diesem gegenüber befindet sich ein Elektromagnet, der im gleichen Stromkreis liegt wie der den Regulierwiderstand verstellende Hilfsmotor. Auf der einen Seite befinden sich zwei feste Anschläge A und B, auf der anderen Seite hängt in einem mit Öl gefüllten Gefäß ein Dämpfungskolben. Der Ausschlag des Kontaktstückes ist außerdem noch durch einen Anschlag G begrenzt. Schlägt nun beispielsweise die Zunge des Waghebels, deren unterer Teil elastisch ist, so weit aus, daß bei F_2 Stromschluß hergestellt wird, so fließt durch den rechten Elektromagneten ein Strom, und es wird daher das ganze Kontaktstück nach unten gezogen. Wegen der auf der rechten Seite befindlichen Dämpfung verhält sich der Punkt D zunächst wie ein fester Punkt, es erfolgt daher eine Drehung des Kontaktstückes um D, bis der linke Teil den festen Anschlag B erreicht hat. Von jetzt ab erfolgt die Drehung um den Punkt B, indem der Dämpfungskolben langsam heruntergedrückt wird. Der Vorgang ist daher folgender: Zuerst bewegt sich, solange nämlich die Drehung um D erfolgt, der Kontaktstift von F_2 nach links und drückt gegen die Zunge. Während dieser Zeit betätigt der Hilfsmotor den Regulierwiderstand im gewünschten Sinne. Ist aber der Anschlag bei B erreicht, so bewegt sich der Kontaktstift nach rechts, und es wird, wenn die Zunge nicht nachdrängt, nach kurzer Zeit der Stromfluß bei F_2 unterbrochen. Da jetzt auch die Anziehung des Elektromagneten aufhört, wird das Kontaktstück durch die Wirkung der Feder zunächst mit dem Drehpunkt in D bis zum Anschlag A zurückschnellen und jetzt mit dem Drehpunkt in A langsam in seine ursprüng-

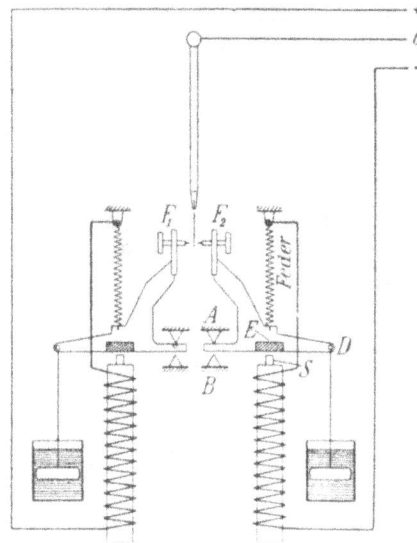

Abb. 10.

liche Stellung zurückkehren. Ist inzwischen die Zunge in die Mittellage zurückgekehrt, so ist der Vorgang hiermit zu Ende, andernfalls wiederholt sich das Spiel von neuem. Der Kontakt bewegt sich daher nach der Stromunterbrechung zunächst ruckweise von der Zunge weg und dann langsam wieder auf sie zu. Die Kontaktzeit ist um so länger, je stärker die Zunge auf den Kontakt drückt. Bei größeren Störungen erfolgt, da sich das Kontaktstück an den Anschlag S anlegt, überhaupt keine Unterbrechung des Stromes mehr. Die Entfernung der Anschläge A und B ist einstellbar, so daß die kürzeste Kontaktzeit so einreguliert werden kann, daß der Feinregler einen passenden kleinen Schritt (z. B. über zwei Kontaktknöpfe) macht. Man ist also sicher, daß bei einer Berührung der Kontakte F_1 und F_2 immer eine angemessene Regulierbewegung eintritt. Diese Einrichtung, die in der Sprache der Reglertechnik als eine „nachgiebige Rückführung mit dem Ungleichförmigkeitsgrad Null" bezeichnet werden kann, hat sich recht gut bewährt. Sie hat die hier beschriebene Gestalt allerdings erst nach verschiedenem Herumprobieren erhalten.

Neben dieser feinen Drehzahlregelung ist noch eine besondere Vorrichtung vorhanden, die ein selbsttätiges Anlassen und Abstellen des Antriebsmotors sowie auch ein rasches Einstellen auf einen bestimmten Staudruck ermöglicht. Dies geschieht in der Weise, daß bei starken Ausschlägen des Waghebels bei G_1 bzw. G_2 (Abb. 9) Stromschluß hergestellt wird, wodurch der Grobregler unmittelbar betätigt wird. Um auch hier ein Überregulieren zu verhindern, wird der Stromschluß schon vor Erreichung der Gleichgewichtslage aufgehoben. Zu diesem Zweck ist von der Düsenkammer aus ein kleiner Luftstrahl abgezweigt, welcher auf die Kugelschale des in Abb. 9 dargestellten Gelenkmechanismus bläst, wodurch die Hebel, die die Kontaktfedern tragen, entgegen dem Druck der

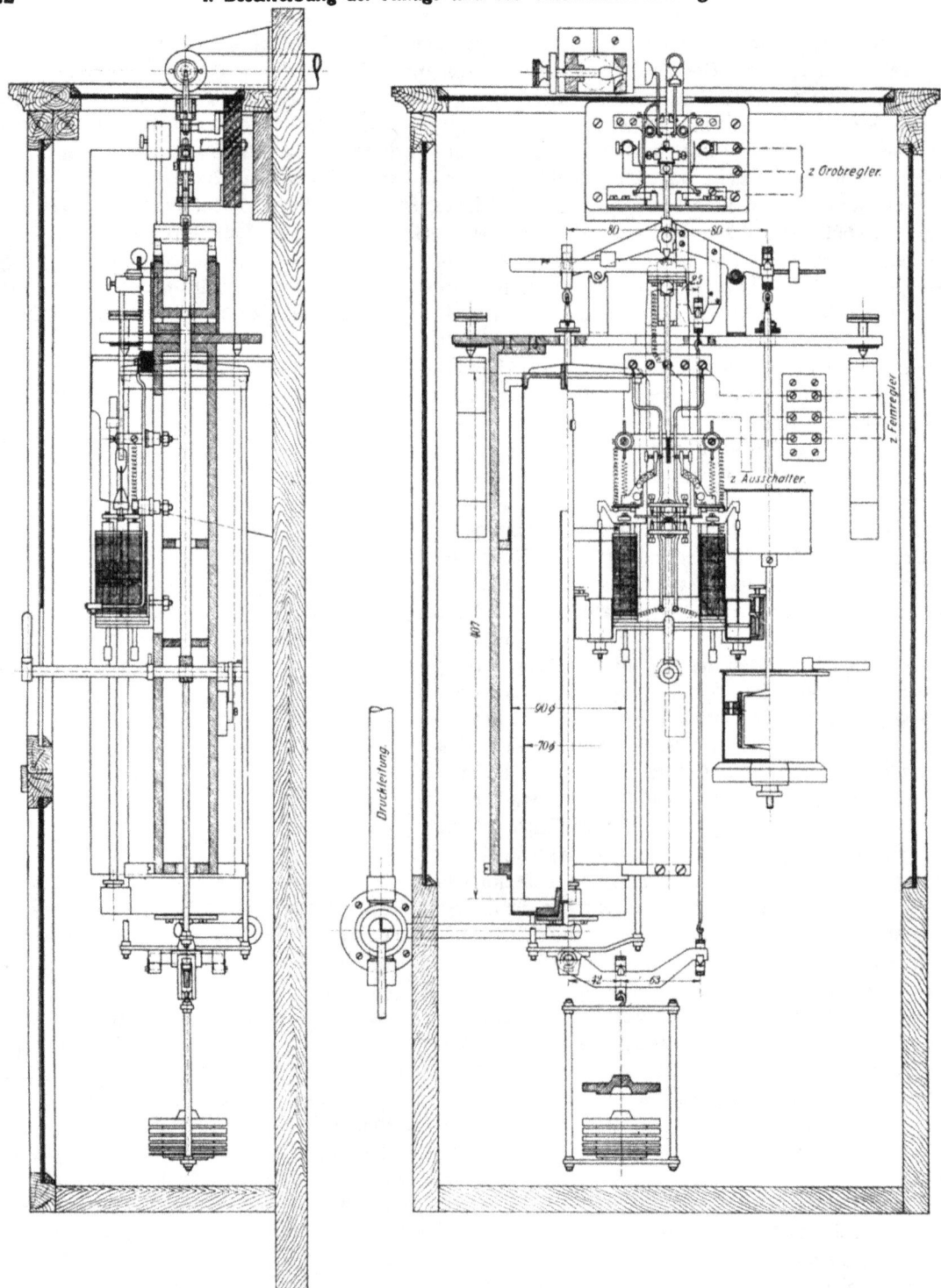

Abb. 11.

Wage von den Kontakten abgedrückt werden. Die Öffnung der kleinen Düse ist verstellbar und kann so eingestellt werden, daß beispielsweise beim Anlassen der Stromschluß bei G_1 bereits gelöst wird, wenn ein bestimmter Bruchteil des gewünschten Staudruckes erreicht ist. Dieser Bruchteil muß um so größer sein, je höher der verlangte Staudruck ist, und zwar zeigt sich, daß um ein Über-regulieren sowohl bei kleinen als auch bei großen Staudrücken zu vermeiden, die auf die Kugel-schale ausgeübte Kraft proportional mit dem im Augenblick der Unterbrechung vorhandenen Stau-druck sein muß. Dies wird durch die geschilderte Einrichtung, die den praktischen Erfordernissen gut entspricht, erzielt. Zu bemerken ist noch, daß S_1 und S_2 feste Anschläge sind.

Es hat sich nach Inbetriebnahme der Druckwage gezeigt, daß bei einer bestimmten Empfind-lichkeit derselben ein befriedigendes Arbeiten nicht bei allen Staudrücken gewährleistet ist. Um diesen Übelstand zu beseitigen, wurde die Empfindlichkeit veränderlich gemacht, und zwar so, daß die Stabilität der Wage mit wachsendem Staudruck vergrößert wurde. Es muß hier verlangt werden, daß die Empfindlichkeit im Vergleich zum Staudruck stets im gleichen Verhältnis steht. Zu diesem Zwecke wurden die Gewichtsstücke, welche dem Staudruck das Gleichgewicht halten, nicht direkt unter der Tauchglocke angehängt, sondern an eine Traverse T. Dadurch wirkt ein Teil des Ge-wichtes auf die Glocke, der andere Teil hingegen greift an einem unter der Drehachse des Waghebels, mit diesem fest verbundenen Punkt C an. Die an C angreifende Kraft erzeugt ein stabilisierendes Moment, das um so größer ist, je mehr Gewichte an die Traverse angehängt werden, d. h. je größer der gewünschte Staudruck ist. Die Empfindlichkeit der unbelasteten Wage ist mit Hilfe eines ver-

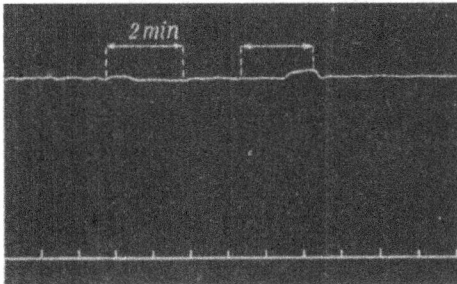

Abb. 12.

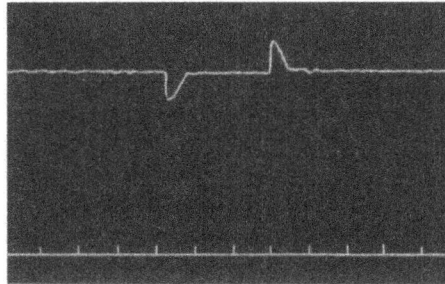

Abb. 13.

schiebbaren Gewichtes U auf nahezu indifferentes Gleichgewicht eingestellt. Bei kleinem Staudruck hat demnach die Wage lange Schwingungsdauer und dementsprechend hohe Empfindlichkeit, während bei hohem Staudruck die umgekehrten Verhältnisse eintreten. Für die Lage des Punktes C seitlich der vertikalen Symmetrielinie waren konstruktive Rücksichten maßgebend. Bei vollständiger freier Wahl würde man ihn wohl in die Symmetrieebene legen. Auf der rechten Seite des Waghebels befindet sich außer einem Gegengewicht eine von außen einstellbare Dämpfung.

Der ausgeführte Druckregler ist aus der Konstruktionszeichnung Abb. 11 zu ersehen. Zur An-bringung von Belastungen an der Traverse T wurden zwei besondere Gewichtssätze von verschiedener Abstufung angefertigt. Der eine Satz ist so abgestuft, daß jedes aufgelegte Stück die Geschwindig-keit des Luftstromes um 5 m/s erhöht; die Windgeschwindigkeit kann damit stufenweise von 10 m/s bis 50 m/s gesteigert werden. Die Stücke des zweiten Satzes hingegen sind mit Rücksicht auf runde Staudrücke hergestellt. Durch Auflegen der einzelnen Gewichte können die Staudrücke 100, 50, 25, 12,5 und 6,25 kg/m² eingestellt werden. Für beliebige Zwischenwerte ist ein mit dem Wag-hebel parallel verschiebbares Laufgewicht vorgesehen. Als Tauchflüssigkeit für die Glocke wird Toluol verwendet; die Höhe des Flüssigkeitsspiegels wird durch ein Standglas angezeigt. Es ist ferner eine Arretierung der Wage in der Weise vorgesehen daß das Lager der Waghebeldrehachse mittels eines Exzenters gesenkt werden kann, wobei sich dann die am Waghebel hängenden Teile auf die Grundplatte aufsetzen und dadurch die Schneiden entlasten. Beim Umlegen des Arretierungshebels wird gleichzeitig der Stromkreis des Feinreglers unterbrochen. Zum Ausschalten des Grobregler-stromkreises ist ein besonderer Schalter angebracht.

Die Abb. 12 bis 14 geben einige Rußkurven wieder, die von einem registrierenden Manometer aufgezeichnet wurden und den zeitlichen Verlauf des Staudruckes darstellen. Die einzelnen Abschnitte auf der Abszissenachse entsprechen einer Zeit von je 1 min. Abb. 12 zeigt zunächst den Verlauf

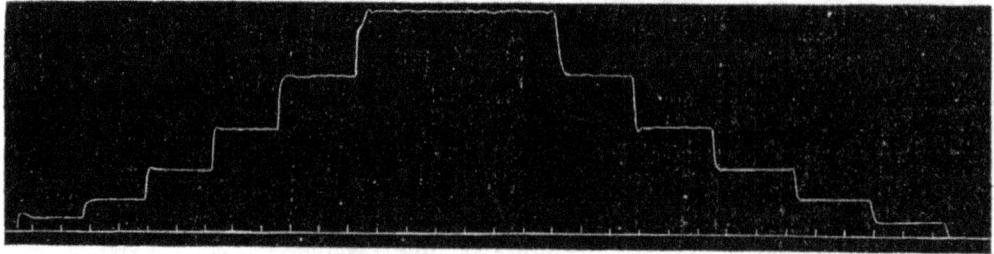

Abb. 14.

des Staudruckes, wobei die Druckwage an den gekennzeichneten Stellen auf die Dauer von 2 min ausgeschaltet war, die Drehzahl des Antriebsmotors daher den Schwankungen des Netzes unterworfen war. Wie man sieht, können bei ausgeschaltetem Druckregler erhebliche Änderungen des Staudruckes auftreten, die besonders zu gewissen Tageszeiten, z. B. zur Zeit der Mittagspause, sehr stark sind, und die die Genauigkeit der Messungen wesentlich zu beeinträchtigen imstande sind, wenn nicht ein besonderer Beobachter mit der Aufgabe betraut ist, die Drehzahl von Hand einzuregulieren oder im Augenblick der Messung den gerade herrschenden Staudruck zu notieren. Abb. 13 veranschaulicht die Wirkungsweise der Wage, wenn durch ein absichtliches Verstellen des

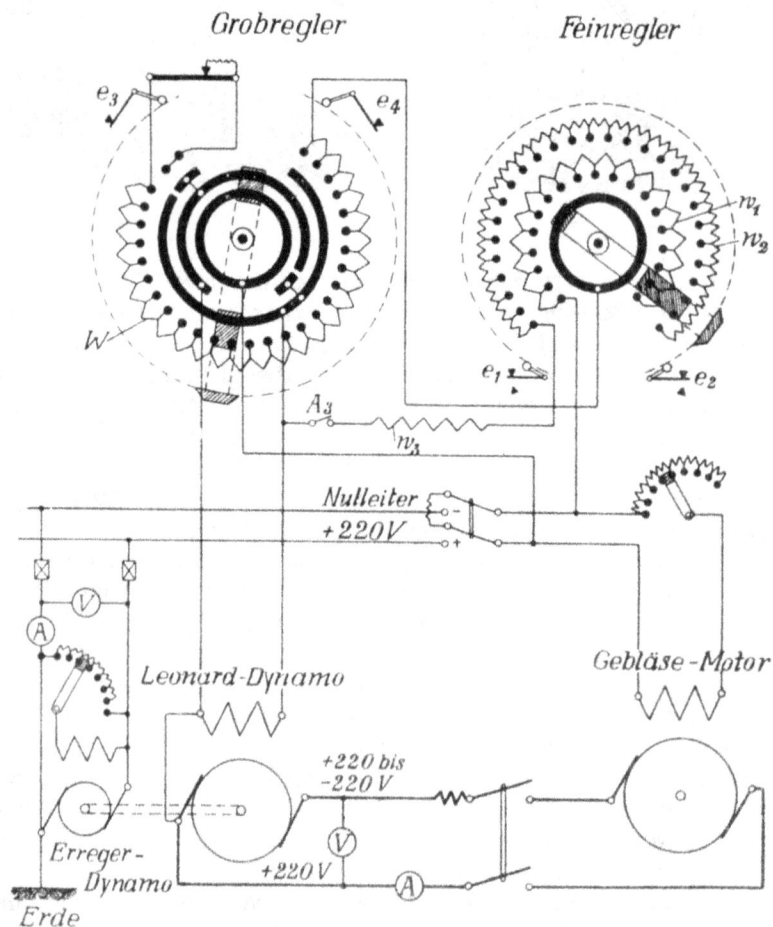

Abb. 15.

Grobreglers eine starke Änderung der Drehzahl hervorgerufen wird. Der ursprüngliche Staudruck ist, wie man erkennt, nach etwa 35 bis 40 s wieder erreicht. Schließlich ist in Abb. 14 noch registriert, wie sich durch Belasten bzw. Entlasten der Druckwage mit den erwähnten Gewichtsstücken die gewünschten Staudrücke selbsttätig einstellen. Im vorliegenden Beispiele entspricht die erste Druckstufe einer Geschwindigkeit von rd. 10 m/s. Von da ab steigt durch Auflegen je eines Gewichtsstückes die Geschwindigkeit stufenweise um rd. 5 m/s bis 35 m/s und nimmt nachher in gleicher Weise wieder ab. In manchen Fällen ist ein schwaches Überregulieren bemerkbar; trotzdem ist aber die Einstellung des Staudruckes auf den gewünschten Wert selbst im ungünstigsten Falle nach Ablauf von 35 bis 40 s erreicht.

5. Die elektrische Einrichtung.

Der als Hauptstromquelle der Anstalt dienende Umformersatz besteht aus vier auf einer Welle angeordneten Maschinen, die von den Siemens-Schuckert-Werken gebaut sind:

1. Einem Asynchronen-Drehstrommotor von normal 315 kW bei 5200 Volt, 50 Perioden, 980 Umdr./min,

2. einer mit Wendepolen und schwacher Gegenkompoundwicklung versehenen Gleichstrom dynamo von 0 bis 250 kW bei 0 bis 440 Volt als Stromquelle für den Gebläsemotor,

3. einer ähnlichen kleineren Maschine von 0 bis 52 kW bei 0 bis 440 Volt zum Antrieb der Schraubenprüfeinrichtung und etwaiger später noch hinzukommender Einrichtungen,

4. einer Erregermaschine von 10,5 kW bei 220 Volt als Stromquelle für die Felderregung sämtlicher Gleichstrommaschinen.

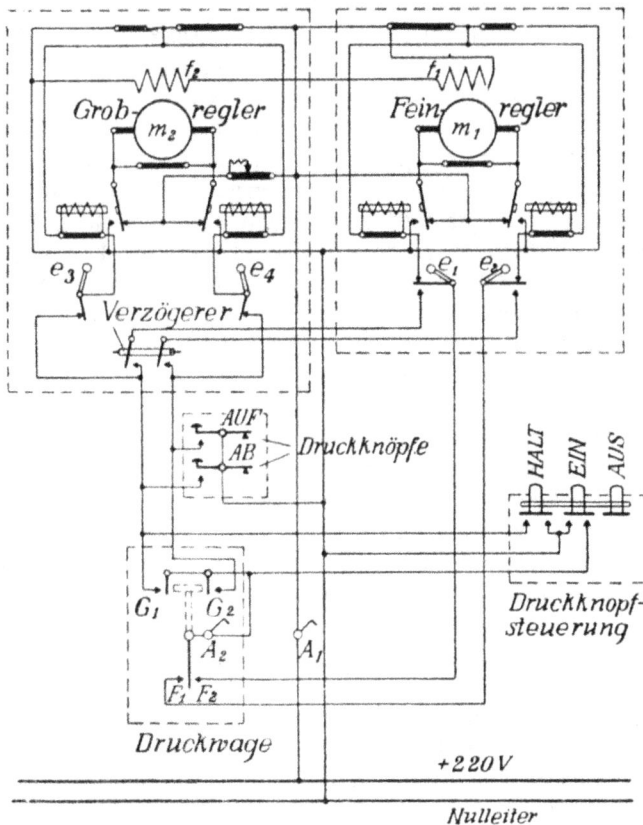

Abb. 16.

Der Gebläsemotor ist ein Gleichstrommotor für 440 Volt und 225 kW höchste Dauerleistung bei rd. 1000 Umdr./min. Der Motor für den Schraubenantrieb, der eine besondere der Versuchseinrichtung angepaßte Gehäuseform hat, weist eine Leistung von 40 kW bei einer Höchstdrehzahl von 2500 Umdr./min auf.

Zur Veränderung der Drehzahl des Gebläsemotors (oder auch des Schraubenmotors) wird, wie bereits erwähnt, die Felderregung der beiden Gleichstromdynamos geregelt. Die Regelung der Maschinen ist besonders feinstufig ausgeführt, so daß der Übergang von einer Stufe zur nächsthöheren fast unmerklich ist. Dies ist für ein pendelfreies Arbeiten der selbsttätigen Druckregelung erforderlich. Man wäre allerdings auch mit etwas weniger Stufen als ausgeführt ausgekommen, wie sich hinterher gezeigt hat. Die Vielstufigkeit ist dadurch erreicht, daß ein Grobregler mit 88 Stufen, der den ganzen Zwischenraum von Drehzahl 30/min bis 1000/min (beim Gebläsemotor) umfaßt, mit einem Feinregler zusammen arbeitet, dessen in

70 Stufen geteilter Regelbereich an jeder Stelle rd. 3 Stufen des Grobreglers überbrückt. Um dies bei dem großen Verstellungsbereich des Grobreglers möglich zu machen, wurde der Feinregler nach einer besonderen von uns angegebenen Schaltung ausgeführt, bei der gleichzeitig ein dem Grobregler vorgeschalteter und ein ihm parallel geschalteter Widerstand verstellt wird. Der erstere wirkt vorwiegend bei großen Stromstärken im Erregerkreis, der zweite vorwiegend bei geringen Stromstärken. Die beiden Teile des Feinreglers wurden so bemessen, daß der im Einklang mit dem Regelbereich des Feinreglers bemessene Grob-regler (3 Grobreglerstufen für diesen Bereich) ungefähr gleichmäßige Schritte in der Drehzahl liefert. Mit Rücksicht auf möglichste Schonung des nicht sehr großen Göttinger Elektrizitätsnetzes gegen Belastungsstöße würde man vielleicht besser die Grob-reglerstufen für die hohen Geschwindigkeiten etwas kleiner gemacht haben. Beim Feinregler für das Gebläse wird der Widerstand des vorgeschalteten Teils in 70 gleichen Widerstandsstufen von Null

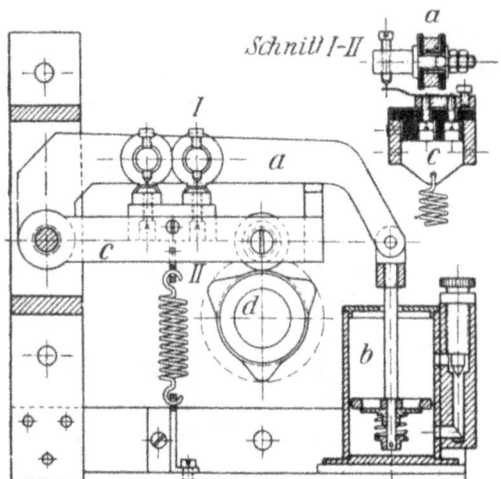

Abb. 17.

bis 3,1 Ohm verändert, der des parallel geschalteten Teils in 70 gleichen Stufen der Leitfähigkeit von 370 Ohm (feste Vorstufe) bis 935 Ohm. Der maximale Erregerstrom der Dynamo beträgt dabei 10 Amp.

Die Schaltung des Gebläseantriebes und seiner Regulierung ist aus der Schaltskizze Abb. 15 zu erkennen. Wie man an dem Schaltbild des Grob-reglers erkennt, ist für die Haltstellung ein schwacher Gegenstrom vorgesehen, der so eingestellt ist, daß er gerade den remanenten Magnetismus der Feldpole der Dynamo ausgleicht, sonst würde, ohne den großen Ausschalter des Ankerkreises zu bedienen, das Gebläse nicht stehen bleiben, sondern ganz langsam weiter rotieren.

Die Steuerung der beiden Regler, die, um durch Schaltstöße die Feldspannung nicht zu stören, von einer anderen Stromquelle, nämlich dem städtischen Gleichstromnetz, betrieben wird, ist aus der

Schaltskizze Abb. 16 zu erkennen. Es ist Wert darauf gelegt worden, das Gebläse von einem Druckknopfapparat aus, der mittels eines langen Kabels neben dem Versuchsplatz angeschlossen ist und der an beliebiger Stelle des Versuchsplatzes angebracht werden kann, zu beherrschen. Diese Einrichtung hat sich als äußerst bequem für die Durchführung der Versuche erwiesen. Der Mechanismus der Druckknöpfe ist derart, daß jeder Knopf nach dem Drücken unten bleibt, während der vor ihm niedergedrückte dabei ausgelöst wird und zurückschnellt. Der mit „Ein" bezeichnete Knopf schaltet die Regleranlage, d. h. die Kontakte der Druckwage ein, der mit „Aus" bezeichnete setzt die Regleranlage außer Tätigkeit, der mit „Halt" bezeichnete bewirkt Abstellen des Gebläses unter gleichzeitiger Ausschaltung der Regleranlage.

Eine besondere Einrichtung mußte getroffen werden, damit die Regleranlage nicht versagt, wenn zufällig der Feinregler an das Ende seines Regelbereiches kommt. Es ist in diesem Falle nötig, daß der Grobregler um einen Kontaktknopf weiterrückt und dann abgewartet wird, ob die Druckwage nun bereits Gegenkontakt gibt. Ist das nicht der Fall, so muß der Grobregler nach einiger Zeit um eine weitere Schaltstufe weitergehen usw., bis die Druckwage wieder einspielt. Dieses wird durch einen besonderen, dem Grobregler eingefügten Apparat erreicht, den wir „Verzögerer" genannt haben.

Dieser in Abb. 17 dargestellte Apparat hat die Aufgabe, die von dem Endausschalter e_1 bzw. e_2 des Feinreglers herkommenden Stromimpulse nach dem Grobreglerrelais weiterzuleiten, dabei aber den Strom je nach Erreichung einer neuen Schaltstufe auf einige Zeit zu unterbrechen. Die in Abb. 17 zu erkennende Daumenscheibe d sitzt auf einer Welle des Zahnrädervorgeleges des Grobregler-kontaktarmes. Sie macht für jede Schaltstufe $\frac{1}{3}$ Umdrehung, ist deshalb mit drei Daumen versehen. Durch die Daumenscheibe werden die beiden übereinanderliegenden Hebel a und c angehoben, die die Kontaktstellen der zu unterbrechenden zwei Stromkreise tragen. Der untere Hebel c

bleibt immer in Berührung mit der Daumenscheibe, während der obere durch eine Ölbremse *b* verhindert ist, nach unten schnell zu folgen. Die Unterbrechung entsteht, sobald der Hebel *c* zu sinken
beginnt. Da nach dieser Unterbrechung das Triebwerk sich durch seine Trägheit noch etwas weiter-
bewegt (der Hebel *c* gelangt hierdurch gerade noch nach unten), erfolgt ein neuer Stromstoß erst,
wenn der Hebel *a* ebenfalls unten anlangt. Die Dauer kann durch Regulierung der Bremse und
durch Füllung mit Ölen verschiedener Zähigkeit in weiten Grenzen — zwischen 1 und 10 s — verstellt werden. Der Bremskolben ist übrigens, um bei der Aufwärtsbewegung keine unnötigen Widerstände hervorzurufen, mit einem sich nach unten öffnenden Tellerventil versehen.

Der Ausschalter A_2, der die Grobreglerkontakte G_1 und G_2 der Druckwage stromlos macht,
hat den Zweck, ein dauerndes, gleichmäßiges Anwachsen oder auch Abnehmen der Geschwindigkeit
zu erreichen. Durch die Feinreglerkontakte F_1 oder F_2 der passend belasteten Druckwage wird
zunächst der Feinregler in eine seiner Endstellungen gebracht und damit der Grobregler mittels
des Verzögerers in langsamem Stufengang weitergeschaltet. Ein Überschreiten der zulässigen Höchst-
geschwindigkeit wird dabei vermieden, da die Druckwage, sobald ihr Gleichgewicht erreicht ist,
den Kontakt unterbricht. Um den Grobregler von Hand willkürlich beeinflussen zu können, sind
noch zwei besondere Druckknöpfe vorgesehen. Der Ausschalter A_1 dient dazu, den ganzen Regler-
antrieb stromlos zu machen. Der Ausschalter A_3 (Abb. 15) unterbricht den parallel geschalteten
Teil des Grobreglers. Er gestattet — allerdings unter Verzicht auf Feinreglung —, noch kleinere
Geschwindigkeiten einzustellen, als
dies sonst möglich wäre.

Die ganze Regleranlage hat sich
— nach Überwindung der unvermeidlichen Kinderkrankheiten — recht gut
bewährt und zeigt sich bei den Versuchsarbeiten als äußerst bequem.

6. Die Dreikomponentenwage.

Bei Versuchskörpern, welche nach
links und rechts symmetrisch gebaut
sind, was in sehr vielen Fällen zutrifft,
liegt bei symmetrischer Anblaserichtung
die resultierende Luftkraft in
der Symmetrieebene. Sie kann ihrer
Größe, Richtung und Lage nach durch

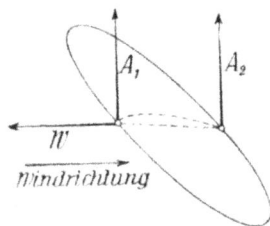

Abb. 18.

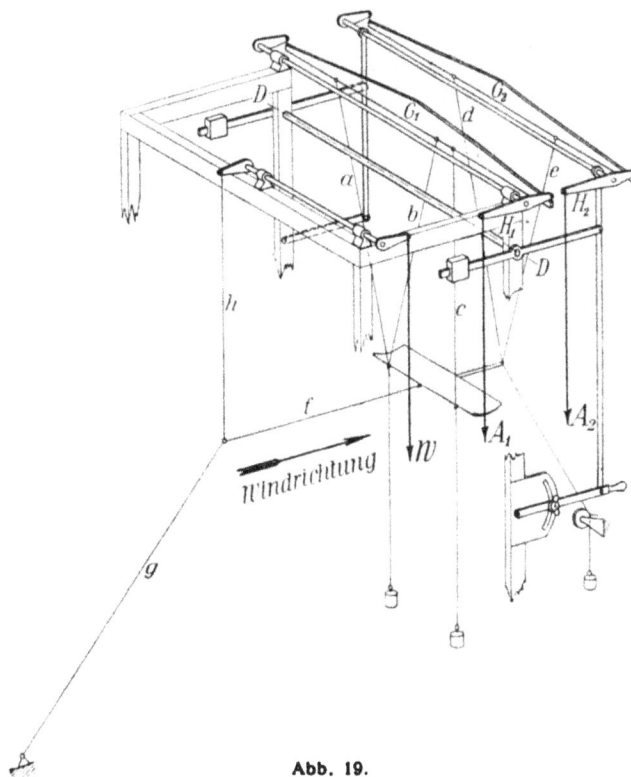

Abb. 19.

Messung von drei Komponenten bestimmt werden. Die Zerlegung der Gesamtkraft in drei Komponenten geschieht in derselben Weise wie bei der in der alten Anstalt benützten Wage (Abb. 18).
Gemessen werden zwei vertikale Kräfte A_1 und A_2, deren Summe die zur Windrichtung senkrechte Komponente der Windkraft, den Auftrieb A ergibt und eine horizontale Komponente,
welche nach Abzug des Widerstandes der Aufhängeorgane den Widerstand W liefert.

Die Konstruktion der Wage ist schematisch in Abb. 19 dargestellt. Der Versuchskörper, im
skizzierten Falle ein Tragflügel, wird mit Hilfe von dünnen Drähten an den beiden Querträgern

G_1 und G_2 aufgehängt. Tragflügel und Flugzeugmodelle werden in der Regel in umgekehrter Lage angeordnet, damit durch die in diesem Falle nach unten wirkende Auftriebskraft die Aufhängedrähte gespannt werden. Um den bei negativen Winkeln auftretenden Abtrieb zu kompensieren, sind außerdem noch Spanngewichte angebracht, welche an denselben Stellen am Versuchskörper angreifen, wie die von oben kommenden Aufhängedrähte, so daß das Modell durch die Spanngewichte in keiner Weise beansprucht wird. Die Aufhängung in der vorderen Aufhängeebene geschieht durch ein V-förmiges Drähtepaar a, b und durch einen vertikalen Draht c; die hintere Aufhängung besteht aus einem Drähtepaar d, e. Von der vorderen Aufhängeebene geht ein Draht f parallel zur Windrichtung nach vorne. Dieser verzweigt sich in zwei Drähte, wovon der Draht g unter 45° gegen die Wagrechte geneigt zu einem festen Punkt führt, während der Draht h lotrecht nach oben gehend an einem Hebelarm der Widerstandswage angreift. Um den Drähten f, g und h eine gewisse Vorspannung zu erteilen, ist der hintere Spanngewichtsdraht schräg nach hinten geführt und übt daher auf den Versuchskörper auch eine Kraft in Richtung des Windes aus. Unten läuft dieser Draht über eine möglichst leicht bewegliche Rolle. Die durch dieses Spanngewicht ausgeübte Kraft wird an der Widerstandswage austariert. Die beiden Querträger G_1 und G_2 hängen an den Weghebeln der beiden Auftriebswagen. Von den Waghebeln H_1 und H_2, die in derselben Ebene liegen, sowie von der Widerstandswage führen Zugstangen nach unten, so daß dort mit Hilfe von Wagschalen die Kräfte W, A_1 und A_2 abgewogen werden können. Als Aufhängeorgane für die Modelle dienen Stahldrähte, deren Dicke entsprechend der zu erwartenden Kraft gewählt wird. Am häufigsten wird eine Drahtstärke von 0,3 bis 0,4 mm Durchm. verwendet. Abb. 20 zeigt ein an der Wage aufgehängtes Flugzeugmodell[1] (Blick aus dem Diffusor gegen die Düse). Ein besonderer Vorzug der Aufhängung mit dünnen Drähten ist, wie hier besonders in die Augen fällt, der, daß die Luftströmung um das Modell durch Haltearme oder andere störende Befestigungsteile in keiner Weise beeinflußt wird.

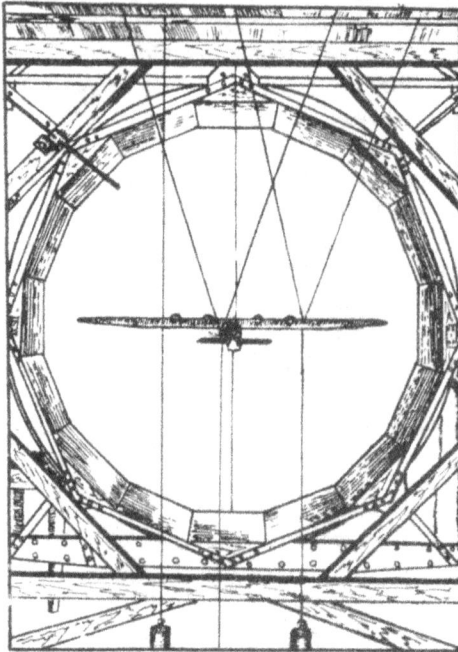

Abb. 20.

Bei verschiedenen Versuchskörpern, in besonderem bei Tragflügeln, ist die Abhängigkeit der Luftkraft von dem Winkel, unter welchem der Wind gegen denselben anströmt, von Wichtigkeit. Die Messung bei verschiedenen Anstellwinkeln wird dadurch ermöglicht, daß die Stützpunkte der Auftriebswage A_2 einschließlich der ganzen dazu gehörigen Wägeeinrichtungen durch Drehung um die Achse D—D gehoben und gesenkt werden kann. Dadurch dreht sich der Flügel um seine Vorderkante und kann somit unter verschiedenen Winkeln vom Winde getroffen werden. Das Heben und Senken der Wage A_2 geschieht vom Beobachtungsplatz aus mit Hilfe eines Hebels, der in jeder gewünschten Stellung festgeklemmt werden kann. Der Anstellwinkel kann an einer Gradteilung abgelesen werden. Die Entfernung der Achsen, um welche die Waghebel H_1 und H_2 schwingen, beträgt 30 cm. Dementsprechend muß auch die Entfernung der beiden Aufhängeebenen, damit sie bei Änderung des Anstellwinkels parallel bleiben, 30 cm betragen. Einfache Tragflügel müssen daher, da sie meist eine geringere Flächentiefe haben, mit einem besonderen Stiel versehen werden. An den beiden Auftriebswagen verhalten sich die Hebellängen der Hebel H_1 und H_2 wie 1 : 2,5. Auf den Wagschalen braucht daher nur der 2,5te Teil der wirkenden Auftriebskomponente aufgelegt zu werden. Die Hebellängen an der Widerstandswage verhalten sich wie 1 : 1. Dagegen

---

[1] Modell eines Verkehrsflugzeuges der Zeppelin-Werke, Berlin-Staaken.

ist hier das Übersetzungsverhältnis von dem Winkel abhängig, welchen die Drähte *f*, *g* und *h* miteinander bilden. Da dieser Winkel bei jeder Neuaufhängung etwas anders ausfällt, so wird das Übersetzungsverhältnis bei jeder Messung durch Eichung bestimmt, einfach dadurch, daß unter gleichzeitiger Ablesung der Widerstandswage in Richtung von *f* eine Zugkraft von bekannter Größe ausgeübt wird. Das Übersetzungsverhältnis der beiden Auftriebswagen ist einer Änderung nicht unterworfen, hier ist eine einmalige genaue Justierung ausreichend.

Die konstruktive Ausbildung der Wage ist aus Abb. 21 ersichtlich. Die zum Abwiegen nötigen Gewichtsstücke werden auf die an den unteren Enden der Zugstangen angebrachten Wagschalen aufgelegt. Die unten angebrachten drei Tafelwagen dienen hauptsächlich zur Geradführung der Wagschalen, ferner tragen sie eine mit einer Millimeterteilung versehene Schiene mit einem Lauf-

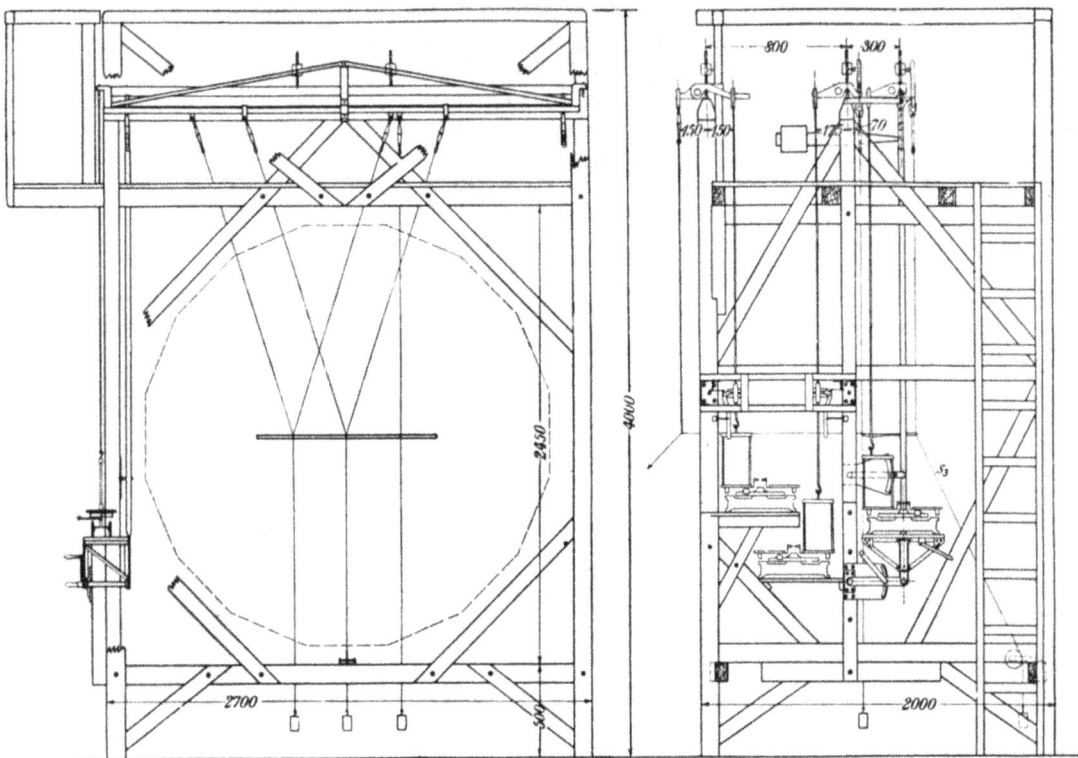

Abb. 21.

gewicht, welches bei einer Verschiebung von 200 mm eine Belastung von 200 g bedeutet. Zum Abwiegen werden daher nur Gewichtsstücke von 200 g und darüber benötigt, da die darunter liegenden Belastungen mit Hilfe des Laufgewichtes abgewogen werden können. Diese Einrichtung ist vor allem mit Rücksicht auf eine schnelle Ausführung der Messungen empfehlenswert. Ein zweites, parallel mit dem ersten verschiebbares Laufgewicht und ein als Mutter auf einem Gewinde bewegliches Scheibengewicht dienen zum groben und feinen Einstellen des Nullpunktes. Um eine möglichst reibungslose Beweglichkeit zu erhalten, sind alle Gelenke und Drehachsen als Schneiden und Pfannen ausgebildet. Die Empfindlichkeit der Wagen wird durch „Astasierungsgewichte" (über den Drehpunkten der Waghebel angebrachte Massen) jeweils auf das erforderliche Maß gebracht. Die grobe Astasierung zur Ausgleichung der vom Modell ausgeübten Richtkräfte befindet sich an den Wellen, welche die oberen Waghebel tragen, eine zweite feinere unten an den zur Parallelführung dienenden Wagen.

Die Pfannen, deren Konstruktion in Abb. 22 dargestellt ist, sind auf je zwei Stahlkugeln ge-lagert, wodurch sie sich um eine zur Schneidenkante senkrechte Achse drehen können. Dadurch wird erreicht, daß sie sich von selbst so einstellen, daß die Schneide ihrer ganzen Länge nach auf der Pfanne aufliegt. Außerdem kann sich die Pfanne um geringe Beträge um eine vertikale Achse drehen. Hierdurch wird vermieden, daß bei nicht voll-kommen genau paralleler Einstellung der Schneidenkante zu der Drehachse des Waghebels oder bei einer Durch-biegung der langen Wellen ein Schaben der Schneide auf der Pfanne erfolgt. Die Pfanne führt in diesem Falle beim Schwingen des Waghebels geringe Drehbewegungen um eine vertikale Achse aus. Die Oberfläche der Pfanne ist wegen der leichteren genauen Herstellung eben ausgeführt. Um nicht die ganze Oberfläche schleifen zu müssen, sind seitlich zwei Abschrägungen angebracht, so daß die Ansicht der ge-schliffenen Fläche die Form eines doppelten T hat. Ein Verschieben der Schneide längs der Drehachse wird durch gehärtete Stahlbleche a, ein Verschieben senkrecht dazu durch eben solche Bleche b, welche mit einem Ausschnitt versehen sind, verhindert. Die Pfannen sind gegen Heraus-fallen durch zwei dünne Blattfedern f gesichert.

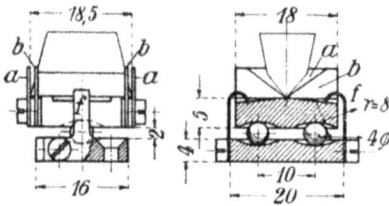

Abb. 22.

II. Einführung in die Lehre vom Luftwiderstand.

1. Allgemeines über Luftwiderstandsgesetze und Formelgrößen.

Bewegt sich ein Körper gleichförmig in einem widerstehenden Medium (Flüssigkeit oder Gas), so tritt der größte Überdruck an derjenigen Stelle auf der Vorderseite des Körpers auf, wo das Medium relativ zum Körper zur Ruhe kommt und die Strömung sich auseinanderteilt. Dieser Überdruck hat einen durch die Geschwindigkeit, die Dichte und die Zusammendrückbarkeit genau bestimmten Wert; ist, wie in den meisten technischen Anwendungen, die Geschwindigkeit v klein gegen die Schallgeschwindigkeit a des Mediums, so daß Größen von der Ordnung v^2/a^2 gegen 1 vernachlässigt werden dürfen, so ist dieser besondere Überdruck, den man „Staudruck" nennt,

$$q = \frac{1}{2}\varrho v^2,$$

wo $\varrho = \gamma/g$ die Dichte, d. h. die Masse der Raumeinheit ist. Eine graphische Darstellung der Dichte mittelfeuchter Luft abhängig von Temperatur und Druck ist im Anhang I enthalten. Der Punkt, an dem der Staudruck auftritt, heißt „Staupunkt".

Die Kräfte, die von dem Medium auf den bewegten Körper ausgeübt werden, sind zu einem Teil Druckkräfte, die senkrecht zur Oberfläche des Körpers wirken, zum anderen Teil Reibungskräfte, die tangential zur Oberfläche wirken. Die ersteren zeigen im großen und ganzen dasselbe Verhalten wie der Staudruck, sind also auch wesentlich der Dichte und dem Quadrat der Geschwindigkeit proportional. Doch handelt es sich hier nicht wie beim Staudruck um ein strenges Naturgesetz, da die Druckkräfte von der genaueren Form, in der das Medium den Körper umströmt, abhängen. Diese, die von Reibungswirkungen mitbestimmt wird, ist auch unter geometrisch ähnlichen Bedingungen vielfach nicht geometrisch ähnlich.

Die Reibungskräfte sind im allgemeinen nicht dem Staudruck proportional. Da jedoch in der Regel die Druckkräfte stark überwiegen, ist in den meisten Fällen doch der „Flüssigkeitswiderstand" angenähert proportional der Dichte und dem Quadrat der Geschwindigkeit (die Proportionalität ist sogar sehr gut bei Körpern mit scharfen Kanten, wenn durch diese Kanten die Stellen, an denen die Strömung den Körper verläßt, gut festgelegt sind, wodurch dann auch die ganze Strömungsform ziemlich festliegt). Man erhält daher Größen, die nur noch wenig veränderlich, unter Umständen fast genau konstant sind, wenn man den Flüssigkeitswiderstand durch den Staudruck dividiert. Diese Größen, in denen eine Kraft durch einen Druck pro Flächeneinheit dividiert ist, haben die Dimension einer Fläche. Bei geometrisch ähnlichen Körpern sind, geometrisch ähnliche Strömungsform vorausgesetzt, diese „Widerstandsflächen" irgendwelchen an den Körpern vorhandenen, einander entsprechenden Flächen proportional; es liegt deshalb nahe, die Widerstandsfläche durch eine solche passend am Körper ausgewählte Fläche F zu dividieren. Der Quotient ist eine reine Zahl und soll „Widerstandszahl" genannt werden. Ist W der Widerstand, so ist also die Widerstandszahl

$$c = W/qF.$$

Die Widerstandszahl ist also für geometrisch ähnliche Strömungen eine Konstante. Die allgemeinen Bedingungen für das Auftreten der geometrisch ähnlichen Strömung werden im Folgenden noch erörtert werden. Auch in dem Fall, daß c keine Konstante ist, ist es trotzdem bequem, es als

Rechnungsgröße zu benutzen, da es sich im allgemeinen mit der Veränderung der Geschwindigkeit, der Körperabmessungen und der physikalischen Konstanten des Mediums nur wenig ändert. Gerade bei der Mitteilung der Ergebnisse von Modellversuchen ist es derjenige Wert, der allein allgemeines Interesse besitzt, während die gemessenen Luftkräfte selbst ja von der zufällig gewählten Geschwindigkeit und Modellgröße abhängen.

Was man als Fläche F auswählt, ist dem freien Ermessen überlassen. Aus Zweckmäßigkeitsgründen wird je nach der vorliegenden Aufgabe gewählt die Projektionsfläche in der Bewegungsrichtung oder auch, was häufig auf dasselbe hinauskommt, der Flächeninhalt des „Hauptspants" (beides vor allem für einfache Widerstände, die der Bewegung entgegenwirken), ferner die größte Projektionsfläche (so bei Tragflügeln u. dgl.); Reibungswiderstände werden meist auf die Gesamtoberfläche bezogen. Für gewisse Aufgaben des Luftschiffbaues ist es, um Luftschiffe verschiedener Form bei demselben Rauminhalt V vergleichen zu können, zweckmäßig, den Luftwiderstand zu beziehen auf $V^{2/3}$, d. h. auf die Seitenfläche des Würfels vom Volumen V. Im einzelnen Fall ist deshalb immer anzugeben, welche Bezugsfläche vorausgesetzt wird.

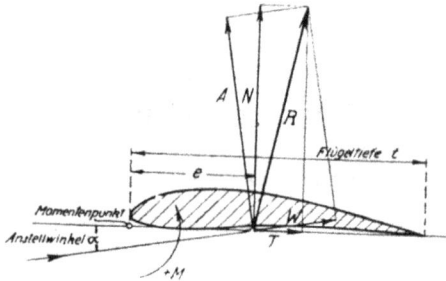

Abb. 23.

Für dieses Buch soll allgemein gelten, daß bei einfachen Widerständen (bei Rümpfen, Streben usw.) immer F die „Projektion in der Bewegungsrichtung" bedeutet. Die Widerstandsziffer wird dabei durch c (ohne Index) bezeichnet. Bei Tragflügeln usw. wird immer die Tragfläche, also die „größte Projektion" als Bezugsfläche genommen, und es bedeutet — mit A = Auftrieb = Komponente der Luftkraft senkrecht zum Wind und W = Widerstand (Rücktrieb) = Komponente in der Windrichtung

$$c_a = A/qF$$

die „Auftriebszahl" und

$$c_w = W/qF$$

die „Widerstandszahl".

Man zerlegt die Luftkraft manchmal auch nach in dem Flügel festen Richtungen, so ist $T = c_t qF$ die Tangentialkraft (in der Richtung der Flügelsehne), $N = c_n qF$ die Normalkraft (senkrecht zur Flügelsehne) vgl. Abb. 23.

Als „Flügelsehne", deren Winkel mit der Luftstromrichtung (α in Abb. 23) der Anstellwinkel heißt, wird aus praktischen Gründen (Anlegen eines Lineals!) die auf der Druckseite zweimal berührende Gerade genommen. In Ausnahmefällen, wo diese Vorschrift versagt, müssen besondere Angaben über die Wahl der im Objekt festen Richtung gemacht werden.

Die „Reibungszahl" c_f wird auf die Gesamtoberfläche O bezogen:

$$c_f' = W_f/qO.$$

Um bequemere Zahlen, ohne die lästigen Dezimalbrüche, zu erhalten, werden in der Praxis vielfach die hundertfachen Werte der Zahlen c, c_a, c_w usw. angegeben und mit C, C_a, C_w usw. bezeichnet. Diese bedeuten, wie bemerkt sein mag, gleichzeitig die Luftwiderstände auf ein Quadratmeter bei dem Staudruck $q = 100$ kg/m², was bei der normalen Luftdichte $\varrho = \gamma/g = 0,125$ gerade einer Geschwindigkeit von 40 m/s $= 144$ km/h entspricht.

Zur vollständigen Angabe über die resultierende Luftkraft gehört noch eine Angabe über deren Lage, also z. B. über den „Angriffspunkt". Es ist zweckmäßig, diesen nicht unmittelbar zu geben, da er gelegentlich ins Unendliche rückt und daher unbequeme Zahlenreihen liefert, in denen es sich schlecht interpolieren läßt. Viel besser ist es, das „D r e h m o m e n t" der Luftkraft für irgendeine passend ausgewählte Achse anzugeben, da dieses immer sehr gesetzmäßig variiert. Bei Flügeln wird aus praktischen Gründen als Bezugsachse die Vorderkante des Flügels oder genauer die zur Profilebene senkrechte Linie durch den Schnittpunkt der Sehne der Druckseite mit der dazu senkrechten Tangente am Anblasrand gewählt, vgl. Abb. 23. Falls diese Vorschrift in einem bestimmten

Fall nicht durchführbar ist, müssen wieder besondere, dem Fall angepaßte Festsetzungen getroffen werden. Bei Mehrdeckern wird zweckmäßig die in der eben genannten Art definierte Momentenachse des obersten Flügels als Momentenachse für den Mehrdecker genommen.

Für das Drehmoment läßt sich eine „Momentenzahl" c_m dadurch ableiten, daß man das Moment der Luftkraft außer durch das Produkt qF noch durch eine passend gewählte Länge dividiert. Als solche bietet sich bei Tragflügeln die Flügeltiefe t dar (wobei bei Flügeln von veränderlicher Tiefe noch festzusetzen sein würde, ob die Tiefe in der Mitte oder aber der Mittelwert der Tiefe gewählt werden soll). Ist M das Moment, so wird

$$c_m = M/qFt.$$

Das Hundertfache von c_m wird wieder C_m genannt.

In den Tabellen, die die Ergebnisse unserer Messungen an Tragflügeln wiedergeben, sind abhängig von dem Anstellwinkel die Größen C_a, C_w und C_m angegeben. Der Schnittpunkt der resultierenden Kraft mit der Druckseitensehne ist sehr einfach zu berechnen. Seine Entfernung von der Momentenachse beträgt

$$e = t \cdot C_m/C_n.$$

In der graphischen Darstellung ist das von Lilienthal zuerst verwendete „Polardiagramm" in der Eiffelschen Modifikation verwendet, indem die Widerstände in dem fünffachen Maßstabe der Auftriebe dargestellt werden. Die den einzelnen Meßpunkten entsprechenden Anstellwinkel sind in dem Diagramm beigeschrieben. Links neben der Versuchskurve findet man meist die zum gleichen Seitenverhältnis gehörige „Widerstandsparabel" eingezeichnet, die die zugehörigen Werte des induzierten Widerstandes (vgl. Abschn. II, 3) angibt.

Die Momentenzahl wird zweckmäßig in Abhängigkeit von der Auftriebszahl angegeben, vgl. Abb. 24, wobei wieder die zugehörigen Anstellwinkel an die Kurve angeschrieben werden. Da die Werte von C_a

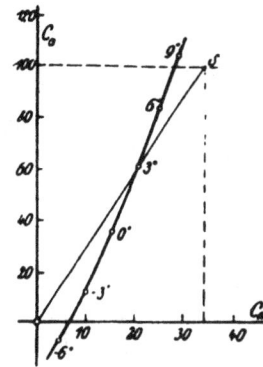

Abb. 24.

sich nur wenig von denen von C_n unterscheiden, erhält man in dieser Abbildung eine angenäherte Konstruktion von e/t, wenn man die Gerade durch den Ursprung und durch den zu einem Anstellwinkel gehörigen Wert von C_m mit der Geraden $C_a = 100$ zum Schnitt bringt. Die Entfernung des Schnittpunktes S von der C_a-Achse ist dann $100\,C_m/C_a \cong 100\,e/t$. Bei den praktischen Auftragungen werden beide Kurven in einer Figur vereinigt.

2. Das Ähnlichkeitsgesetz.

Wann werden zwei Flüssigkeitsströmungen an geometrisch ähnlichen Körpern geometrisch ähnlich? Die Theorie gibt auf diese Frage die Antwort, daß die Ähnlichkeit der Strömung dann eintritt, wenn das Verhältnis der Trägheitswirkungen und der Zähigkeitswirkungen in beiden Fällen dasselbe bleibt (unter Zähigkeit wird das Maß für die innere Reibung, d. h. die Schubspannung bei einem Strömungszustand, wo sich die Geschwindigkeiten zweier um die Längeneinheit entfernter Stromlinien um eine Geschwindigkeitseinheit unterscheiden, verstanden). Wie hier ohne Beweis mitgeteilt werden soll, ist dies der Fall, wenn die Größe vl/ν, wo l irgendeine passend ausgewählte Länge im Körper, v die Geschwindigkeit und ν die „kinematische Zähigkeit" (Zähigkeit : Dichte) ist, in den zu vergleichenden Fällen denselben Wert hat. Die Dimension von ν ist L^2/T, daher ist die obige Größe eine reine Zahl, wie dies auch gemäß ihrer Bedeutung notwendig ist[1]). Nach dem Entdecker des Ähnlichkeitsgesetzes führt diese Zahl den Namen „Reynolds'sche Zahl".

Für genau geometrisch ähnliche Körper, bei denen also z. B. auch die etwaigen Oberflächenrauhigkeiten geometrisch ähnlich sind, und für gleiche Reynolds'sche Zahl erhält man nach der

---

[1]) Vgl. etwa Lit.-Verz. C. 6. Eine graphische Darstellung der Werte der kinemat. Zähigkeit der Luft abhängig von Temperatur und Druck befindet sich im Anhang II.

Theorie gleiche Widerstandzahl. Die Versuche bestätigen dieses, abgesehen von gewissen unten zu erwähnenden Ausnahmezuständen, aufs beste. Für verschiedene Reynolds'sche Zahlen in den zu vergleichenden Fällen kann dagegen die Widerstandzahl verschieden sein. Diesem Verhalten wird man durch die mathematische Ausdrucksweise gerecht, daß man sagt, die Widerstandzahl c sei eine Funktion der Reynolds'schen Zahl.

Die Zähigkeit der Luft ist von der Temperatur abhängig, die Dichte von Temperatur und Druck. Die kinematische Zähigkeit ändert sich daher bei Änderungen der Temperatur und des Druckes ebenfalls, doch sind die Änderungen nur klein innerhalb der im Laboratorium vorkommenden Grenzen für Temperatur- und Druckschwankungen. Geschwindigkeit und Durchmesser ändern sich dagegen in sehr weiten Grenzen. Als praktisches Maß für den Gebrauch des Technikers ist daher an Stelle der Reynolds'schen Zahl das Produkt „Geschwindigkeit mal Länge" unter dem Namen „Kennwert" eingeführt worden, und zwar ist, um unbequeme Dezimalbrüche zu vermeiden, festgesetzt worden, die Länge in mm und die Geschwindigkeit in m/s einzuführen (die kleinsten praktisch vorkommenden Längen dieser Art sind die Durchmesser dünner Drähte). Unter Zugrundelegung eines normalen Wertes $\nu_0 = 0,143$, der für Luft von 13° C und 760 mm Barometerstand zutrifft, ist der Kennwert (Buchstabe E) der 70. Teil der Reynolds'schen Zahl. Für stark abweichende ν-Werte ist diese letztere Beziehung als Definition des Kennwertes zu wählen, also $E = \dfrac{\nu_0}{\nu} v l$. Für Höhenflüge gilt angenähert, da die Änderung der Zähigkeit mit der Temperatur nur verhältnismäß gering ist, angenähert $E = E_0 \gamma_h / \gamma_0$, wo γ_h das Luftgewicht in der Höhe und γ_0 dasjenige am Boden ist.

Die im vorstehenden dargelegte Gesetzmäßigkeit enthält die Aussage, daß in dem Falle, wo Änderungen der Widerstandzahl mit der Geschwindigkeit vorkommen, die Kurven für verschieden große Ausführungen der untersuchten Körperform sich decken, wenn sie abhängig von $E = v l$ aufgetragen werden. Dies ist innerhalb der durch die Ungenauigkeit der Ausführung der geometrisch ähnlichen Körper und Abweichungen der Rauhigkeit gegebenen Grenzen auch stets der Fall.

Bei gewölbten Körperformen zeigt sich häufig in den so erhaltenen Kurven ein ziemlich plötzlicher sprunghafter Abfall, oft von beträchtlicher Höhe, manchmal auch mehrere derartige Sprünge. So sinkt z. B. die Widerstandzahl von Kugeln bei $E = 3000$ bis 4000 (Reynolds'sche Zahl $R = 210000$ bis 280000) von 0,48 auf 0,20. Dies hängt, wie eine nähere Untersuchung lehrte[1]), damit zusammen, daß die dünne Reibungsschicht an der Oberfläche bei den kleineren Kennwerten laminar, d. h. schlicht, bei den größeren aber turbulent, d. h. wirbelig strömt, was auf die Lage der Ablösungsstelle und damit auf die Ausbildung der Wirbel hinter dem Körper von großem Einfluß ist. Mit den Wirbeln steht aber die Druckverteilung am Körper und somit auch der Widerstand in engstem Zusammenhang. Durch kleinere oder größere Rauhigkeit der Oberfläche, wie auch durch Wirbeligkeit des ankommenden Luftstromes wird die Lage des „kritischen" Kennwertes stark beeinflußt, so daß in jedem derartigen kritischen Gebiet bei den Versuchen vielfach größere Abweichungen von dem genauen Ähnlichkeitsgesetz durch unvorhergesehene kleine Nebenumstände eintreten können.

Die Übertragbarkeit der Ergebnisse vom Modell auf die große Ausführung setzt voraus, daß zwischen den Kennwerten der Modellmessung und denen der großen Ausführung keine kritischen Zustände mehr liegen. Bezüglich der für die Luftfahrttechnik wichtigen Hauptformen scheinen die Verhältnisse in dieser Richtung meist günstig zu liegen, nicht dagegen bezüglich der Nebenteile (Spannkabel, Streben usw.). Diese Teile werden daher zweckmäßig nicht mit dem Hauptkörper zusammen in einem geometrisch treuen Modell gemessen, sondern besser im Modell weglassen und auf Grund von Versuchen an Originalstücken rechnerisch berücksichtigt. Auch bei Luftschiffgondeln usw. empfiehlt sich, wenn ihr Widerstand ermittelt werden soll, die Ausführung größerer Sondermodelle. Bei kantigen Körpern dagegen wird eine kritische Geschwindigkeit im allgemeinen nicht gefunden. Diese können daher in beliebigem Maßstab untersucht werden.

Die Reibung der Luft an einer ebenen Fläche, die parallel zur Bewegungsrichtung steht, folgt im allgemeinen nicht dem einfachen Gesetz, was man am einfachsten so einsehen kann, daß man

---

[1]) Lit.-Verz. C. 16 und B. I, 16.

sich klar macht, daß eine zweite genau anschließend an eine erste Platte in deren Verlängerung an-gebrachte Platte weniger Widerstand aufweisen muß als die erste, weil sie in dem von der ersten Platte bereits verzögerten Luftstrom steht. Der Widerstand nimmt also bei Verlängerung der Platte schwächer als proportional der Länge zu, d. h. die Widerstandszahl nimmt mit wachsender Länge ab. Nach dem Ähnlichkeitsgesetz ergibt sich für glatte Flächen, daß die Widerstandszahl auch mit wachsender Geschwindigkeit abnehmen muß. Die Versuche bestätigen dies.

Anders verhalten sich Flächen mit erkennbarer Rauhigkeit. Hier wäre eine doppelt so lange Platte nur dann als einer anderen ähnlich anzusehen, wenn auch die Abmessungen der einzelnen Höcker und Vertiefungen der rauhen Oberfläche doppelt so groß wären. Ist diese Beziehung nicht erfüllt, so braucht auch das Ähnlichkeitsgesetz nicht zu gelten. Die Erfahrung zeigt, daß hier bei gleich-bleibender Rauhigkeit die Widerstandsziffer zwar von der Länge abhängt, nicht aber von der Ge-schwindigkeit, was darauf hindeutet, daß der Widerstand in der Hauptsache aus Druckwiderstand an den einzelnen Höckern besteht, der dem Staudruck proportional ist. Dabei ergibt sich eine Ab-schwächung der Wirkung auf die weiter hinten liegenden Flächenteile durch den Einfluß der vor-angehenden (vgl. die Ergebnisse in Abschnitt IV, 8).

Eigenartige Wirkungen ergibt die Rauhigkeit bei Körpern, die eine kritische Geschwindigkeit aufweisen. Die kritische Geschwindigkeit selbst wird durch grobe Rauhigkeit häufig bedeutend erniedrigt, dagegen wird der über der kritischen Geschwindigkeit häufig sehr kleine Widerstand sehr merklich erhöht. Geringe Rauhigkeit läßt das Verhalten bei den geringeren Kennwerten ziem-lich unverändert, ergibt aber bei größeren Kennwerten unter Umständen sehr bedeutende Vermeh-rung des Widerstandes (vgl. Literaturverz. B. III, 2).

Die Widerstandsvermehrung deutet immer auf eine Vergrößerung des Wirbelgebietes hinter dem Körper hin. Handelt es sich um Auftrieb erzeugende Körper (Tragflügel), so ist die Wider-standsvermehrung häufig mit einer Verminderung des erzielten Auftriebes verbunden. Die Einflüsse, durch die das „Abreißen" der Strömung vom Flügel und das damit verknüpfte Abrücken der Polarkurve aus der Nähe der theoretischen Parabel (vgl. den folgenden Abschnitt) verursacht wird, scheinen ein ganz ähnliches Verhalten zu zeigen wie der Widerstand einer Kugel, Strebe o. dgl. Die größten c_a-Werte sind zunächst bei kleinen Kennwerten (die unterhalb den bei den Versuchen benützten liegen) klein, steigen bei einem kritischen Kennwert auf einen weit höheren Betrag, den sie im allge-meinen in dem den Versuchen zugänglichen Bereich beibehalten, mit kleinen Schwankungen, wie sie auch beim Widerstand von Streben usw. oberhalb der kritischen Geschwindigkeit gefunden werden. Das Nachlassen des Maximums von c_a, das bei sehr großen Kennwerten an sehr dicken Flügeln beobachtet wird, dürfte ein Rauhigkeitseinfluß sein von derselben Art, wie er bei sehr großen Streben beob-achtet ist, wo bei großen Kennwerten der Widerstand erneut anstieg, wenn die Oberfläche nicht sehr glatt war. Die erfahrungsgemäß vorhandene Verschlechterung von Flugzeugen durch Witte-rungseinflüsse findet hierdurch eine gute Erklärung.

3. Abriß der Tragflügeltheorie.

Die Tragflügeltheorie, die in den letzten Jahren entstanden ist[1], lehrt, daß auch bei verschwin-dend kleiner Reibung der Luft mit dem Auftrieb ein Widerstand verknüpft ist, der davon herrührt, daß durch den Flügel eine der Auftriebsrichtung entgegengesetzt gerichtete Bewegung in der Luft zurückbleibt. Die kinetische Energie dieser Bewegung ist genau gleich der Arbeit, die gegen diesen Widerstand geleistet wird. Durch eine hier nicht näher zu erörternde Analogie mit elektromagneti-schen Beziehungen hat dieser Widerstand den Namen „induzierter Widerstand" erhalten. Durch die folgende Überlegung läßt sich ein Überblick über die wichtigsten Züge der hier obwaltenden Verhältnisse gewinnen:

Die Luft, über die der Tragflügel hinweggeschritten ist, hat von ihm einen Antrieb nach unten erfahren, die Teile, an denen er dicht vorbeiging, sind stärker, die, die weiter ab waren, weniger

---

[1] Vgl. Literaturverzeichnis C. 28 und 30, ferner C. 20, 21, 23, 26, 27, 29 u. 32.

stark in Bewegung gesetzt. Durch das Ausweichen vor den abwärts in Bewegung gesetzten Luftmassen kommen auch Aufwärtsbewegungen vor, und zwar seitlich neben den Flügelenden, wodurch sich in Verbindung mit der Abwärtsbewegung über und unter den Flügeln ein Umkreisen der Flügelenden ergibt, das sich wegen des Beharrungsvermögens der Luft in einem langgestreckten Wirbelsystem über die ganze durchflogene Bahn erstreckt. Die Abwärtsbewegung überwiegt dabei in dieser Wirbelstraße die Aufwärtsbewegung ganz wesentlich, wie aus dem Satz von der Bewegungsgröße (Impulssatz) ohne weiteres folgt.

Man kann sich für eine Abschätzung die Betrachtung dadurch vereinfachen, daß man annimmt, daß innerhalb eines Gebietes, das quer zur Flugrichtung den Querschnitt F' hat und sich vom Flügel aus nach hinten über die ganze Flugbahn erstreckt, die Luft eine Abwärtsgeschwindigkeit w hat, außerhalb dieses Gebietes aber in Ruhe ist. Dann steckt in jedem Meter dieses Gebietes die Masse $\varrho F'$ und die Bewegungsgröße $\varrho F' w$ ($\varrho = \gamma/g =$ Dichte); da in jeder Sekunde ein Stück dieses Gebietes von der Länge v neu erzeugt wird, ist die sekundlich neu erzeugte Bewegungsgröße oder der „Impuls" gleich $\varrho F' v w$. Dieser Impuls ist aber die Gegenwirkung zu dem erzeugten Auftrieb, es ist also

$$\varrho F' v w = A \quad \dots \dots \dots \dots \dots (1)$$

Die sekundlich neu erzeugte kinetische Energie ist aber $\varrho F' v \dfrac{w^2}{2}$; diese ist gleich der sekundlichen Arbeit des „induzierten Widerstandes" W_i, also

$$\varrho F' v \frac{w^2}{2} = W_i v \quad \dots \dots \dots \dots (2)$$

Durch Wegschaffung von w aus diesen beiden Gleichungen ergibt sich die wichtige Beziehung

$$W_i = \frac{A^2}{2 \varrho v^2 F'} = \frac{A^2}{4 q F'} \quad \dots \dots \dots (3)$$

(über den Staudruck q siehe S. 31).

Die Fläche F' hängt von den geometrischen Verhältnissen des in der Luft zurückgelassenen Wirbelsystems ab. Ohne genaueres Eingehen auf die Theorie läßt sich nur sagen, daß jedenfalls die Flächentiefe t auf sie ohne unmittelbaren Einfluß ist; denn es muß nach dem Dargelegten für den endgültigen erzeugten Impuls und die endgültig erzeugte kinetische Energie gleichgültig sein, ob derselbe Auftrieb durch starken Druck auf einen Flügel von geringer Tiefe oder durch sanfteren Druck auf einen wesentlich tieferen Flügel erzeugt ist. Es können also nur die Abmessungen des Flügelsystems quer zur Flugrichtung eine Rolle spielen, ferner auch die Art, wie der Auftrieb der Quere nach verteilt ist. Für den Eindecker ergibt die Theorie unter der Voraussetzung, daß der Auftrieb nach einer halben Ellipse über die Spannweite verteilt

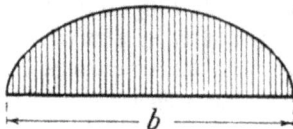

Abb. 25.

ist, die Fläche $F' = \dfrac{\pi}{4} b^2$, also gleich der Kreisfläche über der Spannweite als Durchmesser. Die „elliptische Verteilung" (Abb. 25) ist zugleich diejenige, die bei gegebener Spannweite den kleinsten induzierten Widerstand ergibt; da eine Größe in der Nähe ihres Minimums sich nicht stark zu ändern pflegt, gilt dieselbe Beziehung angenähert auch für andere, von der elliptischen Verteilung nicht allzu sehr abweichende Verteilungen, sie stimmt z. B. für rechteckige Tragflächen von den üblichen Seitenverhältnissen, wo die Auftriebverteilung etwas völliger wie die elliptische ist, noch recht gut. Mit diesem Wert für F' liefert die Formel (3) die Beziehung:

$$W_i = \frac{A^2}{\pi q b^2} \quad \dots \dots \dots \dots \dots (4)$$

Diese Formel gibt also für einen Eindecker, der bei dem zu einer gegebenen Fluggeschwindigkeit gehörenden Staudruck q in der Spannweite b den Auftrieb A erzeugen soll, den kleinsten überhaupt möglichen Widerstand an.

Führt man in Gleichung (4) die Beziehungen

$$A = c_a q F \quad \text{und} \quad W_i = c_{wi} q F$$

ein, so ergibt sich

$$c_{wi} = \frac{c_a^2 F}{\pi b^2} \quad \dots \quad \dots \quad (5)$$

was bei rechteckigen Tragflächen wegen $F = bt$ auf

$$c_{wi} = \frac{c_a^2}{\pi} \cdot \frac{t}{b} \quad \dots \quad \dots \quad (5a)$$

führt. Der induzierte Widerstand wird also im Polardiagramm, wo c_a und c_w als rechtwinklige Koordinaten aufgetragen sind, durch eine Parabel wiedergegeben, die nur von dem Verhältnis F/b^2 abhängt.

Bildet man die Differenz zwischen dem induzierten Widerstand und dem gemessenen Widerstand, so zeigt sich, daß in dem Bereich von Anstellwinkeln, in dem das Profil gut ist, dieser Restwiderstand, besonders bei großen Kennwerten, recht klein ist und zwar kaum größer als der Reibungswiderstand. Der Vergleich von Messungen an Flügeln von verschiedenem Seitenverhältnis zeigt den Restwiderstand praktisch unabhängig vom Seitenverhältnis, dagegen abhängig von der Profilform. Aus diesem Grunde wird er „Profilwiderstand" genannt.

Dieses Verhalten ermöglicht eine Umrechnung der Versuchsergebnisse mit einem Seitenverhältnis auf ein beliebiges anderes Seitenverhältnis. Hierzu ist allerdings noch ein den Anstellwinkel betreffender Zusammenhang nötig. Dieser kann durch folgende Überlegung gefunden werden: Die Entstehung des induzierten Widerstandes hängt damit zusammen, daß der Tragflügel in einer durch ihn selbst geschaffenen absteigenden Strömung steht und sich, um nicht zu sinken, gegen diese Strömung wie auf einer schiefen Ebene wieder heraufarbeiten muß. Ist w_m der Mittelwert der Abwärtsgeschwindigkeit, so gilt deshalb die Beziehung: $W_i : A = w_m : v$, woraus sich unter Benützung von Gleichung (4)

$$\frac{w_m}{v} = \frac{A}{\pi q b^2} = \frac{c_a F}{\pi b^2} \quad \dots \dots \quad (6)$$

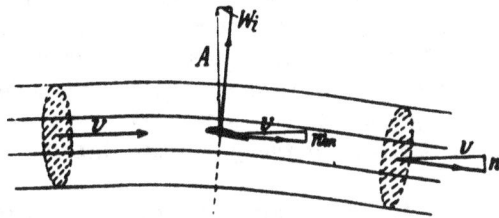

Abb. 26.

ergibt. w_m ist dabei, wie die nähere Untersuchung lehrt, halb so groß, wie die mittlere Abwärtsgeschwindigkeit w weit hinter dem Tragflügel (vgl. Abb. 26). Das Verhältnis w_m/v gibt die Neigung der eben erwähnten schiefen Ebene an. Für die Größe des bei dem gegebenen Anstellwinkel entstehenden Auftriebes ist nun offenbar maßgebend der von der schiefen Ebene aus gerechnete „wirksame Anstellwinkel", also der Unterschied zwischen dem geometrischen Anstellwinkel und dem Winkel der schiefen Ebene. Bei der Kleinheit des letzteren ist es erlaubt, Bogen und Tangente zu verwechseln, es wird also der wirksame Anstellwinkel $= a - w_m/v$.

Die Umrechnungsformeln ergeben sich nun einfach so, daß man fordert, daß der Zusammenhang des Profilwiderstandes mit dem Auftrieb und weiter der des Auftriebs mit dem wirksamen Anstellwinkel vom Seitenverhältnis unabhängig sein soll. Für zwei Eindecker mit den Spannweiten b_1 und b_2 und den Tragflächen F_1 und F_2 ergibt sich also für die einander entsprechenden Zustände, bei denen beide Tragflächen dasselbe c_a aufweisen, für die Widerstandszahlen unter Berücksichtigung von Gleichung (5):

$$c_{w1} - \frac{c_a^2 F_1}{\pi b_1^2} = c_{w2} - \frac{c_a^2 F_2}{\pi b_2^2} \quad \dots \dots \quad (7)$$

ferner für einander entsprechende Anstellwinkel, unter Rücksicht auf Gleichung (6):

$$a_1 - \frac{c_a F_1}{\pi b_1^2} = a_2 - \frac{c_a F_2}{\pi b_2^2} \quad \dots \dots \quad (8)$$

Mit Hilfe von Gleichung (7) und (8) läßt sich also durch punktweise Berechnung jede Polarkurve eines Eindeckers in die eines anderen Eindeckers überführen. Wie im Versuchsbericht Nr. I. S. 50 gezeigt wird, stimmt diese Umrechnung, trotzdem in der Theorie mancherlei Vernachlässigungen enthalten sind, praktisch recht befriedigend. Nur bei sehr tiefen Flächen, für die die theoretischen Voraussetzungen nur mangelhaft erfüllt sind, versagt sie.

Die durch Formel (4) ausgedrückte Gesetzmäßigkeit läßt sich auch auf Mehrdecker übertragen in der Form

$$W_i = \frac{\varkappa A^2}{\pi q b^2} \quad \ldots \ldots \ldots \ldots \ldots \ldots \ldots \quad (9)$$

wobei A der Gesamtauftrieb, b die größte Spannweite und $\varkappa$ eine von den Maßverhältnissen der Projektion des Mehrdeckers auf die Ebene quer zur Flugrichtung abhängige Zahl ist. So ist z. B. für Doppeldecker mit zwei gleich großen und gleich stark belasteten Flügeln, wenn die Verteilung des Auftriebes über jeden einzelnen Flügel nach einer Halbellipse angenommen wird. für das Verhältnis der Doppeldeckerhöhe zu Spannweite

$h/b =$	0,05	0,10	0,15	0,20	0,25	0,30
$\varkappa =$	0,890	0,827	0,779	0,742	0,710	0,684

Für Doppeldecker mit ungleicher Belastung der beiden Tragflügel sowie für solche mit einem kürzeren Tragdeck liegt $\varkappa$ zwischen den angegebenen Werten und 1,00. Für Dreidecker, sofern sie günstigen Anordnungen entsprechen, ist $\varkappa$ etwas kleiner als die für den Doppeldecker angegebenen Zahlen. Genauere Angaben hierüber finden sich in dem Aufsatz Lit.-Verz. C. 26.

Die Umrechnungsformeln (7) und (8) lassen sich auf Mehrdecker ebenfalls übertragen, es braucht nur $\varkappa F$ an Stelle von F gesetzt werden. Nach den Versuchsergebnissen scheinen jedoch bei Mehrdeckern Einflüsse der jeweiligen Verteilungsart des Auftriebs über die einzelnen Flügel sich in der Weise geltend zu machen, daß die jeweiligen Werte von $\varkappa$ sich stärker von den unter ganz bestimmten Voraussetzungen berechneten Werten unterscheiden, als dieses bei den Eindeckern zutage tritt. Wenn die theoretisch angenommene Auftriebsverteilung durch besondere Formgebung des Mehrdeckers eingehalten wird, so zeigen die Versuche eine gute Bestätigung der theoretischen Ergebnisse. Bei den gewöhnlich verwendeten Formen ist $\varkappa$ meist etwas größer, was auf Abweichungen der wirklichen Auftriebsverteilung von der theoretisch angenommenen zurückzuführen ist, vgl. Lit.-Verz. C. 24.

Die Tragflügeltheorie hat noch ein weiteres Ergebnis geliefert, das für Versuchsanstalten von besonderer Bedeutung ist. Sie lehrt die Druckverteilung und die Geschwindigkeitsverteilung in der weiteren Umgebung eines Tragflügels kennen. Es zeigt sich, daß sowohl der Druck wie die seitlichen Geschwindigkeitskomponenten in einem unbegrenzten, den Tragflügel umgebenden Medium in denjenigen Entfernungen vom Flügel, in denen sich bei Versuch Kanalwände oder freie Strahlgrenzen befinden, noch längst nicht vernachlässigt werden können. Dadurch, daß in Wirklichkeit an solchen Kanalwänden Geschwindigkeitskomponenten senkrecht zur Wand unmöglich sind bzw. an freien Strahlgrenzen der Druck unveränderlich gleich dem in der umgebenden ruhenden Luft sein muß, werden Abänderungen der Strömung hervorgerufen, die eine bemerkbare Rückwirkung auch auf die Zustände am Flügel selbst ergeben.

Man kann die Wirkung von solchen Kanalwänden oder Strahlgrenzen in der Theorie mit einer hier ausreichenden Genauigkeit dadurch erfassen, daß man zwar ein unbegrenztes Medium annimmt, aber außerhalb der in Wirklichkeit vorhandenen Grenzen des Mediums weitere („gespiegelte") Tragflügel so annimmt, daß für den Fall fester Kanalwände die senkrechten Geschwindigkeitskomponenten an der Wand, für den Fall von freien Strahlgrenzen die Druckunterschiede an der Grenze sich gegenseitig aufheben[1]. Die solcherart hinzugenommenen Flügel bringen am Ort des wirklichen Tragflügels Geschwindigkeitskomponenten hervor, die in gleicher Weise wie die vom Tragflügel selbst hervorgerufenen Geschwindigkeiten den Widerstand und den Anstellwinkel ändern.

---

[1] Die Theorie ist dargelegt in der „Tragflügeltheorie II", Lit.-Verz. C. 28.

Die Ergebnisse dieser Theorie sind bisher für einen freien Strahl vom Kreisquerschnitt genauer untersucht, und zwar unter der Annahme eines Eindeckers mit rechteckiger und mit elliptischer Verteilung des Auftriebes über die Spannweite. Die letztere Formel wird in der Göttinger Anstalt zur praktischen Berücksichtigung des hier besprochenen Einflusses benützt (vgl. Abschnitt III⁴). Es zeigt sich übrigens, daß die Art, wie der Auftrieb im einzelnen verteilt ist, nur geringen Einfluß hat. Im großen und ganzen ergibt sich, daß im unbegrenzten Medium innerhalb des Gebietes, das der Strahl einnimmt, bei Kreisquerschnitt die Hälfte des Auftriebs in Form von Impuls (Bewegungsgröße) und die andere Hälfte in Form von Druck an den Grenzen aufgenommen wird. Daraus, daß diese andere Hälfte beim freien Strahl in Wegfall kommt, ergibt sich eine Abwärtsbewegung des ganzen Strahles, die am Ort des Tragflügels wieder erst zur Hälfte entwickelt ist. Die in dieser Weise am Ort der Tragfläche sich ergebende Geschwindigkeit wird in erster Näherung $w' = \dfrac{A\,v}{8\,q\,F_0}$ ($F_0 =$ Strahlquerschnitt), der zugehörige zusätzliche Widerstand $W' = \dfrac{A^2}{8\,q\,F_0}$. Bei einem Strahl von einer im Verhältnis zur Höhe größeren Breite würde die Korrektur größer, im entgegengesetzten Fall kleiner ausfallen. Bei einem Kanal ergeben sich Korrekturen von entgegengesetztem Sinn.

III. Versuchstechnik.

Zur Erreichung von zuverlässigen Messungsergebnissen müssen eine Reihe von Gesichtspunkten wohl beachtet werden.

Da die auf das Untersuchungsobjekt wirkenden Luftkräfte sich an diesem nach den durch die Aufhängedrähte gegebenen Kraftrichtungen zerlegen und so auf die Waghebel übertragen werden, ist es wichtig, diese Richtungen genau zu kennen. Die hierfür erforderlichen Ermittlungen werden zweckmäßig auf statische Art durch Anbringung von senkrechten und wagrechten Kräften an dem Untersuchungsobjekt ausgeführt. Die Wagen müssen mit anderen Worten für jede neue Modellaufhängung geeicht werden, um die richtige Winkeleinstellung des Drahtsystems festzustellen oder aber die erforderlichen rechnerischen Verbesserungen zu ermitteln.

Da die praktische Aufgabe vorliegt, Widerstand und Auftrieb, d. h. die Luftkraftkomponenten in der Windrichtung und senkrecht zu dieser zu messen, anderseits aber durch die soeben erwähnten Eichungen (die im folgenden noch näher beschrieben werden sollen) eine Zerlegung der Drahtkräfte nach der Schwererichtung und senkrecht dazu erzielt wird, ist zur Vermeidung von großen Umständlichkeiten zu verlangen, daß der Luftstrom genau wagerecht fließt. Wie bereits bei der Beschreibung der Düse erwähnt wurde, ist diese um geringe Winkel drehbar. Das Einstellungsverfahren wird im folgenden beschrieben werden.

Weiter muß noch durch einen besonderen Versuch der Widerstand der Aufhängedrähte bestimmt und in Abzug gebracht werden.

Bei der Berechnung der Ergebnisse von Tragflügelmessungen wird noch eine Verbesserung angebracht, die sich auf den Fehler durch die seitliche Begrenzung des Luftstromes bezieht, der also durch den Umstand hervorgerufen wird, daß der Wind nach den Seiten nicht unendlich ausgedehnt ist.

Durch die Gesamtheit dieser Korrekturen wird ein Messungsergebnis erzielt, das in der Tat weitgehend einwandfrei sein dürfte. Im einzelnen ist über die erwähnten Hilfsmessungen sowie über die Durchführung der normalen Messung das Folgende zu sagen:

1. Eichungen.

Die Entfernung der beiden Brücken G_1 und G_2 an den Auftriebswagen A_1 und A_2 der Dreikomponentenwage (vgl. Abb. 21, S. 29) ist genau 300 mm. Bei der Herstellung der Modelle wird sorgfältig darauf geachtet, daß der Abstand zwischen der Verbindungslinie der Angriffspunkte der Drähte a, b, c einerseits und d und e anderseits ebenfalls 300 mm beträgt; ferner wird beim Aufhängen des Modells dafür gesorgt, daß die Mittelpunkte der drei vorderen Ösen auf einer zu den Wagenachsen parallelen Geraden liegen und die vorderen und hinteren Aufhängepunkte beim Anstellwinkel 0⁰ sich in gleicher Höhe befinden. Bei der Veränderung des Anstellwinkels bleiben dann die vorderen und hinteren Drähte immer in parallelen Ebenen. Durch eine ungenaue Länge eines der Drähte f, g, h kann es aber vorkommen, daß diese Ebenen nicht genau lotrecht stehen, sondern mit dem Lot einen kleinen Winkel ψ bilden. Durch elastische Längenänderungen der Drähte f, g und h wird der Winkel ψ sich auch unter der Wirkung eines Widerstandes etwas ändern.

Da sehr häufig der zu messende Widerstand in der Windrichtung klein ist gegen den Auftrieb, andererseits aber auf seine zuverlässige Messung besonderer Wert gelegt wird, ist auf solche Fehlereinflüsse besonders zu achten, die eine Fälschung des Widerstands durch eine vom Auftrieb herrührende Komponente hervorbringen. Macht man, wie wir das besonders früher viel gemacht haben, den Draht f in Abb. 19 absichtlich etwas zu kurz, um dadurch den Drähten f, g, h eine angemessene Vorspannung zu geben, so entsteht eine durch den Winkel ψ gekennzeichnete „Vorziehung", die gemäß den unten folgenden Erläuterungen rechnerisch berücksichtigt werden kann. In neuerer Zeit wird jedoch die Vorspannung durch ein besonderes Spanngewicht (s_2 in Abb. 21) hervorgebracht und danach getrachtet, daß der Winkel ψ möglichst bei einem mittleren beim Versuch zu erwartenden Widerstand gleich Null wird. Der Name „Vorziehung" für diesen Winkel ist aber geblieben.

Für eine Vorziehung ψ ergeben die beiden Auftriebskräfte A_1 und A_2 horizontale Komponenten vom Betrage $A_1 \operatorname{tg} \psi$ und $A_2 \operatorname{tg} \psi$ (vgl. Abb. 27). Der Widerstand des Versuchskörpers wird daher von der Wage um den Betrag $(A_1 + A_2) \operatorname{tg} \psi = A \operatorname{tg} \psi$ fehlerhaft angezeigt. Der Winkel ψ kann dadurch bestimmt werden, daß man auf den Versuchskörper eine vertikale Kraft G (durch Belasten mit einem Gewicht) wirken läßt und die dadurch hervorgerufene Komponente W^* in horizontaler Richtung an der Widerstandswage abwägt. Es ist dann offenbar $\operatorname{tg} \psi = W^*/G$. Die Vorziehung kann in der Weise beseitigt werden, daß man die Länge des horizontalen Widerstandsdrahtes f so verändert, bis das Anbringen einer vertikalen Kraft die Angabe der Widerstandswage nicht mehr beeinflußt. Wenn man die Änderung von ψ durch elastisches Nachgeben der Drähte f, g und h berücksichtigen will, so genügt es wegen der Kleinheit dieser Längenänderungen in den allermeisten Fällen, wenn die Vorziehung bei einer durch die Eichvorrichtung (s. unten) ausgeübten horizontalen Kraft beseitigt ist, welche dem Mittelwert der zu messenden Wider-

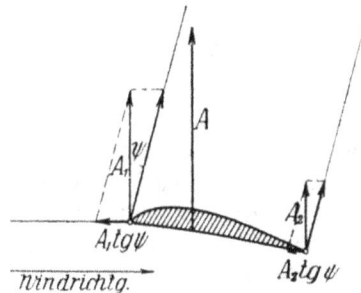

Abb. 27.

stände entspricht. Falls noch höhere Genauigkeit erforderlich ist, muß die Vorziehung dem gerade wirkenden Widerstand entsprechend als Korrektion berücksichtigt werden (vgl. hierzu die Bemerkung am Ende des Abschnittes).

Der Fehler, der dadurch entsteht, daß etwa der Draht f nicht genau wagerecht liegt, würde darin bestehen, daß der Auftrieb durch eine kleine vom Widerstand herrührende Komponente gefälscht wird. Da gerade in den Fällen, wo besonders sorgfältige Messungen verlangt werden, der Widerstand klein ist gegenüber dem Auftrieb, wird diese Korrektur so geringfügig, daß es völlig ausreicht, den Draht f mittels einer angelegten Wasserwage wagerecht einzustellen.

Einer sorgfältigen Nachprüfung bedarf dagegen die Kräftezerlegung an dem Knotenpunkt der Drähte f, g und h. Man bringt zu diesem Zweck an dem Modell einen Draht in der Verlängerung von f an, der hinten über eine in feinen Kugellagern laufende „Eichrolle" führt. Der von der Eichrolle herunterhängende Draht wird mit einer Reihe von passenden Gewichten belastet, und es wird jedesmal die Wage W abgelesen. Die durch das Eigengewicht des Modelles hervorgerufene wagrechte Kraftkomponente bei Änderung der Vorziehung durch die elastische Längenänderung der Drähte f, g und h wird bei diesem Verfahren, das einfach den Luftwiderstand durch eine ihm statisch gleichwertige Kraft ersetzt, richtig mit berücksichtigt. Dieser Einfluß ist besonders bei schweren Modellen nicht ganz gering und äußert sich in einer Änderung des Eichungswertes. Aus denselben Überlegungen folgt, daß auch der Auftrieb, wenn er große Werte annimmt, den Eichfaktor etwas ändert. Dieser Einfluß ist mit der oben erwähnten Veränderlichkeit der Vorziehung mit dem Widerstand identisch und bringt eine Korrektion proportional dem Produkt $A \cdot W$, deren Zahlenfaktor z. B. durch Wiederholung der Eichung mit dem durch Gewicht beschwerten Modell ermittelt werden kann. Gewöhnlich sind jedoch die elastischen Längenänderungen nicht so groß, daß auf diesen Einfluß Rücksicht genommen werden müßte.

2. Justierung der Düse.

Um den Einfluß eines schräg gerichteten Luftstromes auf die zu messenden Kräfte zu untersuchen, nehmen wir an, daß der Luftstrom mit der Horizontalen einen Winkel χ bilde (vgl. Abb. 28). Gemäß der Definition des Auftriebes steht dieser senkrecht zur Windrichtung und liefert daher in diesem Falle eine horizontale Komponente vom Betrage $A \sin \chi$. Ebenso ergibt der Widerstand eine vertikale Komponente $W \sin \chi$. Nehmen wir ferner an, daß der Winkel χ klein ist, so daß $\cos \chi = 1$

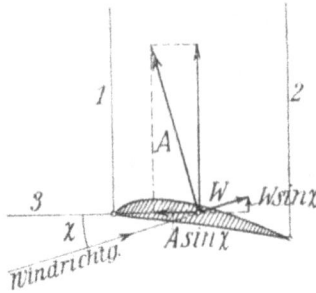

Abb. 28.

gesetzt werden kann, so ist der Auftrieb senkrecht zur Windrichtung gleich seiner vertikalen Komponente, die durch die beiden Auftriebswagen gemessen wird. Das Entsprechende gilt für den Widerstand. Die Neigung des Luftstromes hat dann zur Folge, daß an den Wagen nicht unmittelbar die Kräfte A und W gemessen werden, sondern die Kräfte $A' = A + W \sin \chi$ und $W' = W - A \sin \chi$. Die Auflösung dieser Gleichungen ergibt, wenn wieder Größen von der Ordnung $\sin^2 \chi$ vernachlässigt werden, $A = A' - W' \sin \chi$ und $W = W' + A' \sin \chi$. Hat man diese Neigung des Luftstromes gegen die wagerechte Richtung durch einen besonderen Versuch ermittelt, so liefern die vorstehenden Formeln die richtigen Werte. Es ist aber viel zweckmäßiger, den Luftstrom durch Drehen der Düse wagerecht einzustellen. Die Einstellung wurde in der Weise ausgeführt, daß ein Tragflügel einmal mit der Wölbung nach oben und einmal mit der Wölbung nach unten gemessen wurde. Man überzeugt sich leicht, daß das Glied $A \sin \chi$ für die beiden Lagen des Flügels verschiedenes Vorzeichen hat und dementsprechend ergeben sich bei Außerachtlassung der Korrektionen $A \sin \chi$ und $W \sin \chi$ (welch letztere praktisch vernachlässigbar ist) für die beiden Lagen verschiedene Polarkurven. Die Richtung des Luftstromes wird nun durch Verstellen der Düse so lange geändert, bis sich für beide Lagen des Flügels genau identische Polarkurven ergeben.

3. Bestimmung des Drahtwiderstandes.

Von dem gemessenen und mit den erwähnten Korrekturen versehenen Widerstand des Versuchskörpers muß schließlich noch der Widerstand der Haltedrähte in Abzug gebracht werden. Der Widerstand dieser Drähte wird durch einen besonderen Versuch bestimmt, und zwar in der Weise, daß an Stelle des Versuchskörpers ein Gestell aus Profildraht gesetzt wird, dessen Widerstand aus der bekannten Widerstandszahl des Profildrahtes berechnet wurde, und durch welches die Haltedrähte in genau derselben Lage gehalten werden wie bei der eigentlichen Messung. In der Regel kann der Umstand, daß sich die Drähte bei Anwesenheit des Versuchskörpers in einer durch denselben beeinflußten Strömung befinden, vernachlässigt werden. Wird dieser Einfluß jedoch in besonderen Fällen merklich, so kann die gestörte Strömung dadurch berücksichtigt werden, daß der Versuchskörper als „Blende" angebracht wird, d. h. er befindet sich genau in der gleichen Lage wie während des Versuches, ist aber durch besondere Organe festgehalten und mit den eigentlichen Haltedrähten in keinerlei Verbindung. Auf diese Weise wird der gestörten Strömung in der Umgebung des Versuchskörpers Rechnung getragen. Eine Beeinflussung der Strömung um den Versuchskörper durch die Anwesenheit der Haltedrähte ist wohl vorhanden, dürfte aber bei der hier üblichen Aufhängungsart in den meisten Fällen vernachlässigbar gering sein. Die Größe des dadurch hervorgerufenen Fehlers in speziellen Fällen soll in der Folge noch untersucht werden.

4. Korrektur infolge des endlichen Strahldurchmessers.

Neben den besprochenen Maßnahmen zur Beseitigung von Meßfehlern müssen nun auch diejenigen Fehler beseitigt werden, welche durch den Umstand verursacht sind, daß der Luftstrom nicht unendlich ausgedehnt ist und daß daher die Abmessungen der Modelle in gewissen Fällen im

Vergleich zum Durchmesser des Luftstromes zu groß sind. Für Tragflügel, die sich in einem Luftstrahl vom Kreisquerschnitt befinden, läßt sich auf theoretischem Wege die Größe des hierbei auftretenden Fehlers ermitteln, wie im Abschnitt II, 3, S. 38 näher dargelegt worden ist. Bei einem Strahldurchmesser D und einer Flügelspannweite b ist die Widerstandsdifferenz W' zwischen dem gemessenen Widerstand und dem Widerstand, welcher unendlicher Ausdehnung des Luftstromes entspricht,

mit $F_0 = \dfrac{D^2 \pi}{4}$ für elliptische Auftriebsverteilung

$$W' = \frac{A^2}{8\,q\,F_0}\left[1 + \frac{3}{16}\left(\frac{b}{D}\right)^4 + \frac{5}{64}\left(\frac{b}{D}\right)^8 + \cdots \right]$$

Wir wollen den Klammerausdruck, der nur von dem Verhältnis der Flügelspannweite zum Strahldurchmesser abhängt, mit ϑ bezeichnen. In der nachstehenden Tabelle sind die Werte von ϑ für verschiedene Spannweiten b berechnet, wobei für den Strahldurchmesser der Wert $D = 2,24$ m eingesetzt wurde:

$b =$	0,60	0,75	0,90	1,05	1,20	1,35	1,50 m
$\vartheta =$	1,0010	1,0023	1,0049	1,0092	1,0160	1,0261	1,0407

Man sieht hieraus, daß ϑ von der Spannweite fast unabhängig ist. Die gewöhnlich zur Verwendung kommenden Spannweiten liegen zwischen 0,8 und 1,2 m. Hierfür können wir mit ausreichender Genauigkeit einen Mittelwert $\vartheta = 1,009$ annehmen. Man kann daher den Widerstand W', um welchen infolge des endlichen Strahldurchmessers der Widerstand eines Flügels (oder eines anderen Auftrieb erzeugenden Versuchskörpers) zu groß gemessen wird, da $F_0 = 4$ m^2 ist, in der Form schreiben:

$$W' = 0,0315 \text{ m}^{-2} \cdot A^2/q.$$

Es sei hierzu noch bemerkt, daß zur Prüfung der obigen Korrektur Messungen mit einer Anzahl ähnlicher Flügel von verschiedener Spannweite ausgeführt wurden, welche deren Brauchbarkeit erwiesen haben.

5. Messung der Windgeschwindigkeit.

Unter normalen Verhältnissen wird die Geschwindigkeit des Luftstromes aus dem in der Düsenkammer herrschenden Überdruck gegenüber dem Druck im Versuchsraum bestimmt. Dabei ist die Annahme gemacht, daß der Druck im Luftstrahl der gleiche ist, wie der Druck in der daneben befindlichen ruhenden Luft. Durch besondere Messungen wurde festgestellt, daß dies mit hinreichender Genauigkeit zutrifft.

Bezeichnen wir den Druck in der Düsenkammer mit p_1, die dort herrschende Geschwindigkeit mit v_1 und den Strömungsquerschnitt mit F_1, mit p, v und F die entsprechenden Größen im Luftstrahl, so ist nach der Bernoullischen Gleichung:

$$\frac{\varrho\,v^2}{2} - \frac{\varrho\,v_1^2}{2} = p_1 - p.$$

$p_1 - p$ ist die Druckdifferenz zwischen Düsenkammer und Versuchsraum und daher der Messung ohne weiteres zugänglich. Zwischen v und v_1 besteht, da durch jeden Querschnitt die gleiche Luftmenge hindurchfließt, die Beziehung:

$$F_1\,v_1 = F\,v.$$

Setzt man den aus dieser Gleichung sich ergebenden Wert von v_1 in die erste Gleichung ein, so erhält man den Staudruck der Strömung im Luftstrahl zu:

$$\frac{\varrho\,v^2}{2} = (p_1 - p)\,\frac{1}{1 - \left(\dfrac{F}{F_1}\right)^2}.$$

Der Bruch auf der rechten Seite hat in unserem Falle, da $F = 4$ m^2 und $F_1 = 20,3$ m^2 ist, den Wert 1,04. Der Staudruck der Strömung im Luftstrahl wird demnach erhalten, wenn man die gemessene Druckdifferenz zwischen der Düsenkammer und dem Versuchsraum um 4 v. H. erhöht.

Der Druck in der Düsenkammer wird durch eine seitliche Anbohrung in der Wand gemessen und durch ein Alkoholmanometer angezeigt. Dieses Manometer, das sich bei den Messungen gut bewährt hat, ist in Abb. 29 dargestellt. Es besteht aus einem zylindrischen, mit Alkohol gefüllten Gefäß von 100 mm Durchmesser, das mit einem lotrechten Glasrohr in Verbindung steht, und einem senkrechten Maßstab, längs dessen eine Einstellvorrichtung mittels Zahntriebs verschiebbar ist. Diese wird durch eine besondere optische Einrichtung auf den Meniskus im Glasrohr eingestellt, durch die — nach einem Vorschlag von Paul Hirsch — mit Hilfe eines Hohlspiegels S von dem Meniskus ein umgekehrtes, reelles Bild entworfen wird. Die Einstellung wird nun so ausgeführt, daß man unter Benützung der Beobachtungslupe L den Meniskus mit seinem gespiegelten Bilde gerade zur Berührung

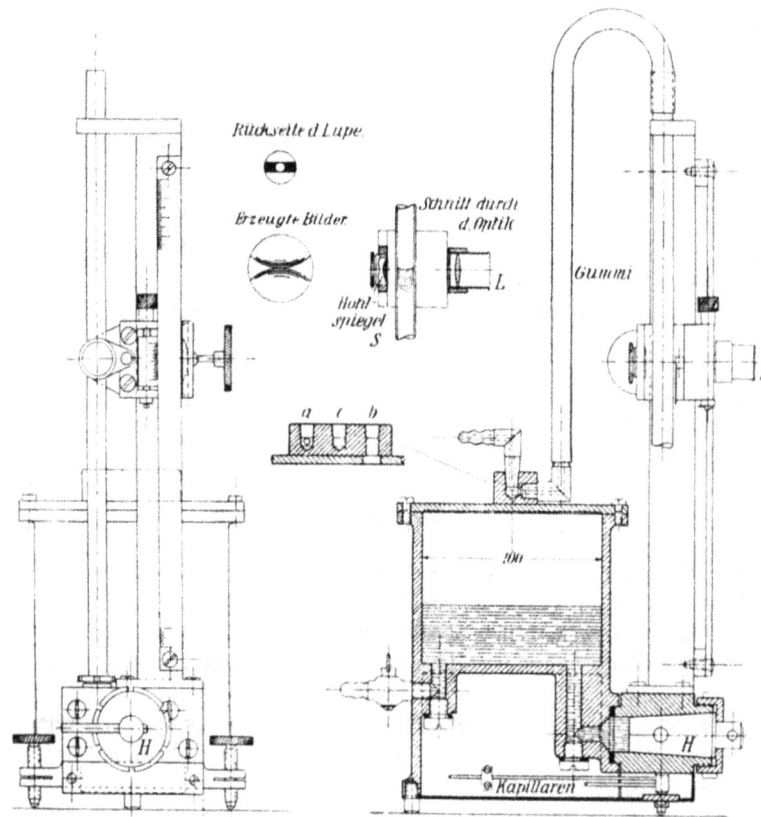

Abb. 29.

bringt, was in sehr genauer Weise möglich ist, wenn die gut beleuchtete Rückseite der Lupe in der in Abb. 29 angegebenen Weise bemalt ist. Die Höhe des Meniskus über dem Nullpunkt wird an einer Millimeterteilung mit einer zweiten Lupe abgelesen. Der angebrachte Nonius gestattet die sichere Ablesung von $1/_{20}$ mm. Die Einstellgenauigkeit des Meniskus ist bei genügender Ruhe der Flüssigkeitssäule noch größer. Das Manometer verbindet also die Leistung der üblichen „Mikromanometer" mit geneigtem Glasrohr mit einem Meßbereich von 350 mm Flüssigkeitssäule. Der Nonius ist übrigens durch eine Schraube verschiebbar, so daß der Nullpunkt der Millimeterteilung mit der Nullstellung des Meniskus in Übereinstimmung gebracht werden kann.

Um bei stark schwankenden Drücken die Bewegungen des Flüssigkeitsspiegels im Glasrohr abzuschwächen, können durch Drehen eines Schalthahnes H zwischen Glasrohr und Hauptgefäß Dämpfungen von verschiedener Stärke eingeschaltet werden. Diese bestehen aus feinen Röhrchen von etwa 1 mm lichter Weite und verschiedener Länge, durch welche die Flüssigkeit hindurchströmen muß. Je nach der Stellung des Hahnes ist die Dämpfung verschieden stark, indem die Flüssigkeit einmal nur durch das erste Röhrchen oder durch das erste und zweite bzw. erste, zweite und dritte hindurchgeleitet wird.

Der Anschluß der Schläuche an das Instrument geschieht durch eingeschliffene Metallstöpsel, die bei anderen Aufgaben der Druckmessung in sehr bequemer Weise eine rasche Änderung der Schaltung erlauben.

Da die Höhe der Flüssigkeitssäule vom spez. Gewicht des Alkohols abhängt, dieses sich aber mit der Temperatur ändert, so muß das spez. Gewicht, das in gewissen Zeitabschnitten bestimmt wird, bei jeder Messung der Temperatur des Alkohols entsprechend berichtigt werden. Eine weitere zu berücksichtigende Korrektur ist dadurch bedingt, daß infolge geringer Spiegelsenkung in dem großen Gefäß die wirkliche Druckhöhe etwas größer ist als die Steighöhe der Flüssigkeit im Glasrohr. Eine einfache Rechnung zeigt, daß die wahre Steighöhe erhalten wird, wenn man die abgelesene mit dem Faktor $1 + \left(\dfrac{d}{D}\right)^2$ multipliziert, wobei d den Innendurchmesser des Steigrohres und D denjenigen des Hauptgefäßes bedeutet. In unserem Falle hat dieser Faktor den Wert 1,0064 ($d = 8$ mm, $D = 100$ mm).

6. Ausführung der Messungen.

Die normalen Dreikomponenten-Messungen werden in der Weise ausgeführt, daß zunächst mit Hilfe von Ausgleichgewichten die Wagen zum Einspielen gebracht und die Astasierungsgewichte so eingestellt werden, daß die Wagen die gewünschte Empfindlichkeit besitzen. Hierauf wird die Vorziehung in der oben beschriebenen Weise beseitigt, und zwar bei einem horizontalen Zug von der Größe des zu erwartenden mittleren Widerstandes. Jetzt erfolgt die Eichung der Widerstandswage.

Nach diesen Vorbereitungen werden zunächst die Wagen abgelesen, dann wird der Luftstrom angestellt und unter Wirkung des Windes die Wagen so belastet, daß sie wieder einspielen. Ist die eigentliche Messung ausgeführt, so wird der Versuchskörper durch ein Gestell aus Profildraht ersetzt und der Widerstand der Haltedrähte ermittelt. Durch eine besondere Eichung wird dann auch noch der Eichfaktor für die Drahtwiderstandsmessung bestimmt.

Für jede Messung werden die Ergebnisse der Eichung, Drahtwiderstandsbestimmung usw. sowie andere zur rechnerischen Auswertung der Versuche nötige Zahlenangaben (Staudruck, Modellabmessungen u. dgl.) und sonstige Daten in einem besonderen Vordruck vermerkt. Als Beispiel hierfür ist ein ausgefüllter Vordruck in Abb. 30 wiedergegeben. Die Angaben unter der Rubrik „Vor-

Modellversuchsanstalt für Aerodynamik.

Datum: 7. II. 1920   Messungs-Nr. 2941
Modell-Nr. 1416
Art des Modelles: Normalflügel
Auftraggeber: M. V. A.
Gemessen von: Hw. Bk.   Gerechnet von: F. Kr.

q' = 65,5 mm Alkohol
Spez. Gew. des Alkohols s = 0,830
Staudruck q = 56,5 mm Wasser
Spannweite b = 100 cm
Tiefe t = 20 cm
Fläche F = 2000 cm²
x = + 6 mm   B = 753
y = — mm   t = 15°

Eichung für die Messung

Belastung a. Modell g	Ablesung a. d. Wage a	$c = \frac{g}{a}$
150	136	1,102
550	499	1,102
1050	955	1,100
2050	1860	1,102
3050	2765	1,102
4050	3670	1,102

Drahtwiderstand

q'	q	Ablesung b	Widerstand $w = bc'$
65,5	56,5	211	231

Eichung für den Drahtwiderstand

Belastung g	Ablesung e	$c' = \frac{g}{e}$
230	210	1,095

Widerstand d. Profildrahtgestelles 39

Drahtwiderstand $w_d = 192$ g

Vorziehung:

Vertikale Belast. A	Horiz. Belast. g	Angabe der Widerstw. a₁	Differenz a₁—a	$\bar{v} = \frac{a_1 - a}{A} c$
10 kg	1050	955	0	0
10 "	3050	2760	— 5	0,0005

Abb. 30.

ziehung" sind in folgender Weise zu verstehen: Die Länge des Widerstandsdrahtes ist so eingestellt, daß bei einer horizontalen Kraft von 1050 g das Anbringen einer vertikalen Flügelbe-
lastung von 10 kg die Widerstandswage keine Angabe zeigt, d. h. die Aufhängedrähte sind genau
lotrecht gerichtet. Wird aber auf das Modell ein horizontaler Zug von 3050 g ausgeübt, so
ergibt sich gegenüber dem Zustand ohne vertikale Belastung eine Differenz von — 5 g an der
Widerstandswage, die Aufhängedrähte sind daher jetzt etwas schräg nach rückwärts gerichtet.
Bei einem Luftwiderstand von der Größe des ausgeübten Zuges ist daher der gemessene Widerstand um ½ v. T. des Auftriebes zu vergrößern. Je nach der gewünschten Genauigkeit der
Messung wird diese Korrektur zu berücksichtigen sein oder nicht.

7. Die Herstellung der Modelle.

Bei der Herstellung der zu den Messungen erforderlichen Modelle bieten sich in der Regel nur bei
Tragflügeln einige Schwierigkeiten. In vielen Fällen, beispielsweise bei der Anfertigung von Ballonkörpern, Rümpfen u. dgl., kann mit Vorteil Holz als Baustoff verwendet werden. Bei Modellen, welche
mit Rücksicht auf eine auszuführende Druckverteilungsmessung zweckmäßig als Hohlkörper ausgeführt werden müssen, leistet ein galvanoplastisches Verfahren gute Dienste, bei welchem auf
einem mit Paraffin überzogenem Gipskern ein etwa 0,3 mm starker Kupferniederschlag erzeugt
wird. Eine genaue Beschreibung dieses Verfahrens findet sich in der Dissertation von G. Fuhrmann
(Lit.-Verz. A, 8.).

Die Erfahrung hat gezeigt, daß für die Herstellung von Flügelmodellen Holz kein geeigneter Baustoff ist, da solche Flügel sehr leicht ihre Form verändern. Nun erscheint es zwar mit Rücksicht auf
Formbeständigkeit zweckmäßig, Metall oder Metallegierungen als Baustoff zu verwenden. Diesem
Vorteil steht jedoch die zeitraubende und schwierigere Bearbeitung hinderlich entgegen. Längere
Zeit hindurch wurden in der Werkstätte der Versuchsanstalt die Flügel in der Weise ausgeführt, daß
zwei Bleche entsprechend der Druck- und Saugseite nach einer Schablone gebogen bzw. gehämmert
und dann an Vorder- und Hinterkante zusammengelötet wurden. Seit etwa 1916 hat sich, insbesondere für Flügel mit rechteckigem Grundriß und konstantem Querschnitt über die ganze Spannweite,
das folgende Verfahren gut bewährt:

Zwei verzinkte Eisenbleche werden etwas gebogen und in der aus Abb. 31 ersichtlichen Weise
aufeinander genietet. Um Formänderungen möglichst zu vermeiden, wird der Abstand der beiden
Bleche durch einzelne Stege festgehalten. Ent-
sprechend dem Krümmungsradius des Profiles
an der Vorderkante wird hier ein Draht von
geeignetem Durchmesser festgelötet. Da die
Profile in der Regel eine scharfe Hinterkante
haben, so wird das eine, etwas überstehende
Blech schneidenförmig zugefräst. Auf die beiden
Außenseiten der auf diese Weise vorbereiteten
Einlage wird nun Gips aufgetragen und durch
Überstreichen mit je einer Schablone erhalten
Druck- und Saugseite die gewünschte Form. Die
Herstellung der beiden Blechschablonen geschieht
durch Ausfeilen nach einem Lichtbild des Profiles.
Letzteres wird durch direktes Photographieren
der (in der Regel 60 cm tiefen) Originalzeichnung
des Profiles auf Bromsilberpapier gewonnen. Die
den Versuchsresultaten beigegebenen Profilbilder

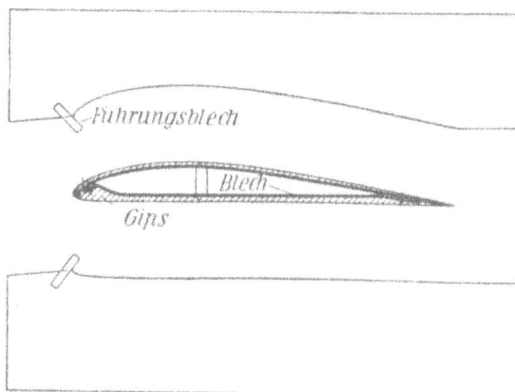

Abb. 31.

sind photographische Kopien des Zwischenraumes der beiden Schablonen, die zu diesem Zwecke
nach Entfernung der beiden Führungsbleche (Abb. 31) vorne und hinten zusammengelötet werden.

Wenn also durch unvermeidliche Ungenauigkeiten der Schablonenausführung Abweichungen gegen die Originalzeichungen entstehen, so stimmt doch das auf diese Weise erhaltene Profilbild mit dem Profil des untersuchten Modelles weitgehend überein.

Das beschriebene Schablonierverfahren ist jedoch nicht anwendbar, sobald es sich um Flügel handelt, deren Tiefe längs der Spannweite veränderlich ist. Für solche Flügel wurde das Verfahren in der Weise abgeändert, daß eine Anzahl von Profilrippen, die aus Blech ausgefeilt sind, in geeignetem Abstand auf zwei als Holme dienenden runden Eisenstangen aufgereiht und befestigt werden, so daß zunächst nur ein Gerippe (ähnlich wie bei den wirklichen Flugzeugflügeln) entsteht. Bei verwundenen Flügeln wird jedes Profil mit zwei angelöteten Füßen versehen. Die Höhe derselben wird so ausgeführt, daß nach Aufsetzen auf eine ebene Richtplatte, wobei alle Füße die Platte berühren müssen, die einzelnen Profile die gewünschten Anstellwinkeldifferenzen gegeneinander besitzen. Die freien Felder des entstehenden Gerippes werden mit Blech ausgefüllt und hierauf auf beiden Seiten Gips aufgetragen, so daß die einzelnen Profile etwa überdeckt sind. Der überschüssige Gips wird nun durch Abfeilen soweit wieder beseitigt, bis die Blechprofile eben an der Oberfläche erscheinen. Auf diese Weise ist es möglich, Flügel mit veränderlicher Tiefe und veränderlichem Profil sowie auch mit beliebiger Verwindung zu bekommen. Führt man die einzelnen Rippen doppelwandig aus, so daß schmale Kammern entstehen, und versieht die Außenseite mit kleinen Bohrungen, so ist auch die Möglichkeit vorhanden, die Verteilung des Druckes über solche Flügel zu bestimmen.

Es hat sich als vorteilhaft erwiesen, daß die Modelle, vor allem Tragflügel, in der Werkstätte der Versuchsanstalt angefertigt werden, da hier die meisten Erfahrungen über die Herstellung vorliegen. Neben sonstigen Zeichnungen ist für Tragflügel vor allem die Einsendung einer in Tusche ausgezogenen Profilzeichnung von 60 cm Profiltiefe erwünscht.

8. Die zulässigen Abmessungen und Gewichte der zu untersuchenden Modelle.

Bei Berücksichtigung der unter Nr. 4 auseinandergesetzten Korrektur, welche den Einfluß des endlichen Durchmessers des Luftstrahles auf die Luftkräfte eines Flügels ausschaltet, ist es möglich, eine verhältnismäßig große Flügelspannweite zu verwenden. Es hat sich gezeigt, daß es zulässig ist, bei den praktisch vorkommenden Seitenverhältnissen Spannweiten des Modelles bis zu etwa 1,3 m zu verwenden. Bei Doppel- und Mehrdeckern ist diese Abmessung, da der Einfluß des endlichen Strahldurchmessers neben der Spannweite auch vom Gesamtauftrieb abhängt, etwas geringer. Die Flügeltiefe, die für die angegebene Spannweite zulässig ist, darf jedoch aus dem gleichen Grunde nur einen Bruchteil der Spannweite ($^1/_5$ oder weniger) ausmachen. Bei Versuchskörpern, deren Haupterstreckung in Richtung des Luftstromes liegt, z. B. bei Ballonkörpern, Rümpfen u. dgl., darf die Länge des Modelles bis 1,5 m betragen. Handelt es sich um die Untersuchung von Körpern mit großem Widerstand (z. B. Kühler), so muß hier, damit durch den endlichen Durchmesser des Luftstrahles keine merklichen Fehler entstehen, verlangt werden, daß die Projektionsfläche des Versuchskörpers auf eine zur Windrichtung senkrechte Ebene nicht mehr als rd. 0,2 m², d. i. 5 v. H. des Strahlquerschnittes ist.

Bezüglich des Gewichtes der Versuchskörper ist zu bemerken, daß mit Rücksicht auf die erforderliche Straffheit der Aufhängedrähte zu große Leichtigkeit des Modelles nicht erwünscht ist. Für die Ausführung einer Messung ist ein Modellgewicht von etwa 5 bis 8 kg am bequemsten. Das zulässige Höchstgewicht, das in erster Linie durch die zulässige Schneidenbelastung der Waghebel gegeben ist, beträgt rd. 25 kg. Bei Körpern mit sehr kleiner Luftwiderstandszahl ist ein allzu großes Modellgewicht insofern ungünstig, als die für die Aufhängung des Modelles erforderlichen dicken Aufhängdrähte einen großen Widerstand besitzen. Die Genauigkeit einer Messung, die auch von dem Verhältnis des Drahtwiderstandes zu dem Gesamtwiderstand von Modell und Aufhängung abhängt, kann dadurch wesentlich vermindert werden.

9. Über die Genauigkeit der Messungen.

Zur Angabe der dimensionslosen Beiwerte, welche die auf einen Körper wirkenden Luftkräfte kennzeichnen, ist die Kenntnis der von der Strömung ausgeübten Kraft, ferner der Staudruck der Strömung und die Größe der Fläche, auf welche die Beiwerte bezogen werden, erforderlich. Letztere kann, da sie aus Längenmessungen bestimmt wird, praktisch mit beliebiger Genauigkeit ermittelt werden. Die Genauigkeit der dimensionslosen Beiwerte hängt daher nur von der Genauigkeit ab, mit welcher die Luftkraft und der Staudruck gemessen werden können.

Von den beiden Komponenten der Luftkraft läßt sich am genauesten die Messung des Auftriebes ausführen, da es sich hier in der Regel um große Kräfte handelt und Korrekturen nicht zu berücksichtigen sind. Bei der Widerstandsmessung hingegen ergeben sich — vor allem, wenn es sich um die Messung kleiner Widerstände (z. B. Tragflügel- und Ballonmodell-Widerstände) handelt — größere Abweichungen. Der Widerstand ist, wie bereits ausführlich dargelegt, verschiedenen Fehlereinflüssen ausgesetzt, die sorgfältig zu ermitteln und als Korrekturen anzubringen sind.

Die Messung des Staudruckes ist nur mit sehr geringen Fehlern behaftet. Es zeigt sich, daß die zeitlichen Abweichungen vom mittleren Staudruck infolge kleiner Unvollkommenheiten der Druckwage nur $\pm 0,3$ v. H. betragen. Der außerdem noch vorhandene Fehler in der Ablesung der Flüssigkeitssäule ist ebenfalls sehr gering. Er beträgt, wie bereits angegeben, maximal etwa $1/_{20}$ mm.

Der von den zeitlichen Schwankungen des Staudruckes herrührende Fehler kann in besonderen Fällen, z. B. bei Eichungen von Geschwindigkeitsmessern, noch dadurch verkleinert werden, daß der Staudruck und die Angabe des zu eichenden Instrumentes zur gleichen Zeit abgelesen werden. Dadurch werden die zeitlichen Schwankungen des Staudruckes beseitigt, und es verbleibt nur noch der oben angegebene geringe Ablesungsfehler.

Um ein Bild über die Genauigkeit von Tragflügelmessungen zu erlangen, wurde eine bereits ausgeführte Tragflügelmessung nach einem Zeitraum von rd. 3 Monaten mit demselben Modell wiederholt. Es war dabei natürlich auch erforderlich, das zur Aufhängung und Messung des Flügels erforderliche Drahtsystem neu anzufertigen und sämtliche Einstellungen und Eichungen in der üblichen Weise zu wiederholen. Die Ergebnisse dieser beiden Messungen sind in den beiden nachstehenden Zahlentafeln enthalten.

Tragflügel 100 × 20 cm, Profil Nr. 285.

1. Messung am 24. III. 20. $q = 57,5$ kg/m².   2. Messung am 21. VI. 20. $q = 56,5$ kg/m².

Anstell-winkel α	C_a	C_w	C_m	Anstell-winkel α	C_a	C_w	C_m
— 8,9°	— 24,6	1,86	1,5	— 8,9°	— 25,8	2,07	1,4
— 6,0	— 5,3	1,18	5,8	— 6,0	— 5,6	1,26	6,4
— 4,5	4,7	1,06	8,0	— 4,5	3,6	1,14	7,8
— 3,1	14,8	1,19	10,8	— 3,1	14,0	1,23	10,2
— 1,6	25,0	1,45	12,9	— 1,6	23,6	1,40	12,5
— 0,1	34,1	1,77	15,1	— 0,1	32,8	1,69	14,6
1,3	44,0	2,14	17,2	1,3	43,8	2,12	17,2
2,8	54,8	2,84	20,1	2,8	53,9	2,81	19,7
4,3	64,4	3,70	22,4	4,3	63,5	3,60	22,1
5,7	74,8	4,71	24,7	5,7	73,8	4,64	24,8
8,7	93,9	7,05	29,8	8,7	93,3	7,04	29,8
11,6	107,8	9,96	33,2	11,6	107,9	9,92	33,4
14,6	110,1	14,7	35,2	14,6	111,0	14,4	35,4
17,6	104,3	20,4	36,1	17,6	105,3	20,4	36,3

Die angegebenen Anstellwinkel sind aus den gemessenen (—9° bis + 18°) durch Anbringung der Strahlkorrektur erhalten. Da die Auftriebsmessungen wesentlich genauer sind als die des Anstellwinkels, soll hier der Einfachheit halber der Auftrieb als völlig fehlerlos angesehen werden und daher die Fehler des Anstellwinkels und des Widerstandes auf gleichen Auftrieb bezogen werden, was sich durch eine zeichnerische Auftragung leicht erreichen läßt. Der Staudruck wird dabei auch als fehlerlos vorausgesetzt. Der mittlere Fehler von C_w ergibt sich hieraus zu etwa $\pm\,0,06$. Ist also C_{wv} der gemessene Wert, so muß der wahre Wert C_w gesetzt werden:

$$C_w = C_{wv} \pm 0,06,$$

entsprechend ergibt sich für das Moment:

$$C_m = C_{mv} \pm 0,2.$$

Der Fehler des Anstellwinkels besteht aus zwei Beiträgen, dem Fehler der Nullstellung, die durch eine auf die Flügelsehne aufgesetzte Wasserwage eingestellt wird, von etwa $\pm\,0,1^0$, und dem Fehler der Einstellung der einzelnen Winkel an dem dazugehörigen Gradbogen von etwa $\pm\,0,1^0$.

Besondere Beobachtungen haben gezeigt, daß bei der Untersuchung von kongruenten Versuchskörpern unter gleichen Versuchsbedingungen um so bessere Übereinstimmung in den Versuchsergebnissen zu erwarten ist, je geringer die Verschiedenheiten der geometrischen Form sind. Gewisse Abweichungen lassen sich bei der Herstellung der Modelle in der Werkstätte nie ganz vermeiden. Man muß aber besonders darauf achten, diese so klein wie möglich zu machen, da, wie Versuche an Tragflügeln gezeigt haben, bereits unscheinbare Abweichungen in der Form der Modelle Polarkurven von anderem Charakter liefern können.

IV. Versuchsergebnisse.

1. Experimentelle Prüfung der Umrechnungsformeln.

Die die Eigenschaften eines Tragflügels kennzeichnenden dimensionslosen Beiwerte sind, wie seit längerem bekannt ist, in hohem Maße von dem Seitenverhältnis des Flügels abhängig. Mit Hilfe der unter Nr. II, 3 angegebenen, auf Grund der Prandtlschen Tragflügeltheorie gewonnenen Formeln ist es nun möglich, die bei einem bestimmten Seitenverhältnis gemessenen Luftkräfte für ein beliebiges anderes Seitenverhältnis auf rechnerischem Wege zu ermitteln.

Um den Nachweis zu erbringen, daß diese Formeln in der Tat den an sie gestellten Forderungen genügen bzw. zu zeigen, welche Grenzen für ihre Anwendung bestehen, wurden eine Anzahl von

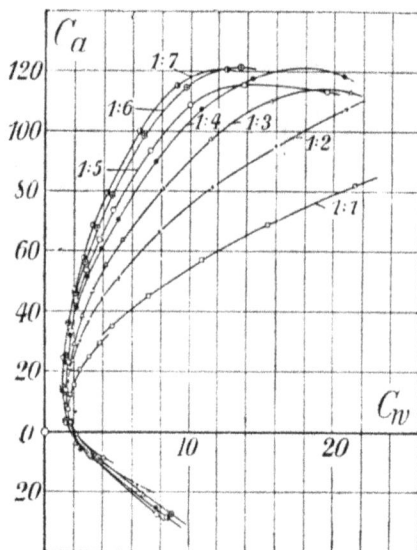

Abb. 32.

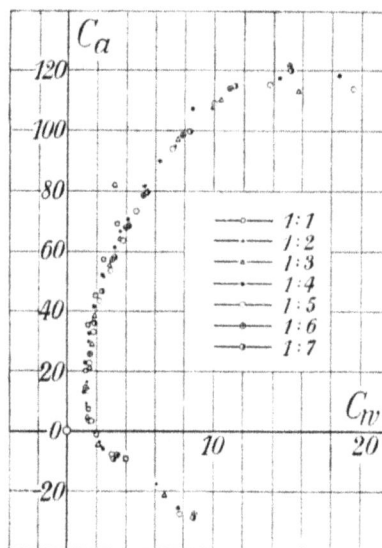

Abb. 33.

Tragflügeln gleichen Profiles von verschiedenem Seitenverhältnis untersucht und die erhaltenen Polarkurven mittels der Umrechnungsformeln auf das Seitenverhältnis 1:5 reduziert.

Die Versuche wurden mit sieben Flächen von 20 cm Tiefe (Profil Nr. 389) bei einer Geschwindigkeit von rd. 30 m/s ausgeführt. Die Spannweite variierte zwischen 20 cm (quadratischer Grundriß) und 140 cm, so daß alle zwischen 1:1 und 1:7 liegenden Seitenverhältnisse mit ganzzahligem Nenner vertreten waren. Die Ergebnisse dieser Messungen sind in Abb. 32 durch die Polarkurven dargestellt (Zahlentafeln 1—7). Das Resultat der Umrechnung dieser Kurven auf das Seitenverhältnis 1:5 ist in Abb. 33 veranschaulicht. Falls die Umrechnungsformeln die an sie gestellten Erwartungen erfüllen, so müssen die auf das Seitenverhältnis 1:5 umgerechneten Werte der einzelnen Polaren auf eine einzige Kurve fallen. Dies trifft, wie man erkennt, in den allermeisten Fällen zu. Nur bei dem Seitenverhältnis 1:1 zeigen sich unzulässige Abweichungen. Diese Tatsache ist nicht zu verwundern, denn in der den Umrechnungsformeln zugrunde liegenden Theorie ist angenommen, daß der Flügel durch eine „tragende Linie" ersetzt werden kann. Bei Seitenverhältnissen, die einen in der Nähe des Quadrates liegenden oder gar in Flugrichtung länglichen Grundriß besitzen, ist diese vereinfachte Auffassung offenbar nicht mehr zulässig. Ein solcher Flügel kann vielmehr als ein aus einer großen Anzahl von Elementarflügeln zusammengesetzter gestaffelter Mehrdecker angesehen werden, wobei die Zirkulation der einzelnen Flügel entsprechend der Verteilung des Auftriebes längs der Flügeltiefe anzusetzen wäre. Sein induzierter Widerstand kann dann auf Grund der Mehrdecker-Theorie berechnet werden. Rechnungen, die in diesem Sinne ausgeführt wurden, ergaben Abweichungen der beim Quadrat vorliegenden Art, führten jedoch zu keinem quantitativ befriedigenden Ergebnis, vermutlich deswegen, weil die Auftriebsverteilung der einzelnen Elementarflügel über die Spannweite, besonders bei den mehr nach hinten zu gelegenen Elementarflügeln, erheblich von der elliptischen Auftriebs-

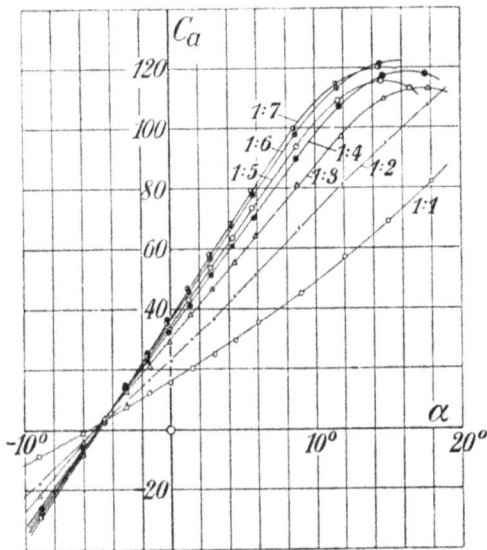

Abb. 34.

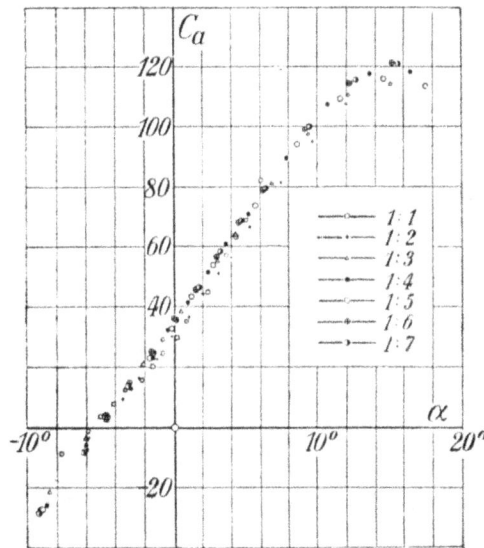

Abb. 35.

verteilung, welche der Theorie zugrunde gelegt wurde, abweicht. Vom Seitenverhältnis 1:3 ab ist indessen, wie man sieht, die Übereinstimmung der umgerechneten Polarkurven eine recht gute und für alle praktischen Bedürfnisse ausreichende.

Infolge des Umstandes, daß zwei Flügeln von verschiedenem Seitenverhältnis bei gleicher Auftriebszahl verschiedene Anstellwinkel entsprechen, bedürfen bei Anwendung der obigen Umrechnungen auch die Anstellwinkel noch einer Reduktion (vgl. II, 3.). Die auf das Seitenverhältnis 1:5 umgerechneten Anstellwinkel der einzelnen Flügel sind in Abb. 35 abhängig von der Auftriebszahl aufgetragen, während die gemessenen Werte in Abb. 34 dargestellt sind. Auch hier ergeben nur die Seitenverhältnisse 1:1 und 1:2 größere Abweichungen, während in allen anderen Fällen die Übereinstimmung sehr befriedigend ist.

Hinsichtlich der Momentenzahlen zeigt sich folgendes: Trägt man C_m als Funktion von C_a auf, so ergeben sich für alle Seitenverhältnisse bei gleicher Auftriebszahl nahezu gleiche Momentenzahlen, Abb. 36. Diese Tatsache läßt darauf schließen, daß die Verteilung des Auftriebes über die Tiefe bei gegebener Auftriebszahl für alle Seitenverhältnisse dieselbe ist. Eine Umrechnung ist daher in diesem Falle nicht erforderlich. Wird dagegen C_m als Funktion vom Anstellwinkel α dargestellt, so ergeben sich verschiedene Kurven, vgl. Abb. 37, da der Anstellwinkel beim Übergang von einem Seitenverhältnis auf ein anderes bei festgehaltener Auftriebszahl und damit auch bei festgehaltener

4*

Momentenzahl sich ändert. Man sieht hieraus, daß die Darstellung, wobei C_m abhängig von C_a aufgetragen ist, derjenigen Auftragung, bei welcher der Anstellwinkel α als unabhängige Veränderliche angenommen ist, überlegen ist.

Bezüglich der Anwendbarkeit der für Mehrdecker aufgestellten Umrechnungsformeln (vgl. Lit.-Verz. C. 26) haben die bisherigen Versuche gezeigt, daß der aus einer Eindeckermessung er-

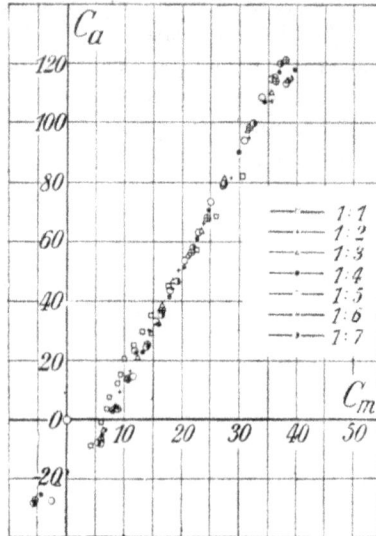

Abb. 36.

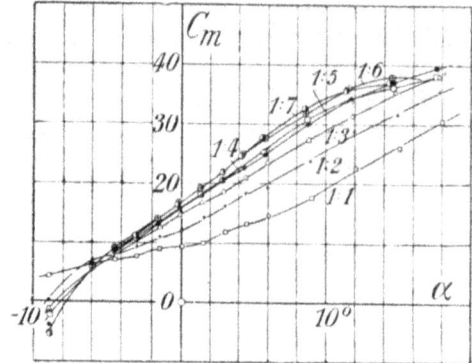

Abb. 37.

rechnete Widerstand eines Mehrdeckers den wirklichen Verhältnissen um so näher kommt, je mehr bei den einzelnen Flügeln die der Theorie zugrunde gelegte elliptische Verteilung des Auftriebes über die Spannweite — beispielsweise durch geeignete Verwindung der Flügel — erreicht ist. Die Versuche hierüber sind noch nicht abgeschlossen und müssen daher einer späteren Veröffentlichung vorbehalten bleiben. (Über während des Krieges in der alten Anstalt gewonnene Ergebnisse auf diesem Gebiete berichtet die Munksche Arbeit, Lit.-Verz. C. 24).

<table>
<tr><td colspan="6">Zahlentafel 1.</td><td colspan="6">Zahlentafel 2.</td></tr>
<tr><td colspan="6">Seitenverhältnis 1:1.</td><td colspan="6">Seitenverhältnis 1:2.</td></tr>
<tr><td colspan="6">Spannweite $b=200$ mm, Tiefe $t=200$ mm.</td><td colspan="6">Spannweite $b=400$ mm, Tiefe $t=200$ mm.</td></tr>
</table>

Anstellwinkel α	C_a	C_w	C_m	umgerechnet auf 1:5 α	C_w	Anstellwinkel α	C_a	C_w	C_m	umgerechnet auf 1:5 α	C_w
— 9°	— 8,8	4,00	4,2	— 7,7	3,95	— 9°	— 17,8	6,35	0,2	— 8.0	6,05
— 6	— 0,9	2,03	5,9	— 5,9	2,01	— 6	— 3,3	2,22	6,9	— 5,8	2,21
— 4,5	3,6	1,76	7,0	— 5,0	1,36	— 4,5	3,2	1,43	8,1	— 4,7	1,42
— 3	7,5	1,58	7,5	— 4,1	1,44	— 3	9,5	1,38	9,2	— 3,5	1,29
— 1,5	12,2	1,76	8,9	— 3,3	1,38	— 1,5	16,3	1,56	10,9	— 2,4	1,31
0	15,4	1,98	9,4	— 2,2	1,38	— 0	22,7	1,84	12,1	— 1,2	1,35
1,5	20,3	2,38	9,9	— 1,5	1,32	1,5	30,0	2,37	14,1	— 0,1	1,51
3	24,8	3,00	11,9	— 0,8	1,36	3,0	36,5	2,98	16,1	1,0	1,71
4,5	29,5	3,79	13,2	0,2	1,58	4,4	44,1	3,88	18,2	2,0	2,02
6	35,3	4,59	14,6	0,9	1,41	5,9	51,1	5,02	19,3	3,1	2,51
9	45,0	7,10	17,6	2,4	1,94	8,9	66,5	7,85	23,8	5,3	3,63
12	57,2	10,8	22,6	3,7	2,45	11,9	81,4	11,6	28,6	7,5	5,26
15	68,8	15,4	26,0	5,0	3,35	14,9	95,0	15,9	31,6	9,7	7,29
18	82,0	20,4	30,5	6,0	3,40	17,8	107,3	20,8	35,4	12,0	9,80

Zahlentafel 3.
Seitenverhältnis 1 : 3.
Spannweite b = 600 mm, Tiefe t = 200 mm.

Anstell-winkel α	C_a	C_w	C_m	umgerechnet auf 1:5	
				α	C_w
— 9°	— 21,7	6,85	— 1,4	— 8,5	6,65
— 6	— 3,6	2,18	6,6	— 5,9	2,18
— 4,5	4,4	1,39	8,4	— 4,6	1,38
— 3	12,7	1,36	10,3	— 3,3	1,29
— 1,5	20,9	1,69	12,4	— 2,1	1,51
—0,1	29,1	2,00	14,7	— 0,8	1,64
1,4	38,2	2,56	16,7	0,5	1,94
2,9	46,5	3,24	18,4	1,8	2,32
4,4	55,1	4.15	20,8	3,1	2,86
5,9	63,8	5,33	23,2	4,3	3,60
8,8	81,0	8,10	27,3	6,8	5,32
11,8	97,2	ΙΙ,5	31,2	9,4	7,48
14,8	110,0	15,6	35,4	12,1	10,4
17,8	113,0	21,1	38,1	15,1	15,7

Zahlentafel 4.
Seitenverhältnis 1:4.
Spannweite b = 800 mm, Tiefe t = 200 mm.

Anstell-winkel α	C_a	C_w	C_m	umgerechnet auf 1:5	
				α	C_w
— 8,9°	— 25,6	7,75	— 4,1	— 8,7	7,65
—6	— 5,6	2,54	6,4	— 6,0	2,54
— 4,5	4,0	1,28	8,6	— 4,5	1,28
— 3	13,0	1,22	10,7	— 2,9	1,19
— 1,6	22,6	1,44	13,2	— 1,4	1,36
— 0,1	32,2	1,78	15,6	— 0,4	1,56
1,4	41,2	2,16	17,7	1,0	1,89
2,8	51,3	2,94	20,4	2,4	2,52
4,3	60,9	3,88	22,7	3,7	3,29
5,8	70,2	4,96	24,8	5,2	4,17
8,7	89,9	7,61	29,9	7,9	6,33
11,7	107,0	10,8	34,3	10,7	8,62
14,7	117,3	14,4	37,0	13,6	14,4
17,6	118,0	20,8	39,6	16,5	18,5

Zahlentafel 5.
Seitenverhältnis 1:5.
Spannweite b = 1000 mm, Tiefe t = 200 mm.

Anstell-winkel α	C_a	C_w	C_m
— 8,9°	— 27,4	7,75	— 2,5
—6,0	— 7,8	3,13	5,9
— 4,5	3,2	1,68	8,4
— 3,1	13,7	1,44	10,6
— 1,6	22,9	1,55	12,8
— 0,1	32,6	1,81	15,5
1,3	43,2	2,20	18,0
2,8	53,7	2,89	20,5
4,3	63,5	3,76	22,8
5,7	73,4	4,72	25,1
8,7	93,9	7,23	30,8
11,6	109,1	10.0	33,9
14,6	115,4	13,8	36,1
17,6	113,2	19,5	37,9

Zahlentafel 6.
Seitenverhältnis 1:6.
Spannweite b = 1200 mm, Tiefe t = 200 mm.

Anstell-winkel α	C_a	C_w	C_m	umgerechnet auf 1:5	
				α	C_w
— 8,9°	— 27,3	8,59	— 5,3	— 9,1	8,66
— 6,0	— 7,4	3,43	6,0	— 6,0	3,44
— 4,5	3,5	1,56	9,0	— 4,5	1,56
–- 3,1	14,4	1,31	11,5	— 3,0	1,33
— 1,6	25,0	1,41	14,0	— 1,5	1,48
— 0,2	35,8	1,68	16,7	0,0	1,82
1,3	46,0	2,10	19,0	1,6	2,32
2,8	56,5	2,74	21,6	3,1	3,08
4,2	67,8	3,56	24,7	4,6	4,05
5,7	78,4	4,58	27,2	6,2	5,23
8,6	98,3	6,82	31,8	9,2	7,87
11,5	114,0	9,76	36,1	12,2	11,1
14,5	121,0	13,6	37,8	15,2	15,2

Zahlentafel 7.
Seitenverhältnis 1:7.
Spannweite b = 1400 mm. Tiefe t = 200 mm.

Anstell-winkel α	C_a	C_w	C_m	umgerechnet auf 1:5	
				α	C_w
— 8,9°	— 28,4	8,46	— 5,6	— 9,2	8,61
— 6,0	— 8,0	3,18	5,4	— 6,1	3,19
— 4,5	3,0	1,48	8,4	— 4,5	1,48
— 3,1	13,9	1,27	11,1	— 3,0	1,31
— 1,6	24,8	1,34	13,8	— 1,3	1,45
— 0,2	35,5	1,68	16,4	0,2	1,91
1,3	46,4	2,04	19,1	1,8	2,43
2,7	57,9	2,64	21,8	3,3	3,25
4,1	68,0	3,32	24,4	4,8	4,16
5,6	79,2	4,27	27,3	6,4	5,41
8,5	99,9	6,47	32,5	9,5	8,28
11,4	115.0	9,05	35,4	12,6	11,4
14,4	120,3	12,6	37,0	15,6	15,2

2. Der Einfluß des Kennwertes auf die Luftkräfte von Tragflügeln.

Die Untersuchungen von Tragflügeln und Flugzeug-Modellen im künstlichen Luftstrom der Versuchsanstalt werden in der Regel bei 30 m/s Windgeschwindigkeit und mit 200 mm tiefen Flügeln, also bei einem Kennwert $E = 6000$ m/s · mm ausgeführt. Bei der Bewegung eines Flugzeuges kommen indessen Kennwerte von der Größenordnung 10^5 m/s · mm in Betracht. Nach dem von Reynolds aufgestellten Ähnlichkeitsgesetz sind nur dann mit Sicherheit geometrisch ähnliche Strömungen und damit gleiche Größe der die Luftkräfte ausdrückenden dimensionslosen Beiwerte zu erwarten, wenn in den zu vergleichenden Fällen der Kennwert derselbe ist, falls das Medium, indem die Bewegung erfolgt, in beiden Fällen das gleiche ist. Dieses Gesetz würde aber für den Modellversuch Geschwindigkeiten verlangen, die in den meisten Fällen die Schallgeschwindigkeit überschreiten. Abgesehen von dem enormen Energiebedarf, den ein Luftstrom von solcher Geschwindigkeit erfordern würde, ist seine Verwendung wegen der nunmehr merklich werdenden Zusammendrückbarkeit der Luft auch deswegen nicht möglich, weil sich mit Überschreitung der Schallgeschwindigkeit besondere Strömungsformen ausbilden, welche sich von denjenigen bei Unterschallgeschwindigkeit wesentlich unterscheiden. Es erhebt sich nun die wichtige Frage, in welchem Maße die spezifischen Luftkräfte von dem Kennwert abhängen, denn damit steht im engsten Zusammenhang die Frage der Übertragbarkeit der beim Modellversuch gewonnenen Ergebnisse auf die große Ausführung.

Zur Klärung dieser Verhältnisse wurde bereits während des Krieges eine Anzahl Tragflügelmessungen in einem möglichst großen Bereich von Kennwerten durchgeführt und die Abhängigkeit der spezifischen Luftkräfte vom Kennwert festgestellt. Der untersuchte Bereich erstreckte sich dabei von $E = 600$ bis $E = 30000$ m/s · mm. Der größte erreichte Kennwert ist dabei von den praktisch vorkommenden Werten nicht mehr sehr weit entfernt. Die Ergebnisse dieser Versuche sind als Mitteilung 1 der III. Folge in der Z F M. 1919, Heft 9 und 10, von H. Kumbruch veröffentlicht worden.

Bei diesen Messungen ergab sich für die großen Kennwerte — die Versuchsmethode wird unten näher beschrieben werden — ein Profilwiderstand, der zum Teil kleiner war als der Reibungswiderstand einer gleich großen ebenen Fläche. Da dieses Ergebnis in hohem Grade unwahrscheinlich erschien, wurde zur Klärung die Versuchsreihe ausgeführt, über die hier berichtet werden soll. Dabei wurde einer der früher schon gemessenen Flügel (Nr. 358) noch einmal mit gemessen, im übrigen wurden solche Profile ausgewählt, die geeignet waren, die frühere Versuchsreihe zu ergänzen. Die jetzigen Ergebnisse, bei denen der Profilwiderstand nicht unter die Grenze des Reibungswiderstandes heruntergeht, deuten darauf hin, daß die ersteren Messungen wahrscheinlich einen konstanten Fehler in der Widerstandsermittlung enthalten, der vielleicht durch unrichtige Bestimmung der Nebenwiderstände entstanden ist. Die in der erwähnten Mitteilung für die großen Kennwerte angegebenen Polarkurven müssen also ein wenig nach rechts verschoben werden. Die erstere Versuchsreihe ist in der Kriegszeit ausgeführt worden; wegen der großen Eile, mit der damals gemessen werden mußte, stand diejenige Zeit, die eine für einen besonderen Zweck gebaute Versuchseinrichtung erfahrungsgemäß erfordert, um alle Fehlerquellen zu ermitteln, nicht zur Verfügung. Aus diesem Umstand ist die erwähnte Abweichung erklärlich.

Bei der neuen Versuchsreihe wurden sechs verschiedene Profile bei den Kennwerten 2000, 6000, 15000 und 24000 m/s · mm untersucht. Die beiden kleineren Kennwerte wurden durch Messung von Flügeln normaler Abmessung (100 · 20 cm) bei 10 und 30 m/s erhalten. Die großen Kennwerte konnten durch eine spezielle Versuchsanordnung erreicht werden, die es gestattete, Flügel bis zu 60 cm Tiefe zu verwenden. Diese Anordnung ist in Abb. 38 zur Darstellung gebracht. Der zu untersuchende Flügel von 150 cm Spannweite und 60 cm Tiefe befindet sich zwischen zwei parallelen ebenen Wänden E, die parallel zur Windrichtung stehen. Dadurch wird eine ebene Strömung um den Flügel hergestellt. Um aber das für die Messung von Auftrieb und Widerstand erforderliche Spiel nicht zu beeinträchtigen, anderseits um einen Spalt zwischen Flügel und Wand, durch welche die ebene Strömung gestört würde, zu vermeiden, waren an beiden Flügelenden Dichtungen von besonderer Art vorgesehen, die in Abb. 39 in ihren Einzelheiten zu erkennen sind. Durch den Flügel, der ganz in der Art der Flugzeugflügel aus einzelnen Holzrippen hergestellt und mit

Stoff überzogen ist, geht ein ¾″ Gasrohr, durch welches hauptsächlich der Auftrieb auf die Aufhängedrähte übertragen werden soll. An den beiden Flügelenden sitzen nun auf diesem Rohr kreisförmige
Scheiben S von 96 cm Durchm. In geringem Abstand — etwa 3 mm — diesen Scheiben gegenüber
befinden sich zwei Deckel D, in deren Inneres eine Art Labyrinthdichtung aus Sperrholz eingebaut
ist, so daß die in diese Dichtung einströmende Luft durch das Passieren der schmalen Spalte zwischen
den einzelnen Zellen der Dichtung ihren Impuls verliert. Um die Luftreibung auf die Scheiben S zu
verringern, wurden diese durch besondere Blechscheiben B, die in die Holzwände eingelassen waren,
soweit wie möglich abgedeckt. Zur Veränderung des Anstellwinkels des Flügels war es allerdings

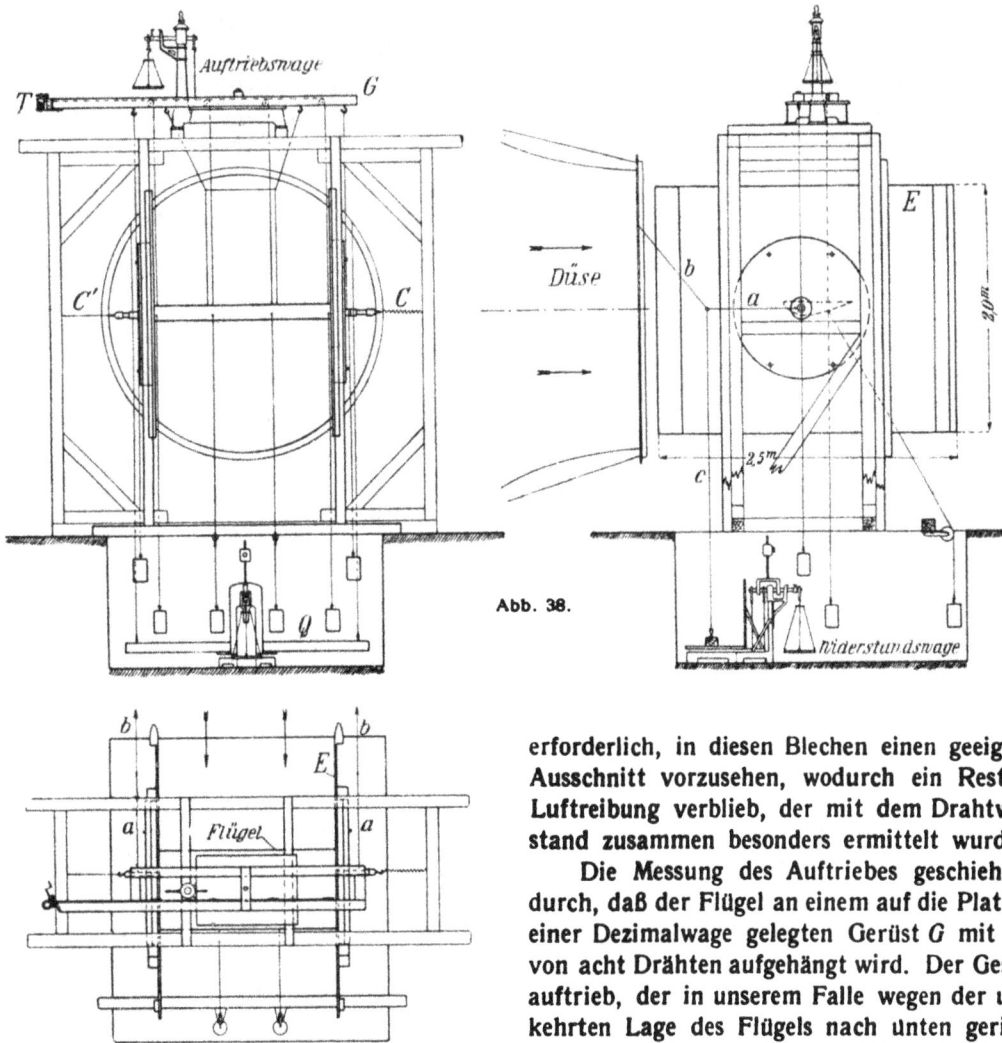

Abb. 38.

erforderlich, in diesen Blechen einen geeigneten
Ausschnitt vorzusehen, wodurch ein Rest von
Luftreibung verblieb, der mit dem Drahtwider-
stand zusammen besonders ermittelt wurde.

Die Messung des Auftriebes geschieht dadurch, daß der Flügel an einem auf die Plattform
einer Dezimalwage gelegten Gerüst G mit Hilfe
von acht Drähten aufgehängt wird. Der Gesamtauftrieb, der in unserem Falle wegen der umgekehrten Lage des Flügels nach unten gerichtet
ist, kann daher in einfacher Weise durch diese
Wage ermittelt werden, da von der Bestimmung
des von der Luftkraft ausgeübten Momentes abgesehen wurde. Die vier in der hinteren Aufhängeebene
liegenden Drähte laufen über ebensoviel an dem Gerüst G befindliche Rollen und sind um eine Trommel T
gelegt. Durch Drehen dieser Trommel mittels eines Schneckentriebes werden diese Drähte auf die Trommel aufgewickelt; auf diese Weise kann der Anstellwinkel des Flügels beliebig eingestellt werden. Der
Widerstand des Flügels wurde durch eine in der Versenkung unter dem Luftstrom eingebaute Dezimalwage gemessen. Von den beiden über die Wände überstehenden Enden des vorderen Flügelholmes
gehen zwei Drähte a, a zunächst in horizontaler Richtung nach vorne. Hierauf verzweigen sich —

ähnlich wie bei der Dreikomponentenwage — diese Drähte in je einen schräg nach oben zu einem festen Punkt an der Düse gehenden Draht *b* und in je einen vertikalen Draht *c*. Die beiden letzteren greifen an einem auf die untere Wage aufgelegten schweren Querbalken *Q* an, der gleichzeitig als Vorbelastung der Wage dient (da diese Wage durch den wirkenden Widerstand entlastet wird). Sechs Drähte mit angehängten Gewichten, wovon zwei etwas schräg nach hinten wirken, erzeugen in den zu den Wagen führenden Drähten die erforderlichen Vorspannungen. Um eine seitliche Beweglichkeit, die leicht der Anlaß zu Reibungen in den Dichtungen sein könnte, zu verhindern, wird der Flügel durch eine Feder *C* stets nach einer Seite gezogen, nachdem er vorher durch Einstellen der Befestigungsstelle des der Feder Gleichgewicht haltenden Drahtes *C'* in die richtige Lage gebracht worden ist.

Da durch die beiden Wände und durch die beschriebenen Dichtungen eine ebene Strömung um den Flügel hergestellt worden ist, so wäre für den Fall, daß der Luftstrom nach oben und unten unendlich ausgedehnt wäre, ein induzierter Widerstand des Flügels nicht vorhanden. Die Widerstandsmessung würde lediglich den Profilwiderstand ergeben. In Wirklichkeit befindet sich über und unter dem Flügel nur eine Luftschicht von etwa 1,1 m Dicke. Dieser Umstand hat zur Folge, daß

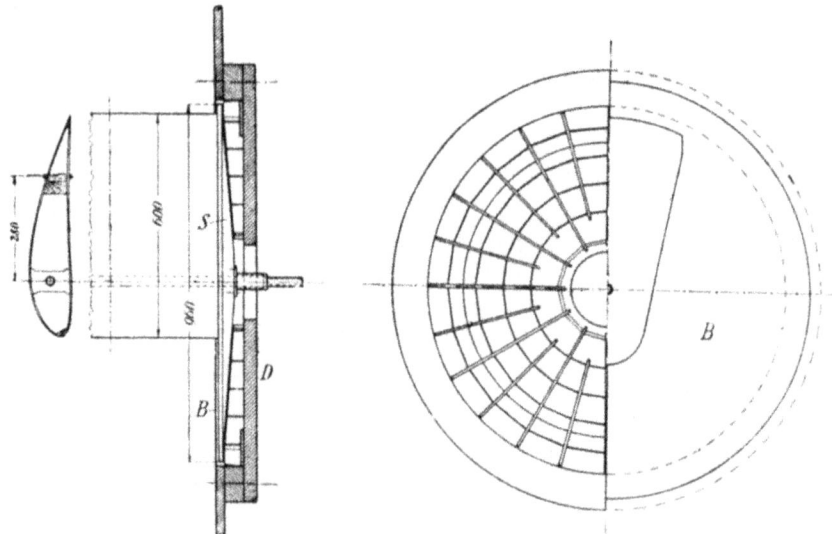

Abb. 39.

der zwischen den beiden Wänden hindurchgehende Teil des Luftstromes durch den Auftrieb des Flügels um einen Winkel β abgelenkt wird, so daß der dem Strahl in vertikaler Richtung erteilte Impuls gleich dem erzeugten Auftrieb ist. Der resultierende Auftrieb steht nun nicht mehr genau vertikal; seine Richtung halbiert vielmehr, wie die nähere Überlegung zeigt, den Winkel zwischen der Richtung des ankommenden und des abfließenden Strahles. Dadurch liefert er eine vom Auftrieb abhängige horizontale, nach rückwärts gerichtete Komponente, die einen induzierten Widerstand darstellt.

Bezeichnet man zur Ermittlung der quantitativen Verhältnisse den Flächeninhalt des Flügels mit F, den Querschnitt des Luftstrahles innerhalb der ebenen Wände mit F' und mit w die Vertikalgeschwindigkeit des abfließenden Strahles, so ist der vertikale Impuls J des Strahles, da die sekundliche Masse $= \varrho F' v$ ist:

$$J = \varrho F' v w.$$

Da dieser Impuls gleich dem erzeugten Auftrieb ist, so ergibt sich aus

$$\varrho F' v w = c_a F \frac{\varrho v^2}{2}$$

die Vertikalgeschwindigkeit w zu:

$$w = c_a \frac{F}{F'} \cdot \frac{v}{2}$$

und der Ablenkungswinkel β zu:

$$\beta = \frac{w}{v} = \frac{c_a}{2} \cdot \frac{F}{F'} \cdot$$

Die horizontale Komponente W' des Auftriebes ist nun gemäß dem obigem:

$$W' = A \sin \frac{\beta}{2} = c_a{}^2 \cdot \frac{F^2}{4 F'} \cdot q,$$

wenn man, was wegen der Kleinheit des Winkels zulässig ist, den Sinus gleich dem Bogen setzt, und die entsprechende Widerstandszahl daher

$$c_w' = c_a{}^2 \frac{F}{4 F'} \cdot$$

Vergleicht man diesen Widerstand mit dem induzierten Widerstand c_{wi} eines Flügels vom Seitenverhältnis λ in einer allseits unbegrenzten Strömung, der bekanntlich die Größe $c_{wi} = \frac{c_a{}^2}{\pi} \lambda$ hat, so kann man für den zwischen den ebenen Wänden eingeschlossenen Flügel einen in der freien Strömung befindlichen Flügel von einem bestimmten Seitenverhältnis angeben, welcher denselben induzierten Widerstand erfährt wie jener. Dieses Seitenverhältnis läßt sich durch Gleichsetzen der Widerstände c_w' und c_{wi} leicht angeben. Man erhält:

$$\lambda = \frac{\pi}{4} \cdot \frac{F}{F'} \cdot$$

Im vorliegenden Falle wird, da $F = 0,9$ m² und $F' = 3,105$ m² ist, $\lambda = 1:4,4$, d. h. die Widerstandszahl unseres zwischen den ebenen Wänden untersuchten Flügels (ausschließlich Profilwiderstand) ist ebenso groß wie die Widerstandszahl eines in einer allseitig unbegrenzten Flüssigkeit befindlichen Flügels vom Seitenverhältnis 1:4,4. Dieser Zahlenwert bedarf indessen wegen verschiedener störender Einflüsse noch einer Berichtigung, auf die wir noch zu sprechen kommen werden.

Das Profil Nr. 358 wurde, wie schon auf Seite 54 angedeutet, bereits bei der früheren Versuchsreihe untersucht und sollte in erster Linie zur Kontrolle jener Messungen dienen. Weiter wurden untersucht drei Profile von großer Dicke — Nr. 289, 367 und 390 — und zwei symmetrische Profile — Nr. 459 und 460. Die Formen dieser Profile sind in Abb. 40 wiedergegeben. Die Messung eines 60 cm tiefen Flügels bei 10 m/s Geschwindigkeit und eines 20 cm tiefen Flügels bei 30 m/s Geschwindigkeit ergibt denselben Kennwert von $E = 6000$ m/s · mm. In diesem Falle ist daher die Forderung des Ähnlichkeitsgesetzes von Reynolds erfüllt, und es muß sich hier, strenge geometrische Ähnlichkeit der Profilform vorausgesetzt, für beide Flügel der gleiche Profilwiderstand ergeben. Dieser Umstand kann dazu benutzt werden, um das dem großen Flügel entsprechende Seitenverhältnis aus den Versuchswerten zu bestimmen. Trägt man nämlich von der gemessenen Polarkurve des großen Flügels den aus der Messung des 20 cm tiefen Flügels bekannten Profilwiderstand nach links ab, so liegen die so erhaltenen Endpunkte annähernd auf einer Parabel. Dieser Widerstandsparabel entspricht in unserem Falle, wie sich leicht ermitteln läßt, ein Seitenverhältnis 1:4,1 statt des theoretisch gewonnenen Wertes von 1:4,4. Diese Differenz im Seitenverhältnis läßt sich auf Grund theoretischer Überlegungen, auf die hier nicht näher eingegangen werden soll, verständlich machen. Sie rührt beispielsweise zum Teil davon her, daß die äußere Begrenzung des Luftstrahl-Querschnittes nicht gerade, sondern kreisbogenförmig ist und der ungünstige Einfluß der geringen Strahldicke am Rande überwiegt. Für die Auswertung der Versuche wurde daher für die großen Flügel ein Seitenverhältnis von 1:4,1 zugrunde gelegt und, um die Ergebnisse mit denjenigen der kleinen Flügel, die mit einem Seitenverhältnis 1:5 ausgeführt waren, vergleichen zu können, wurden die Polarkurven der großen Flügel ebenfalls auf das Seitenverhältnis 1:5 umgerechnet.

Es mag noch erwähnt werden, daß auf die genaue Bestimmung der Draht- und sonstigen Nebenwiderstände, welche vom gemessenen Widerstand zu subtrahieren sind, besondere Sorgfalt verwendet
wurde, zumal damit zu rechnen war, daß in den seitlichen Abdichtungen Druckdifferenzen auftreten,
die unter Umständen auf die beiden Scheiben S eine Kraft ausüben können. Die Messung dieser
Widerstände wurde in der Weise ausgeführt, daß ein Flügel „als Blende" angebracht wurde. Mit

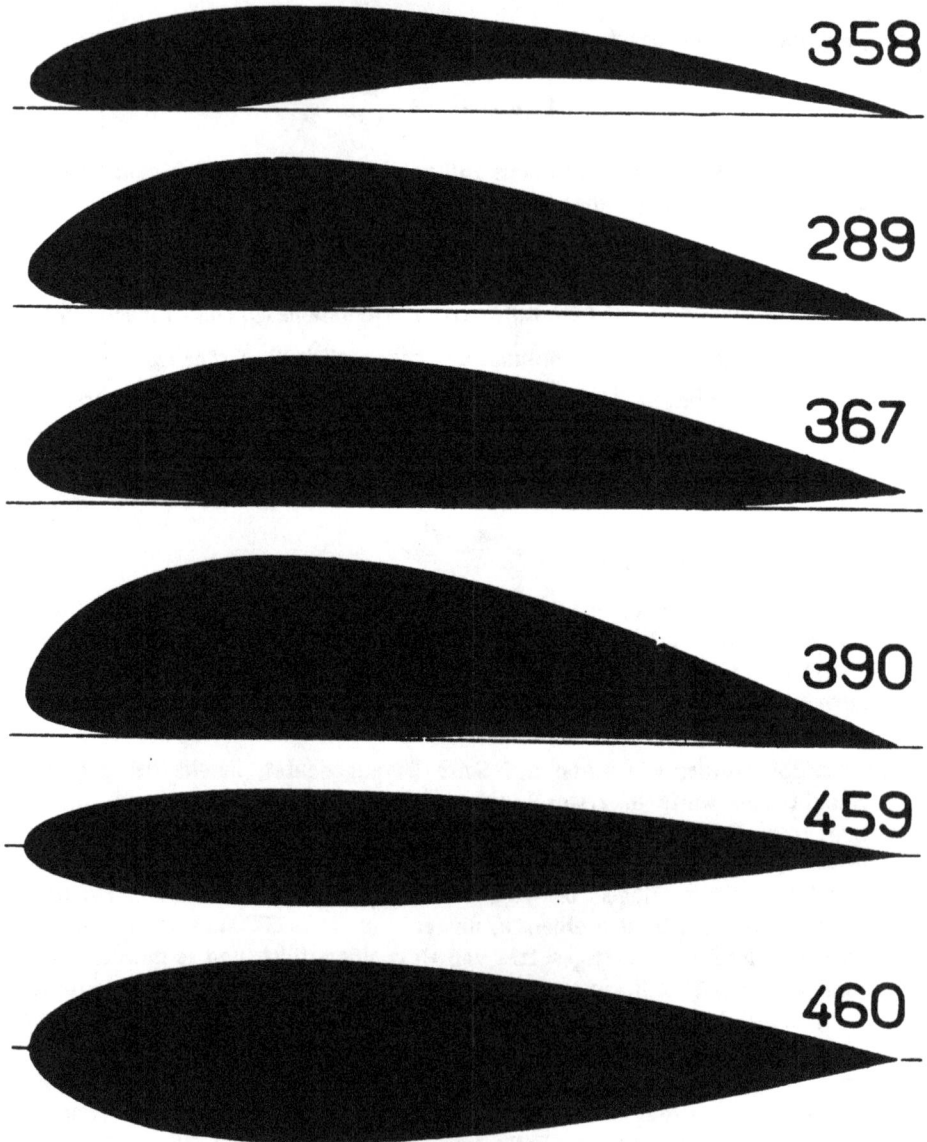

Abb. 40.

Ausnahme eines Spaltes von je rd. 4 mm zwischen Flügel und Scheiben war die Lage des Flügels
genau so wie während der Messung. In Verbindung mit den Wagen war nur das durch den Flügel
frei hindurch gehende Gasrohr mit den Aufhänge- und Meßdrähten und den großen Dichtungsscheiben.
Der Flügel selbst war durch besondere Halteorgane befestigt. Die Abhängigkeit der Draht- und Nebenwiderstände vom Anstellwinkel, die ebenfalls untersucht wurde, war unbedeutend. Die Vorziehung
wurde dem jeweils wirkenden Widerstand gemäß bestimmt und als Korrektur am Widerstand angebracht.

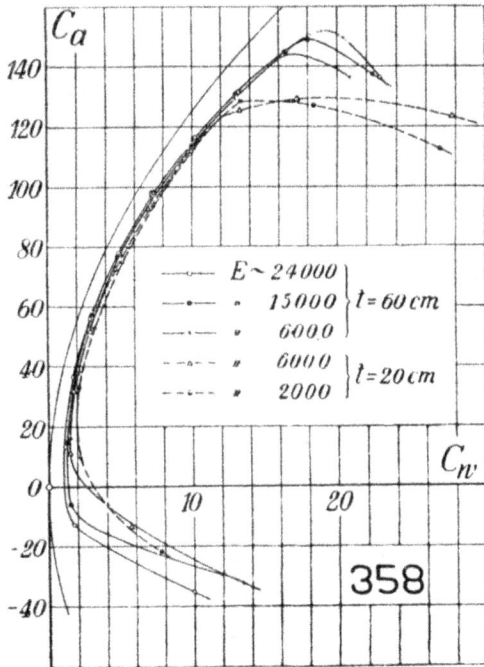

Abb. 41.

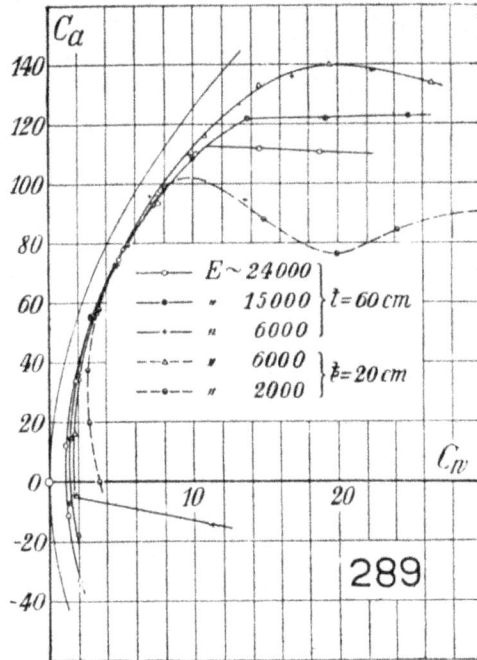

Abb. 42.

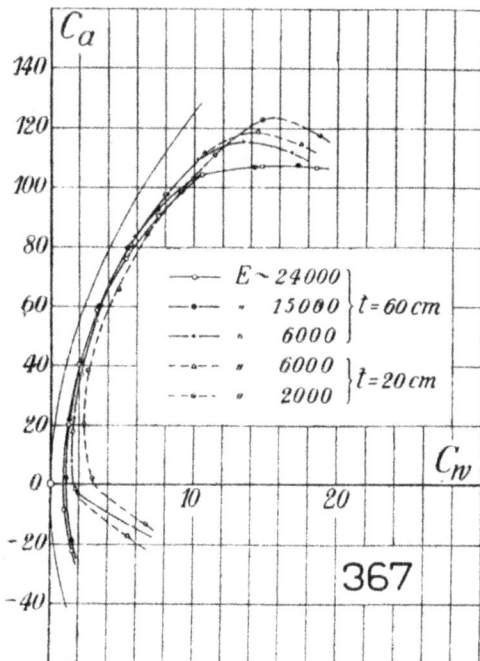

Abb. 43.

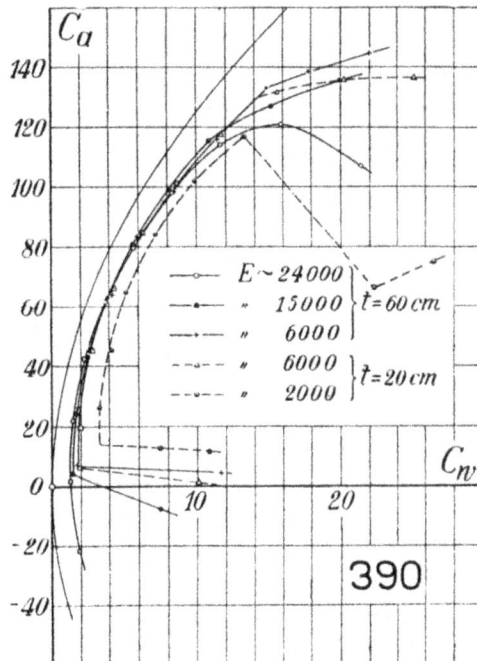

Abb. 44.

Die Versuchsergebnisse sind in den Abb. 41 bis 46 und Zahlentafeln 8 bis 13 enthalten. Bezüglich des Profilwiderstandes kann allgemein gesagt werden, daß sein Minimalwert durch den Reibungswiderstand bestimmt ist. Nach den Ergebnissen der Versuche unter Nr. 8 beträgt die auf die Oberfläche bezogene Reibungszahl bei dem größten Kennwert $E = 24000$, welchem eine Reynolds'sche Zahl von $1,7 \cdot 10^6$ entspricht, $c_f = 0,0043$ oder in der Profilwiderstandszahl C_{wo} ausgedrückt $C_{wo} = c_f \cdot 2 \cdot 100 = 0,86$. Die Profilwiderstandszahl unserer Flügel darf daher den Wert $C_{wo} = 0,86$ nicht unterschreiten. Daß der Gesamtwiderstand einer Fläche bis auf diesen Wert herabsinken, d. h. daß der Druck- oder Formwiderstand praktisch Null werden kann, geht aus den Messungen an den symmetrischen Profilen unter Nr. 9 hervor.

Bei den Flügeln mit dickem Profil ist wegen des vorhandenen Druckwiderstandes der kleinste Profilwiderstand stets größer als der Reibungswiderstand, bei den verhältnismäßig dünnen Flügeln Nr. 358 und 459 kommt dagegen der Profilwiderstand scharf an die unterste Grenze heran.

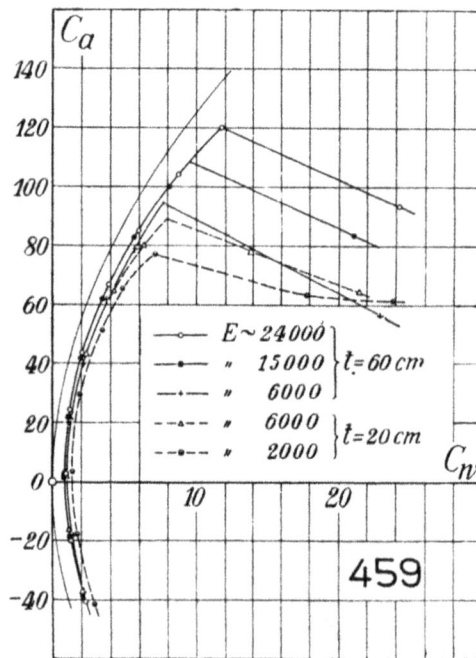

Abb. 45.

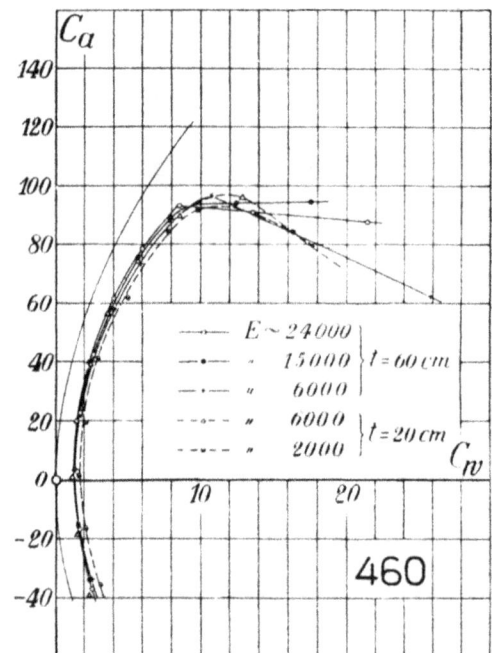

Abb. 46.

Die Messung des großen und kleinen Flügels bei dem gleichen Kennwert ($E = 6000$) müßte nach dem Ähnlichkeitsgesetz gleiche Polarkurven ergeben. Bei großen positiven und negativen Anstellwinkeln, wo das Abreißen der Strömung von der Oberfläche beginnt, ergeben sich indessen Abweichungen, die besonders beim Flügel Nr. 358 auffallend sind, und die vermutlich auf nicht vollkommen erreichte geometrische Ähnlichkeit der entsprechenden beiden Flügel sowohl in bezug auf ihre Form als auch hinsichtlich der Oberflächenrauhigkeit zurückzuführen sein dürften. Die Beschaffenheit der Oberfläche spielt ja, wie aus besonderen Messungsreihen hervorgeht, gerade bei den Ablösungserscheinungen eine wesentliche Rolle. Dagegen ergibt sich bei Profil Nr. 289, 390 und 459 recht befriedigende Übereinstimmung.

Der Einfluß des Kennwertes auf die auf die Einheit des Staudruckes und der Flügelfläche bezogenen Luftkräfte äußert sich, wie aus den vorliegenden Messungen hervorgeht, in verschiedener Weise, je nachdem es sich um ein Profil von mäßiger oder von großer Dicke handelt. Bei Profilen von verhältnismäßig geringer Dicke, wie z. B. Profil Nr. 358 und 459, wird mit wachsendem Kennwert der Profilwiderstand kleiner und gleichzeitig bei großen Anstellwinkeln der Auftrieb größer, das Profil daher aerodynamisch günstiger. Bei dicken Profilen ist ebenfalls eine Abnahme des Widerstandes bei zunehmendem Kennwert innerhalb eines gewissen Anstellwinkelbereiches zu erkennen. Ist aber ein bestimmter Anstellwinkel überschritten (bei Profil 390 etwa 10°), so wird die Widerstandszahl mit wachsendem Kennwert wieder größer (ähnlich wie bei den in Mitt. 2 (III. Folge) der Versuchsanstalt beschriebenen Versuchen an großen Streben mit nicht ganz glatter Oberfläche)[1]. Die Folge davon ist eine Verringerung der Zirkulation um den Flügel und damit eine Abnahme des Auftriebes. Dieses Ergebnis ist sehr merkwürdig, denn es zeigt, daß bei dicken Profilen in dem untersuchten Kennwertbereich der Höchstwert der Auftriebszahlen selbst wieder ein ausgesprochenes Maximum besitzt, das bei einem verhältnismäßig kleinen Kennwert liegt.

Versuche zur Klärung dieser auffallenden Erscheinung, bei welcher vermutlich die Beschaffenheit der Oberfläche eine wesentliche Rolle spielt, sind in Vorbereitung.

Von Interesse ist vielleicht der Hinweis, daß der Flug der größeren Vögel in demjenigen Bereich von Kennwerten vor sich geht, in welchem die größten Auftriebszahlen erreicht werden. Die günstige aerodynamische Wirkung des dicken Vogelflügels steht daher vielleicht mit den vorstehend beschriebenen Erscheinungen in enger Beziehung.

Zahlentafel 8.

Profil Nr. 358.

1. Flügeltiefe 60 cm (Stofflügel).

Anstellwinkel α	$E = 6000$		$E = 15\,000$		$E = 24\,000$	
	C_a	C_w	C_a	C_w	C_a	C_w
— 11,7	— 32,0	13,36	— 29,5	11,97	— 34,9	9,88
— 9	— 6,0	4,01	— 6,1	1,46	— 12,7	1,67
— 6,1	16,3	1,50	14,9	1,28	13,2	1,11
— 3,3	38,6	2,13	36,8	1,83	35,6	1,73
— 0,5	59,1	3,11	57,5	3,02	56,3	2,97
2,4	77,1	5,05	76,5	4,83	78,0	4,92
5,2	96,7	7,14	98,0	7,36	98,3	7,34
8,1	112,0	9,65	113,8	9,96	116,2	10,2
11,0	129,2	13,0	131,2	13,0	131,0	13,2
13,9	143,0	16,1	144,8	16,4	144,5	16,4
16,4	143,0	18,0	149,0	18,0		
16,9	136,0	20,9	137,2	22,4	136,4	22,9

2. Flügeltiefe 20 cm (Gipsflügel).

Anstellwinkel α	$E = 2000$		Anstellwinkel α	$E = 6000$	
	C_a	C_w		C_a	C_w
— 8,9°	— 21,7	7,73	— 9°	— 13,2	5,65
— 6,0	10,0	2,19	— 6	11,1	1,48
— 3,1	33,4	2,11	— 3,1	31,8	1,70
— 0,2	53,1	3,20	— 0,2	51,7	2,87
2,7	75,0	5,15	2,7	72,7	4,66
5,7	94,1	7,35	5,7	92,6	6,97
8,6	113,0	10,1	8,6	111,9	9,92
11,5	128,5	13,4	11,5	125,3	13,3
14,5	127,0	18,4	14,5	129,0	17,2
17,6	112,8	27,0	17,5	123,3	27,8

Zahlentafel 9.

Profil Nr. 289.

1. Flügeltiefe 60 cm (Stofflügel).

Anstellwinkel α	$E = 6000$		$E = 15\,000$		$E = 24\,000$	
	C_a	C_w	C_a	C_w	C_a	C_w
— 11,9	— 14,3	11,27	— 27,9	2,04	— 33,2	2,13
— 9	— 4,3	1,76	— 7,0	1,35	— 11,0	1,27
— 6,1	15,8	1,73	14,8	1,42	12,6	1,16
— 3,3	36,0	2,06	35,2	1,95	34,0	1,02
— 0,4	56,2	3,12	55,2	3,02	55,1	3,04
2,4	72,9	4,78	72,8	4,71	74,6	4,86
5,2	95,7	6,99	92,9	7,27	93,7	7,58
8,1	110,0	9,72	109,0	10,1	110,0	10,1
11,0	126,5	13,2	122,0	13,7	112,0	14,5
13,9	136,0	16,4	172,0	19,1	111,0	18,7
16,9	138,0	22,3	123,0	25,0		

2. Flügeltiefe 20 cm (Gipsflügel).

Anstellwinkel α	$E = 2000$		Anstellwinkel α	$E = 6000$	
	C_a	C_w		C_a	C_w
— 9,0°	0	3,55	— 9,0°	— 4,8	1,82
— 6,1	20,0	2,82	— 6,1	15,8	1,65
— 3,1	37,5	2,66	— 3,1	35,4	1,95
— 0,2	58,0	3,47	— 0,2	56,5	3,36
2,7	79,5	5,49	2,7	78,0	5,15
5,6	98,8	7,90	5,6	96,5	7,61
8,7	87,9	14,8	8,6	116,0	10,8
11,7	76,5	19,9	11,5	133,0	14,5
14,7	84,8	24,2	14,5	140,0	19,4
17,7	90,9	30,1	17,5	134,0	26,6

[1] Vgl. Lit.-Verz. B. III, 2.

Zahlentafel 10.
Profil Nr. 367.
1. Flügeltiefe 60 cm (Stofflügel).

Anstellwinkel α	E = 6000		E = 15000		E = 24000	
	C_a	C_w	C_a	C_w	C_a	C_w
— 8,9	—14,3	5,82	—19,0	1,51	—22,8	1,57
— 6,1	7,6	1,46	1,8	1,05	— 8,9	0,94
— 3,2	22,1	1,61	21,4	1,32	19,8	1,22
— 0,3	40,4	2,20	40,6	2,05	40,1	1,92
2,5	59,5	3,42	59,8	3,32	58,5	3,21
5,3	83,0	5,83	79,0	5,28	75,5	5,19
8,2	97,5	8,15	91,9	7,42	90,1	7,44
11,1	109,0	10,2	102,5	9,88	103,9	10,5
14,1	115,0	13,4	106,7	14,2	107,0	14,7
17,1	111,5	16,8	107,5	17,2	106,4	18,5

2. Flügeltiefe 20 cm (Gipsflügel).

Anstellwinkel α	E = 2000		Anstellwinkel α	E = 6000	
	C_a	C_w		C_a	C_w
— 9	— 13,3	6,72	— 8,9	— 17,6	5,38
— 6	1,8	2,89	— 6,0	— 1,9	1,67
— 3,1	19,9	2,27	— 3,1	17,5	1,55
— 0,1	37,9	2,56	— 0,1	36,3	2,09
2,8	65,2	4,69	2,8	54,8	3,06
5,7	84,0	6,66	5,7	80,2	5,49
8,6	97,1	9,06	8,6	97,2	7,88
11,6	110,8	11,4	11,6	111,3	10,7
14,6	122,3	14,7	14,6	118,4	14,4
17,6	117,8	18,7	17,6	114,3	17,4

Zahlentafel 11.
Profil Nr. 390.
1. Flügeltiefe 60 cm (Stofflügel)

Anstellwinkel α	E = 6000		E = 15000		E = 24000	
	C_a	C_w	C_a	C_w	C_a	C_w
— 12	4,4	11,7	—7,8	7,49	—21,5	1,89
— 9,1	7,0	1,79	4,6	1,42	1,8	1,22
— 6,2	26,3	1,84	24,4	1,72	22,1	1,44
— 3,4	45,7	2,59	43,6	2,58	42,7	2,27
— 0,5	64,0	4,31	62,9	3,95	62,0	3,81
2,3	83,4	6,01	81,0	5,63	80,0	5,72
5,2	98,2	8,45	99,1	8,15	98,5	8,36
8,1	115,9	11,6	115,5	10,9	114,0	11,7
10,9	133,0	14,8	127,0	15,2	121,0	15,9
13,9	138,5	17,8	135,5	19,9	107,1	21,4
16,8	144,8	22,0				

2. Flügeltiefe 20 cm (Gipsflügel).

Anstellwinkel α	E = 2000		Anstellwinkel α	E = 6000	
	C_a	C_w		C_a	C_w
— 12	11,6	10,9	— 12	1,1	10,1
— 9	12,6	7,50	— 9	6,0	1,98
— 6,1	26,2	3,37	— 6,1	24,8	2,01
— 3,2	45,5	4,21	— 3,2	45,1	2,93
— 0,2	64,9	5,20	— 0,2	66,0	4,37
2,7	84,5	7,18	2,7	84,7	6,26
5,6	102,0	9,55	5,6	101,2	8,63
8,6	116,9	13,3	8,6	117,5	11,7
11,8	66,2	22,3	11,5	131,4	15,6
14,7	74,8	26,7	14,5	135,7	20,3
			17,5	136,6	25,2

Zahlentafel 12.
Profil Nr. 459.
1. Flügeltiefe 60 cm (Stofflügel).

Anstellwinkel α	E = 6000		E = 15000		E = 24000	
	C_a	C_w	C_a	C_w	C_a	C_w
— 5,7	—37,3	2,07	—38,5	2,07	—40,7	2,29
— 2,9	—18,2	1,34	—18,2	1,22	—19,0	1,34
0	1,2	1,13	1,4	0,79	2,8	0,94
2,8	20,0	1,05	22,0	1,03	24,2	1,20
5,7	39,9	2,14	41,8	1,91	43,7	2,00
8,5	61,9	3,73	62,0	3,43	67,0	3,84
11,4	78,9	5,64	82,9	5,60	85,0	5,90
14,2	94,5	7,67	100,0	8,03	104,3	8,77
17,5	56,4	23,0	83,5	21,0	120,2	11,7
					93,8	24,2

2. Flügeltiefe 20 cm (Gipsflügel).

Anstellwinkel α	E = 2000		Anstellwinkel α	E = 6000	
	C_a	C_w		C_a	C_w
—8,8	—61,4	4,89	—8,8	—61,3	4,04
—5,8	—41,2	2,87	—5,9	—37,0	2,10
—2,9	—17,7	1,71	—2,9	—16,5	1,08
0	3,5	1,40	0	2,9	0,83
2,9	29,8	1,86	2,9	22,6	1,15
5,8	51,3	3,42	5,8	43,1	2,32
8,8	65,5	4,81	8,8	64,8	4,19
11,7	77,5	7,14	11,7	79,9	6,26
14,8	63,5	17,8	14,7	78,0	13,8
17,8	61,4	23,8	17,8	64,2	21,4

Zahlentafel 13.
Profil Nr. 460.
1. Flügeltiefe 60 cm (Stofflügel).

Anstellwinkel α	E = 6000		E = 15000		E = 24000	
	C_a	C_w	C_a	C_w	C_a	C_w
— 5,7	—33,8	2,56	—34,0	2,33	—36,8	2,52
— 2,9	—14,8	1,45	—15,2	1,57	—16,6	1,69
0	3,5	1,35	3,6	1,36	3,1	1,45
2,8	23,4	1,80	22,1	1,63	22,8	1,67
5,7	39,9	2,36	40,4	2,46	42,4	2,53
8,5	58,2	3,88	57,9	3,82	61,3	3,99
11,4	73,8	5,86	75,3	5,62	78,5	5,95
14,3	87,6	7,89	88,7	7,90	93,0	8,45
17 2	96,4	10,6	94,1	12,4	90,7	13,7
20,5	62,5	25,9	94,4	17,5	87,6	21,4

2. Flügeltiefe 20 cm (Gipsflügel).

Anstellwinkel α	E = 2000		Anstellwinkel α	E = 6000	
	C_a	C_w		C_a	C_w
—5,9	—35,1	3,13	—5,9	—38,9	2,31
—2,9	—16,0	2,14	—2,9	—18,7	1,42
0	1,7	1,60	0	0,6	1,09
2,9	19,8	2,06	2,9	20,0	1,38
5,8	41,2	2,90	5,9	38,9	2,34
8,8	62,0	5,04	8,8	56,7	3,55
11,7	84,3	7,78	11,7	74,0	5,68
14,7	91,5	9,77	14,7	89,2	8,55
17,7	84,3	16,3	17,6	95,8	12,8
20,8	53,3	23,3	20,8	56,8	23,8

3. Untersuchungen über den Einfluß des Flügelumrisses, sowie einige Messungen mit verwundenen Flügeln.

Zur Klärung des Einflusses von verschiedenen Umrißformen auf die Luftkräfte von Tragflügeln wurden die Formen 1 bis 6 (Abb. 47) untersucht:

1. Rechteckiger Umriß,
2. elliptischer Umriß,
3. rechteckiger Umriß mit halbkreisförmig abgerundeten Enden,
4. rechteckiger Umriß mit unsymmetrisch abgerundeten Enden,
5. doppeltrapezförmiger Umriß,
6. rhombusförmiger Umriß.

Die Spannweite betrug in allen Fällen 100 cm, die größte Tiefe 20 cm. Alle Flächen hatten das gleiche Profil (Nr. 389 der Flügelprofilmessungen); an denjenigen Stellen, an welchen die Flügeltiefe abnimmt, ist das Profil ähnlich verkleinert. Der Anstellwinkel ist bei dieser Messungsreihe über die ganze Spannweite konstant.

Bei den vorliegenden Untersuchungen interessierte in erster Linie der Einfluß der Umrißform auf den Widerstand. Auf Grund der Tragflügeltheorie ist bekannt, daß der induzierte Widerstand von der Verteilung des Auftriebes über die Spannweite abhängt. Den geringsten induzierten Widerstand liefert, wie sich zeigen läßt, eine Fläche, bei welcher der Auftrieb in Form einer Halbellipse über die Spannweite verteilt ist. In diesem Falle ist die Widerstandszahl des induzierten Widerstandes

$$c_{w\,i} = \frac{c_a^2}{\pi} \cdot \frac{F}{b^2}$$

(F = Flächeninhalt, b = Spannweite). Die elliptische Auftriebsverteilung kommt, falls wir von Verwindung der Flächen zunächst absehen, nur bei Flächen mit elliptischem Umriß zustande. Bei allen anderen Umrißformen ergibt sich eine davon abweichende Auftriebsverteilung und damit ein größerer induzierter Widerstand. Bei nur geringer Abweichung von der elliptischen Verteilung ist indessen auch die Abweichung von der angegebenen Formel nur unbedeutend. Beispielsweise ergibt auf Grund der Tragflügeltheorie die rechteckig umrissene Fläche einen um etwa 5 v. H. größeren induzierten Widerstand[1] wie der ellipsenförmige Umriß. Bei den Umrißformen 3 bis 5 werden

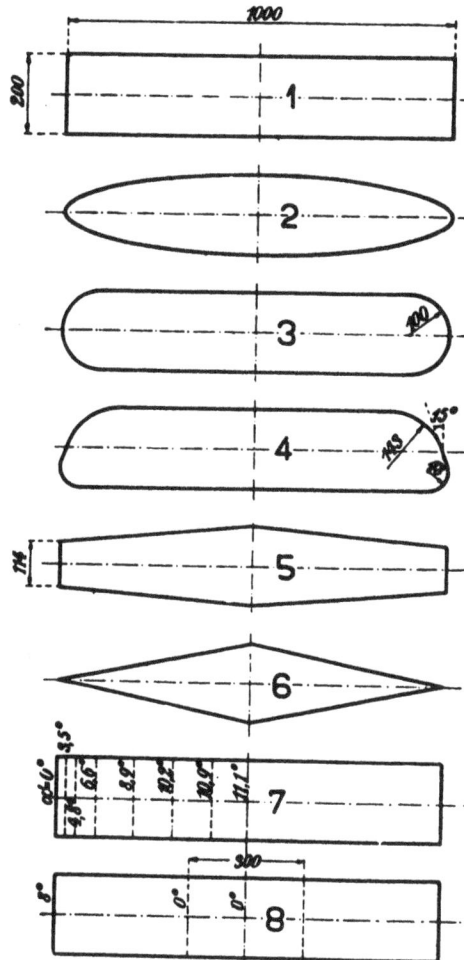

Abb. 47.

die Abweichungen von der elliptischen Auftriebsverteilung noch geringer sein wie beim rechteckigen Umriß. Bei dem Umriß 6 liegen die Verhältnisse jedoch ungünstiger, denn hier wird mit einer erheblichen Abweichung von der elliptischen Verteilung zu rechnen sein. Die Berechnung des induzierten Widerstandes für den Fall einer parabolischen Auftriebsverteilung, die man bei diesem Umriß in roher Annäherung ansetzen kann, liefert für die Widerstandszahl den Wert

$$c_{w\,i} = \frac{c_a^2}{\pi} \cdot \frac{F}{b^2} \cdot \frac{9}{8},$$

d. h. einen um rd. 12 v. H. größeren induzierten Widerstand als bei elliptischer Verteilung.

---

[1] Vgl. A. Betz, Lit. Verz. C 32.

Die Ergebnisse der Messungen sind in bekannter Weise graphisch und zahlenmäßig angegeben (Abb. 48 bis 51 und Zahlentafeln 14 bis 19). Die Widerstandsparabel ist stets für den der betreffenden Fläche charakteristischen Wert F/b^2 eingetragen. Für eine Fläche von rechteckigem Umriß ist der Wert F/b^2 bekanntlich identisch mit dem Seitenverhältnis der Fläche. Dies besagt, daß unter Zu-

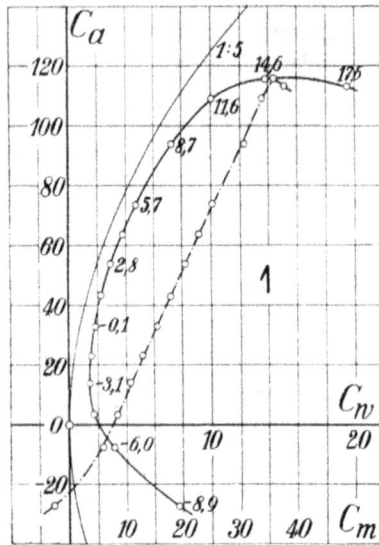

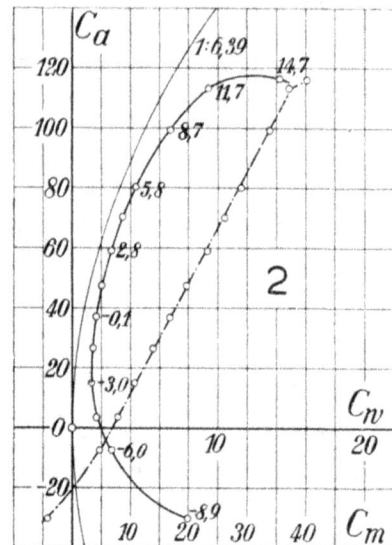

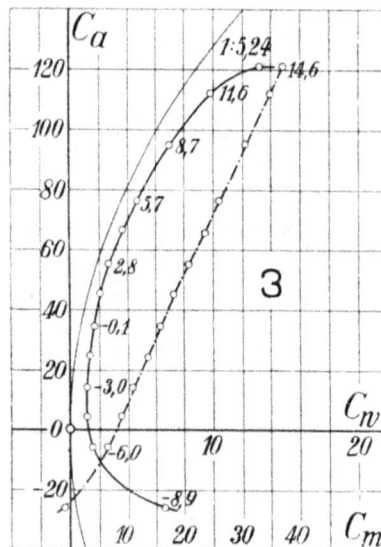

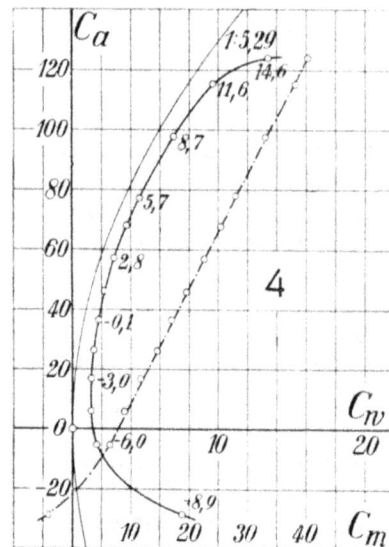

Abb. 50.

Abb. 51.

grundelegung von elliptischer Verteilung eine Fläche mit beliebiger Grundrißform denselben induzierten Widerstand besitzt wie eine rechteckige Fläche mit der gleichen Spannweite und derselben mittleren Flächentiefe. Bei der Fläche mit rhombusförmigem Umriß ist neben der gewöhnlichen Widerstandsparabel auch diejenige für parabolische Verteilung gemäß der obigen Gleichung gestrichelt eingezeichnet. Bei den Umrißformen 1 bis 5 ist der Profilwiderstand bei mittleren Auftriebszahlen so wenig voneinander verschieden, daß mit Rücksicht auf unvermeidliche Meßfehler eine systematische

Abweichung infolge des Umrisses nicht zu erkennen ist. Bei Umriß 6 hingegen ist außer dem vergrößerten induzierten Widerstand auch ein größerer Profilwiderstand deutlich zu erkennen. Er ist in unserem Falle dadurch begründet, daß mit zunehmender Entfernung aus der Flügelmitte der Kennwert der einzelnen Profile immer kleiner wird. Der kleinere Kennwert bedingt aber, wie man weiß, größeren Profilwiderstand. Es läßt sich also aus diesen Messungen erkennen, daß — in Übereinstimmung mit den theoretisch gewonnenen Ergebnissen — vom rein aerodynamischen Standpunkte aus diejenigen Umrißformen am günstigsten sind, die eine von der elliptischen Auftriebsverteilung nicht zu sehr abweichende Verteilung besitzen.

Obwohl sich aus den vorliegenden Messungen ergibt, daß der Unterschied zwischen einem Flügel mit rechteckigem Umriß und einem solchen mit elliptischem Umriß unbedeutend ist, so erschien es doch von Interesse, die Eigenschaften eines rechteckig umrissenen Flügels zu studieren, bei welchem durch geeignete Verwindung des Flügels eine streng elliptische Verteilung hergestellt ist, weil bei diesem Versuch die vom veränderten Kennwert herrührenden Abweichungen vermieden werden.

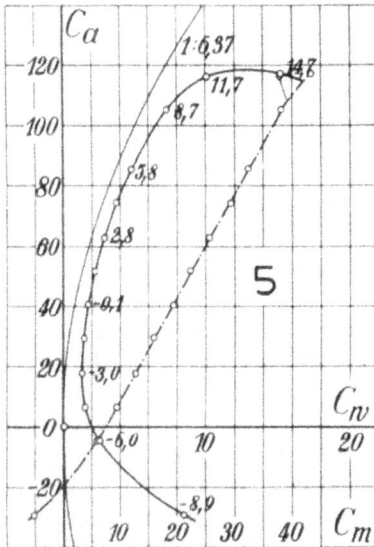

Abb. 52.

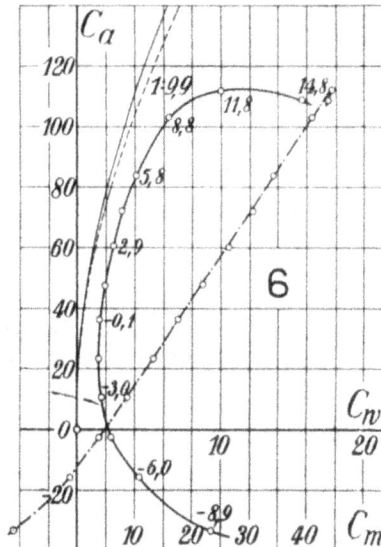

Abb. 53.

Bei einem unverwundenen rechteckigen Flügel ist, wie man leicht einsieht, die Auftriebsverteilung völliger, d. h. der Auftrieb ist in der Nähe der Enden größer als bei elliptischem Umriß. Man kann daher dadurch, daß man den Anstellwinkel nach den Flügelspitzen hin geeignet abnehmen läßt, erreichen, daß, allerdings nur für einen bestimmten ausgewählten Wert von C_a, die Verteilung desselben die Form einer Halbellipse annimmt. Die Verteilung ist dann bei größerem C_a völliger, bei kleinerem weniger völlig als die elliptische. Zur Ermittlung dieser Verwindung gehen wir davon aus, daß der elliptischen Auftriebsverteilung eine über die Spannweite konstante Abwärtsgeschwindigkeit:

$$w = \frac{c_a}{\pi} \cdot \frac{F}{b^2} v$$

entspricht (vgl. II. 3).

Der „wirksame Anstellwinkel" der einzelnen Flügelelemente, d. h. deren Anstellwinkel gegen die unter der Neigung tg $\beta = \frac{w}{v}$ verlaufende Strömung am Flügel muß nun so berechnet werden, daß die beabsichtigte elliptische Auftriebsverteilung wirklich herauskommt. Nimmt man für die Abhängigkeit des Auftriebs vom wirksamen Anstellwinkel α' ein lineares Gesetz an was hier völlig ausreicht, so ergibt sich aus der elliptischen Auftriebsverteilung sofort ein elliptisches Gesetz für die Anstellwinkel. Rechnet man die Anstellwinkel von derjenigen Profilstellung aus, bei der der Auftrieb verschwindet, so muß also

$$\alpha' = \text{const} \cdot \sqrt{1 - \left(\frac{x}{l}\right)^2}$$

gesetzt werden, also $\alpha' = 0$ für $x = \pm\, l$ (l ist die halbe Spannweite: $l = b/2$).

Zur Ermittlung der Konstanten kann man zunächst aus der Messung an Flügel 1 oder 2 c_a über

$\alpha' = \alpha - \dfrac{c_a}{\pi}\dfrac{F}{b^2}$ auftragen und die Versuchspunkte durch eine Gerade mitteln. So ergab sich

$$c_a = 5{,}27\,\alpha'$$

(α und α' im Bogenmaß).

Schreibt man etwa vor, daß die elliptische Verteilung bei $c_a = 0{,}8$ zustande kommen soll, so heißt dies hier, daß der Mittelwert von $c_a = 0{,}8$ sein soll. Bei elliptischer Verteilung muß dann der Höchstwert von c_a in der Mitte des Flügels $\dfrac{4}{\pi}$ mal größer sein.

Der wirksame Anstellwinkel ergab sich so zu

$$\alpha' = \frac{1}{5{,}27}\cdot\frac{4}{\pi}\,c_a\,\sqrt{1 - \left(\frac{x}{l}\right)^2}$$

Damit erhalten wir bei verschiedenen Werten x/l die folgenden Anstellwinkel α' in Graden:

$x/l =$	0	0,2	0,4	0,6	0,8	0,9	0,95	1
$\alpha' =$	11,1°	10,9°,	10,2°	8,9°	6,65°	4,85°	3,52°	0°

(Vgl. Flügel Nr. 7 der Abb. 47.)

Den geometrischen Anstellwinkel erhalten wir dann, wenn wir zu diesen Werten noch den konstanten Winkel

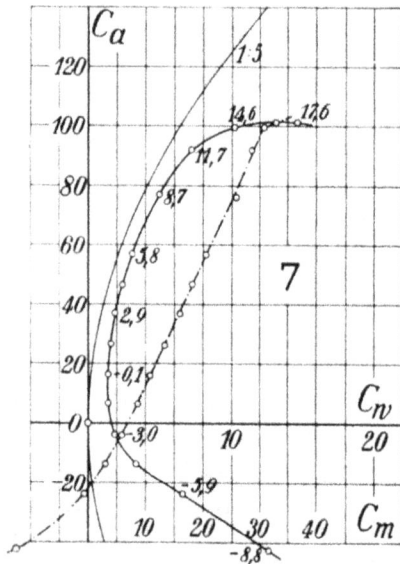

Abb. 54.

$$\varphi = \frac{c_a}{\pi}\cdot\frac{F}{b^2}\,57{,}3 = \frac{0{,}8\cdot 57{,}3}{\pi\cdot 5} = 2{,}9°$$

addieren, und andrerseits den Winkel der Nullauftriebsrichtung mit der Profilsehne $\beta = 5°$ subtrahieren. Der Anstellwinkel in der Mitte soll also bei $Ca = 80$

$$\alpha = 11{,}1° + 2{,}9° - 5° = 9° \text{ sein.}$$

Das Messungsergebnis dieses Flügels (Abb. 54, Zahlentafel 20) zeigt in bezug auf den Widerstand gegenüber dem unverwundenen rechteckig und dem elliptisch umrissenen Flügel keine Besonderheiten. Eine auffallende Erscheinung hingegen ist die, daß dieser Flügel nur eine Auftriebszahl von rd. $C_a = 100$ erreicht, während die beiden anderen Flügel bis $C_a \sim 120$ kommen. Die Ursachen dieser Erscheinung liegen im folgenden: Bei der Auftriebszahl $C_a = 80$ besitzt das mittlere Flügelelement des unverwundenen Flügels einen geometrischen Anstellwinkel (von der horizontalen Lage der Flügelsehne aus gerechnet) von rd. 5,8°. Beim elliptisch verwundenen Flügel muß zur Erzeugung des gleichen Auftriebes der Anstellwinkel der mittleren Flügelteile größer sein, da die nach den Enden zu gelegenen Partien wegen des kleiner werdenden Anstellwinkels weniger Auftrieb erzeugen. Der Anstellwinkel in der Flügelmitte ist, wie aus der Messung hervorgeht, rd. 9°. Das „Abreißen" der Strömung auf der Saugseite des Flügels, d. h. intensive Wirbelbildung und damit starkes Anwachsen des Widerstandes sowie Aufhören der Auftriebszunahme beginnt bei einem Anstellwinkel von etwa 11,7°. Beim verwundenen Flügel beginnt daher das Abreißen der Strömung dann, wenn das mittlere Flügelelement einen Anstellwinkel von 11,7° erreicht hat, also bei einem Winkel, bei welchem der gesamte Auftrieb noch erheblich kleiner ist, als ihn der unverwundene Flügel beim gleichen Anstellwinkel ergibt. Das Abreißen der Strömung beginnt also, wie hieraus deutlich hervorgeht, in der Mitte des Flügels und setzt sich mit wachsendem Anstellwinkel nach den Enden zu fort.

Aber auch beim unverwundenen Flügel beginnt das Abreißen der Strömung nicht gleichzeitig bei allen Flügelelementen, sondern nimmt seinen Anfang ebenfalls in der Flügelmitte. Dies kann man in folgender Weise einsehen: Bei einer Auftriebsverteilung, welche völliger ist als die Halbellipse, ergibt die nähere Untersuchung, daß die Vertikalgeschwindigkeit nach den Flügelenden hin zunimmt. Dementsprechend ist der Anstellwinkel in der Flügelmitte größer, wir haben also hier ganz ähnliche Verhältnisse wie beim verwundenen Flügel. Die Änderung der Vertikalgeschwindigkeit längs der Spannweite hat in diesem Falle in abgeschwächtem Maße dieselbe Wirkung wie die Verwindung des Flügels. Um einen möglichst hohen Auftrieb zu erreichen, wäre demnach anzustreben, daß das Abreißen der Strömung an allen Stellen des Flügels einsetzt, sobald ein bestimmter maximaler Anstellwinkel erreicht ist. Aus den vorstehenden Ausführungen folgt, daß dies bei einem rechteckig umrissenen Flügel dadurch erreicht werden kann, daß der Anstellwinkel von der Flügelmitte aus nach den Enden hin zunimmt. Um die Richtigkeit dieser Folgerung zu erhärten, wurde ein Flügel (Abb. 47, Nr. 8) untersucht, welcher im Mittelteile auf eine Länge von 30 cm zylindrisch war. Von den beiden Enden dieses zylindrischen Teiles aus nahm der Anstellwinkel nach außen hin linear zu, so daß er am Flügelende um 8° größer war als in der Mitte. Das Messungsergebnis (Abb. 55, Zahlentafel 21) zeigt, daß die geschilderten Verhältnisse der Wirklichkeit tatsächlich entsprechen. Der Flügel Nr. 8 liefert einen

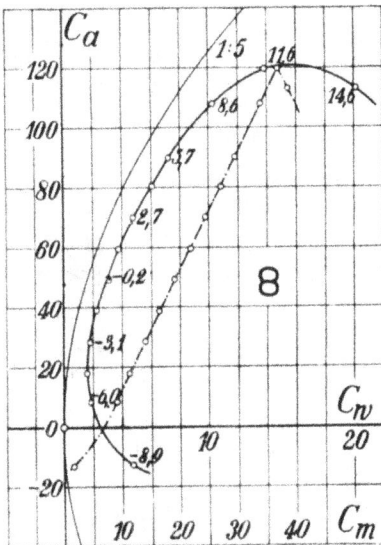
Abb. 55.

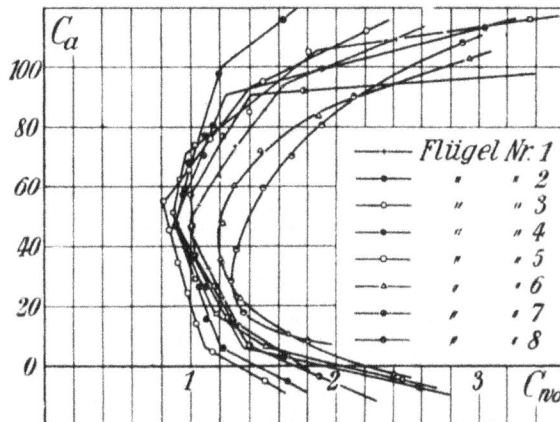
Abb. 56.

größeren maximalen Auftrieb als der unverwundene rechteckige Flügel. Die Vergrößerung des Widerstandes dieses Flügels dürfte zum größten Teil durch die Zunahme des induzierten Widerstandes verursacht sein, die sich ihrerseits wieder durch die stark von der Halbellipse abweichende Auftriebsverteilung erklärt. Wenn man schließlich noch den elliptisch umrissenen Flügel in bezug auf seinen erreichten maximalen Auftrieb betrachtet, so fällt hier auf, daß dieser etwas kleiner ist als beim Flügel Nr. 8, obwohl das Abreißen der Strömung wegen des konstanten Anstellwinkels aller Querschnitte überall gleichzeitig erfolgen müßte. Hierbei ist aber zu beachten, daß wegen des kleineren Kennwertes der äußeren Flügelteile infolge der geringeren Flügeltiefe das Abreißen an den Flügelspitzen beginnt und sich gegen die Mitte hin fortpflanzt, so daß also nicht derjenige Auftrieb erreicht wird, welcher bei gleichzeitigem Abreißen zustande kommen müßte. Man sieht, daß sich der unverwundene rechteckige Flügel (bzw. der rechteckig umrissene Flügel mit nach außen abnehmendem Anstellwinkel) und der elliptisch umrissene Flügel in bezug auf das Einsetzen des Abreißens, wenn auch aus verschiedenen Ursachen, ähnlich verhalten. Beim rechteckig umrissenen Flügel beginnt das Abreißen in der Flügelmitte und pflanzt sich mit wachsendem Anstellwinkel nach den Enden hin fort, während beim Flügel mit elliptischem Grundriß das Abreißen an der Stelle des kleinsten Kennwertes, also an der Flügelspitze beginnt und sich dann nach der Mitte zu fortpflanzt.

5*

Zur besseren Übersicht sind in Abb. 56 die Profilwiderstände C_{wo} der untersuchten Flügel abhängig von C_a dargestellt, wobei C_{wo} im 50fachen Maßstab von C_a dargestellt ist, statt des sonst für C_w gebrauchten 5fachen Maßstabes.

Zahlentafel 14.

Flügel Nr. 1. (Rechteck.) $\frac{F}{b^2} = 1:5$.

Anstellwinkel α	C_a	C_w	C_m
— 8,9°	— 27,4	7,75	— 2,5
— 6,0	— 7,8	3,13	5,9
— 4,5	3,2	1,68	8,4
— 3,1	13,7	1,44	10,6
— 1,6	22,9	1,55	12,8
— 0,1	32,6	1,81	15,5
1,3	43,2	2,20	18,0
2,8	53,7	2,89	20,5
4,3	63,5	3,76	22,8
5,7	73,4	4,72	25,1
8,7	93,9	7,23	30,8
11,6	109,1	10,0	33,9
14,6	115,4	13,8	36,1
17,6	113,2	19,5	37,9

Zahlentafel 15.

Flügel Nr. 2. (Ellipse.) $\frac{F}{b^2} = 1:6,39$.

Anstellwinkel α	C_a	C_w	C_m
— 8,9°	— 30,2	7,90	— 4,2
— 6,0	— 7,5	2,62	4,7
— 4,5	3,3	1,65	7,6
— 3,0	14,6	1,38	10,6
— 1,6	26,2	1,44	13,8
— 0,1	36,7	1,67	16,8
1,4	47,5	2,03	19,7
2,8	59,0	2,70	23,3
4,3	70,2	3,52	26,1
5,8	80,4	4,38	29,1
8,7	99,2	6,80	33,8
11,7	113,0	9,40	37,3
14,7	116,0	14,2	40,3

Zahlentafel 16.

Flügel Nr. 3. (Rechteck mit halbkreisförmiger Abrundung.) $\frac{F}{b^2} = 1:5,24$.

Anstellwinkel α	C_a	C_w	C_m
— 8,9°	— 26,0	6,65	— 0,8
— 6,0	— 5,5	1,52	6,4
— 4,5	4,4	1,16	8,8
— 3,0	14,0	1,16	10,7
— 1,6	24,6	1,35	13,4
— 0,1	34,6	1,64	15,8
1,3	45,3	2,00	18,1
2,8	55,0	2,64	20,8
4,3	65,6	3,60	23,5
5,7	75,9	4,64	25,8
8,7	95,0	6,97	30,5
11,6	112,3	9,91	34,9
14,6	121,0	13,2	36,9

Zahlentafel 17.

Flügel Nr. 4. (Rechteck mit unsymetrisch abgerundeten Enden.) $\frac{F}{b^2} = 1:5,29$.

Anstellwinkel α	C_a	C_w	C_m
— 8,9°	— 27,7	7,50	— 4,1
— 6,0	— 5,3	1,68	6,5
— 4,5	5,7	1,24	9,0
— 3,0	15,7	1,26	11,7
— 1,6	26,2	1,47	14,6
— 0,1	36,3	1,81	17,0
1,3	46,2	2,18	19,7
2,8	57,0	2,90	22,6
4,3	67,9	3,76	25,5
5,7	77,0	4,66	28,0
8,7	97,5	6,95	33,1
11,6	115,5	9,68	38,2
14,6	124,0	13,4	40,5

Zahlentafel 18.

Flügel Nr. 5. (Doppeltrapez.) $\frac{F}{b^2} = 1:6,37$.

Anstellwinkel α	C_a	C_w	C_m
— 8,9°	— 29,8	8,51	— 5,2
— 6,0	— 4,4	2,48	6,0
— 4,5	6,5	1,53	9,4
— 3,0	17,5	1,33	12,6
— 1,6	29,2	1,46	16,0
— 0,1	40,4	1,77	19,4
1,4	51,2	2,19	22,3
2,8	62,7	2,88	25,6
4,3	74,0	3,76	29,4
5,8	85,0	4,81	32,4
8,7	105,0	7,31	38,2
11,7	116,0	10,1	37,9
14,7	117,0	15,2	43,2

Zahlentafel 19.

Flügel Nr. 6. (Rhombus.) $\frac{F}{b^2} = 1:9,9$.

Anstellwinkel α	C_a	C_w	C_m
— 8,9°	— 33,8	9,30	— 10,4
— 6,0	— 16,0	4,31	— 1,3
— 4,5	— 2,4	2,42	3,9
— 3,0	10,4	1,70	8,6
— 1,5	23,0	1,51	13,2
— 0,1	35,8	1,62	17,5
1,4	47,5	1,95	21,7
2,9	60,2	2,47	26,4
4,4	72,0	3,14	30,4
5,8	83,5	4,12	34,2
8,8	103,0	6,35	42,0
11,8	111,3	10,0	44,3
14,8	108,5	15,7	43,6

Zahlentafel 20.

Flügel Nr. 7. $\frac{F}{b^2} = 1 : 5$.

Anstellwinkel α	c_a	c_w	c_m
— 8,8°	— 42,4	12,6	— 12,5
— 5,9	— 23,9	6,56	— 0,7
— 4,4	— 13,8	3,28	3,1
— 3,0	— 3,8	1,89	5,9
— 1,5	6,6	1,43	8,7
— 0,1	16,3	1,42	10,9
1,4	26,4	1,61	13,3
2,9	36,8	1,89	16,0
4,3	46,7	2,39	18,1
5,8	57,0	3,06	20,6
8,7	76,5	4,94	25,8
11,7	91,9	7,15	28,8
14,6	99,6	10,2	30,9
17,6	101,2	14,7	33,0

Zahlentafel 21.

Flügel Nr. 8. $\frac{F}{b^2} = 1 : 5$.

Anstellwinkel α	c_a	c_w	c_m
— 8,9°	— 13,1	4,74	1,5
— 6,0	8,3	1,84	9,1
— 4,6	17,9	1,56	11,3
— 3,1	28,4	1,79	13,8
— 1,6	38,7	2,26	16,4
— 0,2	49,1	3,09	19,0
1,3	59,5	3,75	21,8
2,7	70,0	4,81	24,5
4,2	80,5	6,04	27,2
5,7	90,0	7,28	29,5
8,6	108,0	10,3	34,0
11,6	119,8	13,8	36,9
14,6	113,0	20,2	38,6

4. Flügel mit rauher Druckseite.

Die Frage, ob ein Flügel mit rauher Druckseite aerodynamisch günstiger ist als ein beiderseitig glatter Flügel, ist schon häufig erörtert worden und in früheren Jahren durch Versuche am Flugzeug erprobt worden. Über die Ergebnisse solcher Versuche ist indessen wenig bekannt. Es scheint nicht befriedigend gewesen zu sein, denn die Flugzeuge der letzten Jahre sind ausschließlich mit Flächen ausgerüstet, die auf beiden Seiten möglichst glatt sind. Der Gesichtspunkt, der bei Berauhung der Druckseite maßgebend war, gründete sich auf eine Stauung der Luft auf der Druckseite in der Absicht, die Zirkulation um den Flügel zu erhöhen. Wenn bei dieser Berauhung eine Zunahme des Profilwiderstandes durch vergrößerten Reibungswiderstand erwartet werden mußte, so hoffte man anderseits, durch diese Maßnahme einen wesentlich höheren Auftrieb zu erhalten. Wenn Auftrieb und Widerstand im selben Verhältnis zunehmen würden, so hätte man dadurch bereits eine Verbesserung erreicht, da pro Flächeneinheit des Flügels ein größerer Auftrieb erzielt werden könnte, wenn auch das Verhältnis Auftrieb zu Widerstand dasselbe bleibt.

Die Wirkung einer Berauhung erstreckt sich im wesentlichen auf die allernächste Umgebung der Druckseite; sie hat zur Folge, daß die Grenzschicht, innerhalb welcher der Abfall der Geschwindigkeit von dem Wert der freien Strömung auf den Wert Null an der Oberfläche erfolgt, verbreitert wird. Da aber die Zirkulation der Wert des Linienintegrals $\int v\,ds$ längs einer beliebigen das Profil umschließenden Linie ist, so ist nicht zu erwarten, daß der Wert der Zirkulation durch die erwähnte Verdickung der Grenzschicht vergrößert wird. Die innerhalb der Grenzschicht befindliche Luft besitzt nur geringe Bewegung. Die Wirkung einer Verdickung der Grenzschicht auf den Strömungszustand außerhalb kann daher annähernd auch dadurch hervorgebracht werden, daß auf der Druckseite, entsprechend der längs der Flügeltiefe anwachsenden Grenzschicht, eine keilförmige Auflage aus festem Material gemacht wird. Bezieht man den Anstellwinkel auf die Sehne des ursprünglichen Profiles, so wird die Fläche mit der keilförmigen Auflage bei demselben Anstellwinkel einen größeren Auftrieb liefern, da durch diese Auflage der wirksame Anstellwinkel vergrößert worden ist.

Zur experimentellen Klärung der Wirkung einer Berauhung der Druckseite sowie zur Prüfung der zuletzt gemachten Ausführungen wurden drei Versuche ausgeführt. Zunächst wurde das in Abb. 57 oben dargestellte Profil in normaler Weise gemessen. Die Oberfläche des aus Gips hergestellten Modelles war gut geglättet. Hierauf wurde die Druckseite mit einem Klebestoff bestrichen und mit feinem Sand bestreut. Die Oberfläche bekam dadurch eine Rauhigkeit etwa wie mittelfeines Glaspapier. Schließlich wurde auf der Druckseite eine keilförmige Auflage gemacht, indem die Schablone, die beim ursprünglichen Profil längs der Hinterkante geführt wurde, nun auf einem 6 mm starken, auf der Hinterkante befestigten Eisenstab geführt wurde. Dadurch ergab sich das in Abb. 57 unten dargestellte Profil, dessen Hinterkante 6 mm dick ist.

Die Ergebnisse der Messungen sind in Abb. 58 und den Zahlentafeln 22 bis 24 zusammengestellt. Es ist daraus zu ersehen, daß die auf der Druckseite berauhte Fläche der beiderseits glatten Fläche aerodynamisch unterlegen ist, da sie bei allen Anstellwinkeln einen größeren Widerstand aufweist.

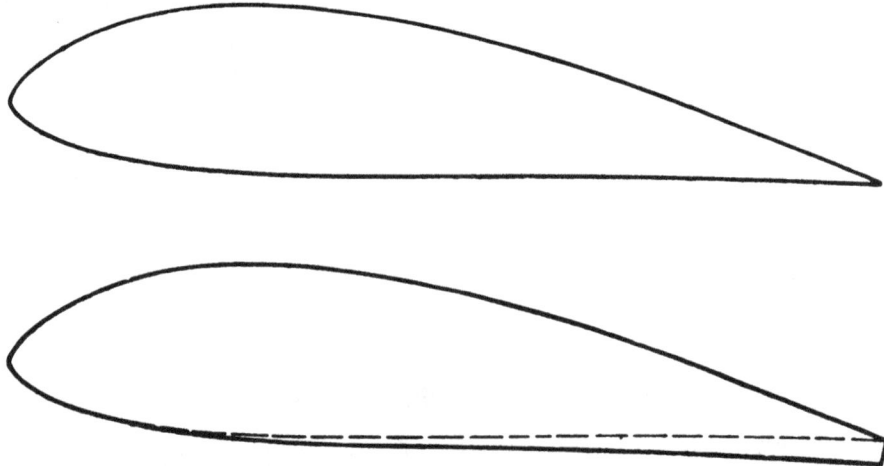

Abb. 57.

Die berauhte Fläche besitzt bei gleichem Anstellwinkel im Gebiete der kleinen und mittleren Auftriebszahlen größeren Auftrieb als die glatte Fläche. Nach den oben gemachten Ausführungen rührt diese Auftriebszunahme von einer Vergrößerung des wirksamen Anstellwinkels durch Bildung eines keilförmigen Luftkissens auf der Druckseite her. Dies wird durch die dritte Messung, bei welcher diese Auflage aus festem Material hergestellt war, bestätigt. Bei diesem Versuche, bei dem der Anstellwinkel auf die ursprüngliche Profilsehne bezogen ist, wird fast derselbe Widerstand erhalten wie bei der berauhten Fläche. Ferner entspricht demselben Anstellwinkel ein größerer Auftrieb wie bei der glatten Fläche, was ja nunmehr einleuchtend ist, da der Anstellwinkel auf die ursprüngliche Sehne bezogen ist. Die Vergrößerung des Anstellwinkels durch den aufgelegten Keil beträgt rd. 1,7°, während sich aus der Messung eine Vergrößerung des wirksamen Anstellwinkels um etwa 2° ergibt. Bei der berauhten Fläche ist die wirksame Vergrößerung nur rd. 0,5° (im Gebiet der kleinen und mittleren Auftriebszahlen). Diese Unstimmigkeit hat ihren Grund vermutlich darin, daß in Wirklichkeit der Vorgang etwas verwickelter ist. Der „Luftkeil" auf der rauhen Druckseite hat natürlich keine genaue Keilgestalt, er stellt nur eine Annäherung an die tatsächlichen Vorgänge dar. Seine Form wird auch bei den verschiedenen Anstellwinkeln immer wieder anders sein.

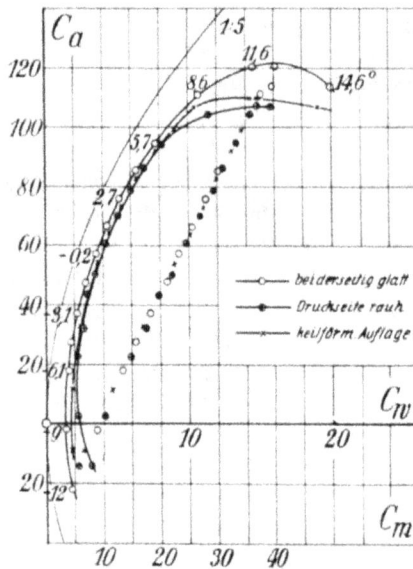

Abb. 58.

Auffällig ist, daß der Höchstwert von C_a bei der rauhen Druckseite wie bei der Keilauflage wesentlich geringer ist als beim ursprünglichen Flügel.

Es ergibt sich also aus dem Vorstehenden, daß durch Berauhung der Druckseite sämtliche aerodynamischen Eigenschaften eines Flügels verschlechtert werden.

Zahlentafel 22.
1. Fläche beiderseits glatt.

Anstell-Winkel α	C_a	C_w	C_m
— 12,0°	— 22,1	1,95	4,3
— 9,0	— 2,1	1,36	8,7
— 6,1	17,4	1,43	13,2
— 4,6	27,0	1,74	15,3
— 3,1	36,9	2,18	18,0
— 1,7	47,1	2,75	20,4
— 0,2	57,0	3,46	22,8
1,3	66,2	4,24	25,1
2,7	75,5	5,20	27,6
4,2	85,1	6,32	30,0
5,7	94,0	7,52	32,7
8,6	110,5	10,6	36,9
11,6	120,2	14,4	39,8
14,6	113,8	19,9	39,2

Zahlentafel 23.
2. Druckseite berauht.

Anstell-winkel α	C_a	C_w	C_m
— 12,0°	— 14,5	3,10	5,6
— 9,0	2,3	2,21	10,2
— 6,1	22,1	2,18	14,7
— 4,6	32,0	2,61	17,3
— 3,2	43,2	2,88	19,6
— 1,7	50,0	3,40	21,7
— 0,2	60,4	4,14	24,3
1,3	70,0	5,03	26,7
2,7	78,7	5,90	29,1
4,2	86,1	6,86	30,8
5,7	94,0	8,10	32,9
8,6	104,0	11,3	35,4
11,6	107,0	15,7	36,6

Zahlentafel 24.
3. Druckseite mit keilförmiger Auflage.

Anstell-winkel α	C_a	C_w	C_m
— 11,5°	— 8,9	1,76	6,6
— 8,5	11,4	1,76	11,4
— 5,6	33,0	2,38	17,0
— 4,2	43,2	2,96	19,6
— 2,7	54,0	3,62	22,4
— 1,2	63,9	4,45	25,0
0,2	73,0	5,32	27,3
1,7	82,1	6,42	29,8
3,2	91,8	7,69	32,2
4,6	99,0	8,90	34,0
6,1	106,0	10,4	35,8
9,1	109,6	14,1	36,4
12,1	106,5	19,0	36,4

5. Flügelprofiluntersuchungen.

Die im nachfolgenden mitgeteilten Flügelprofiluntersuchungen wurden ausschließlich in der neuerrichteten Versuchsanstalt ausgeführt. Die Spannweite der untersuchten Flügel betrug 100 cm, die Tiefe derselben 20 cm, sie besaßen demnach ein Seitenverhältnis 1:5. Die Geschwindigkeit des Luftstromes war 30 m/s. Es mag hierbei bemerkt werden, daß alle Messungen, bei denen es sich um die Ermittlungen der besonderen Eigenschaften eines Flügelprofiles handelt, des besseren Vergleiches halber stets mit Flügeln von der angegebenen Größe („Normalflügel") und bei einer Windgeschwindigkeit von 30 m/s ausgeführt werden.

Von den in den Technischen Berichten Bd. I und II veröffentlichten Flügelprofiluntersuchungen der alten Versuchsanstalt unterscheiden sich daher die vorliegenden Ergebnisse durch den wesentlich höheren, den Versuch charakterisierenden Kennwert. Dieser hat hier den Wert $E = 200 \cdot 30 = 6000$ mm·m/s, während bei den erwähnten Ergebnissen in den T. B. der Kennwert nur $E = 1100$ mm·m/s betrug. Der wesentliche Unterschied gegenüber den bei kleineren Kennwerten ausgeführten Messungen besteht darin, daß der Profilwiderstand mit wachsendem Kennwert abnimmt und daher die Polarkurve näher an die Parabel des induzierten Widerstandes heranrückt (vgl. hierzu die besonderen Versuche unter Nr. IV, 2).

Die Messungen fanden zum großen Teil während des Krieges im Auftrage von Flugzeugfirmen, Werften u. dgl. statt. In den meisten Fällen sind daher die einzelnen Messungen ohne inneren Zu-

sammenhang, und es fehlt im allgemeinen die Systematik. Der Wert dieser Profilmessungen dürfte
daher im wesentlichen darin zu erblicken sein, daß die überwiegende Anzahl der untersuchten
Formen aus dem Flugzeugbau heraus mit Rücksicht auf die Verwendung des Profiles für einen
bestimmten Flugzeugtyp entwickelt worden sind. Versuche von mehr theoretischem Interesse
wurden nur mit einer Serie von Joukowsky'schen Profilen ausgeführt (Prof. 429—435). Diejenigen
Messungsreihen, bei welchen ein Profil in Verfolg eines bestimmten Zweckes systematisch geändert
wurde, werden unten noch näher angeführt.

Die Ergebnisse der Messungen sind durch die dimensionslosen Zahlen C_a, C_w und C_m ausgedrückt,
und zwar sind C_w und C_m abhängig von C_a zeichnerisch aufgetragen (S. 83—101). In den Tafeln 25
bis 118 sind diese Werte auch zahlenmäßig angegeben. Neben einer Übersicht sämtlicher untersuchten
Profile (S. 73—82) ist in den meisten Fällen das Profil im verkleinerten Maßstabe dem zugehörigen
Polardiagramm angefügt. Der Anstellwinkel bezieht sich stets auf die den Profilen beigezeichnete
Linie. In der Regel ist dies die Sehne, bei symmetrischen Profilen die Mittellinie. In Fällen, wo
weder eine Sehne noch eine Symmetrielinie vorhanden ist, wurde der Anstellwinkel meist auf die
Tangente im hintersten Punkt der Druckseite bezogen. Das Moment bezieht sich stets auf einen
Punkt, welcher senkrecht unter dem vordersten Punkt des Profiles auf der Linie liegt, von welcher
aus der Anstellwinkel gerechnet wird.

Zu den systematischen Versuchsreihen wird folgendes bemerkt:

Profil Nr. 379—381.

Bei dieser Serie wurde der Kopf an der Druckseite unstetig abgeknickt (vgl. die Profilbilder
auf S. 74 u. 75) und um verschiedene Winkel (rd. 2,3⁰, 7⁰ und 10⁰) nach unten gedreht. Diese Maßnahme kommt im wesentlichen einer Vergrößerung der Wölbung gleich.

Profil Nr. 393—395, 400.

Die Profile 393—395 waren im hinteren Teil unstetig abgeknickt. Sie entsprechen einem Flügelquerschnitt an derjenigen Stelle, an welcher sich die Verwindungsklappe befindet. Der Ausschlag
beträgt bei Profil 393 etwa 3,7⁰ nach oben, bei Profil 394 und 395 rd. 4⁰ bzw. 7,3⁰ nach unten. Das Aus-
gangsprofil hat die Nummer 400.

Profil Nr. 406—408.

Unter Beibehaltung der Druckseite wurde durch Verlegung der Saugseite die Dicke und Wölbung
des Profiles verändert. Die Hinterkante ist im Gegensatz zu allen anderen gemessenen Profilen
stark abgerundet, da die Profile als Querschnitte für Luftschrauben entworfen wurden.

Profil Nr. 429—432.

Joukowskysche Profile von verschiedener Wölbung bei gleicher Dicke.

Profil Nr. 430, 433—435.

Joukowskysche Profile von verschiedener Dicke bei gleicher Wölbung.

Profil Nr. 437—439.

Die Druckseite ist bei allen Profilen die gleiche. Die Wölbung der Saugseite ist bei Profil Nr. 438
und 439 um ein geringes verstärkt. Der Unterschied in den Polarkurven ist dementsprechend nur sehr
gering.

Profil Nr. 440—441.

Die beiden Profile unterscheiden sich in der Ausbildung der Kopfform. Aus den Ergebnissen ist
ersichtlich, daß das Profil 440 mit dem eigentümlich spitzen Kopf dem Profil 441 mit abgerundetem
Kopf unterlegen ist. Nur innerhalb eines kleinen Anstellwinkelbereiches kommen die beiden Polaren
zur Berührung. Im übrigen besitzt Profil 440 stets größeren Widerstand.

Profil Nr. 446—448.

Profile mit verschiedener Wölbung bei gleicher Dicke.

Profil Nr. 449—451.

Profile von verschiedener Dicke bei gleicher mittlerer Wölbung.

a) Profilformen.

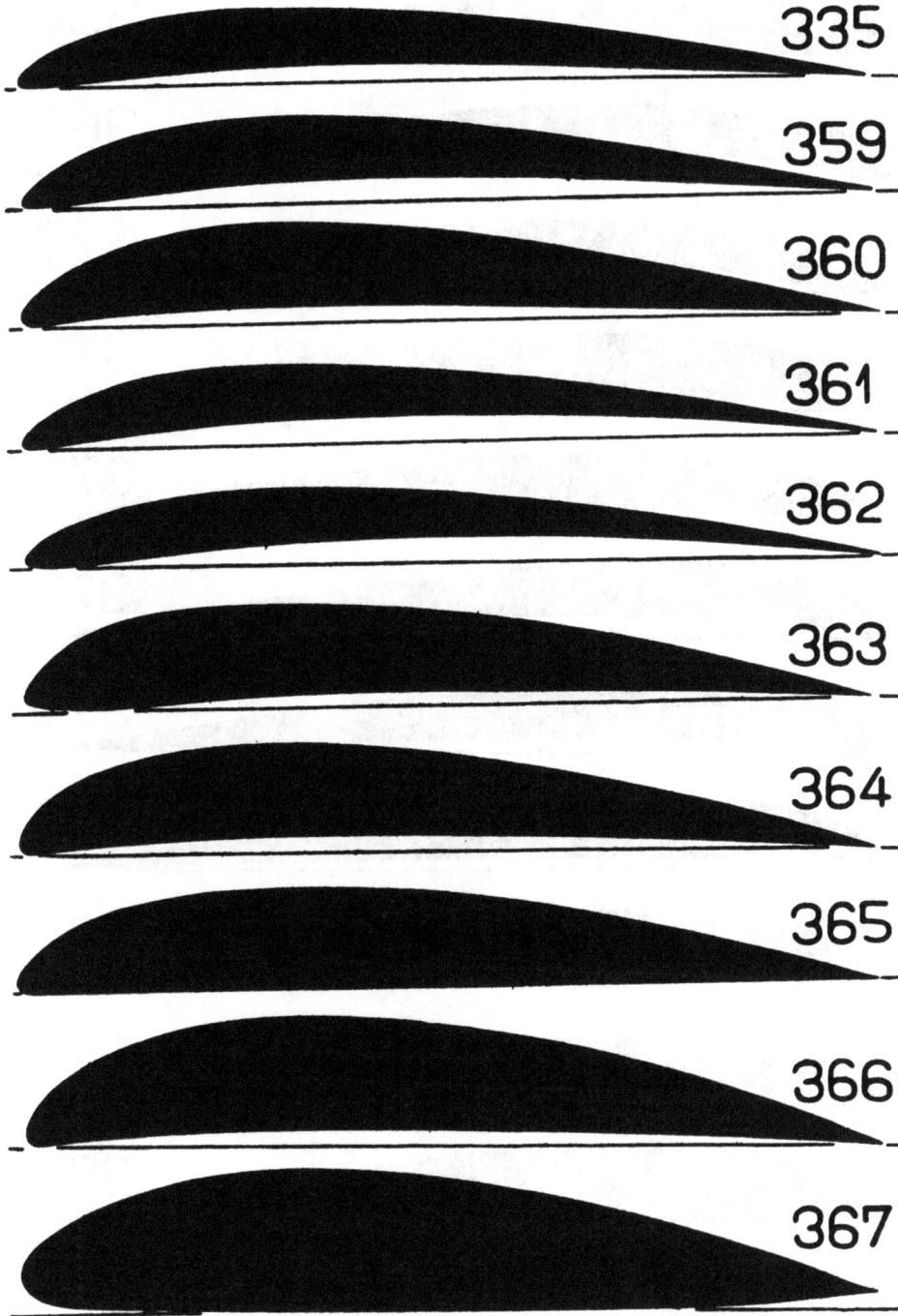

335

359

360

361

362

363

364

365

366

367

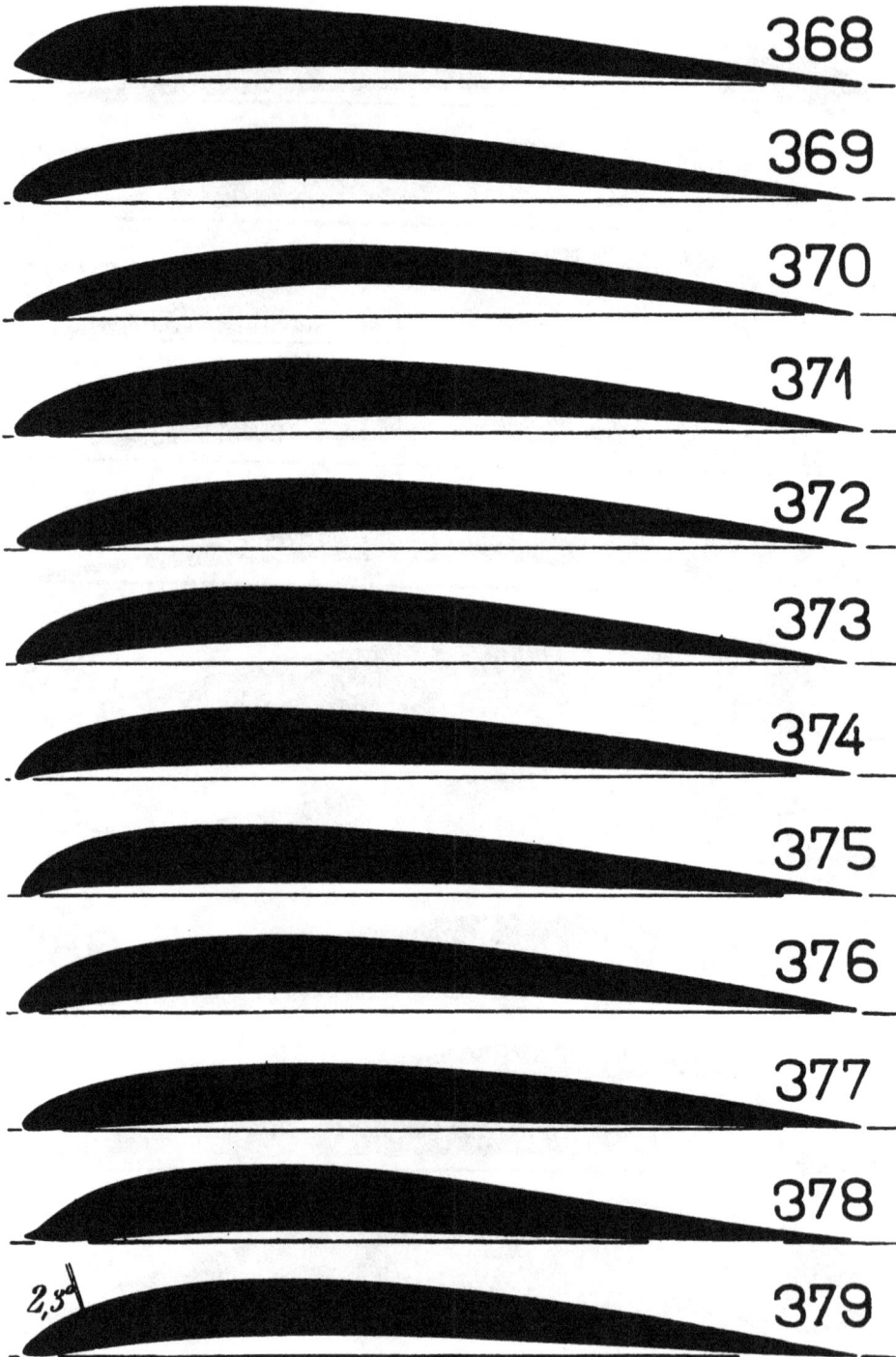

368

369

370

371

372

373

374

375

376

377

378

2,3° 379

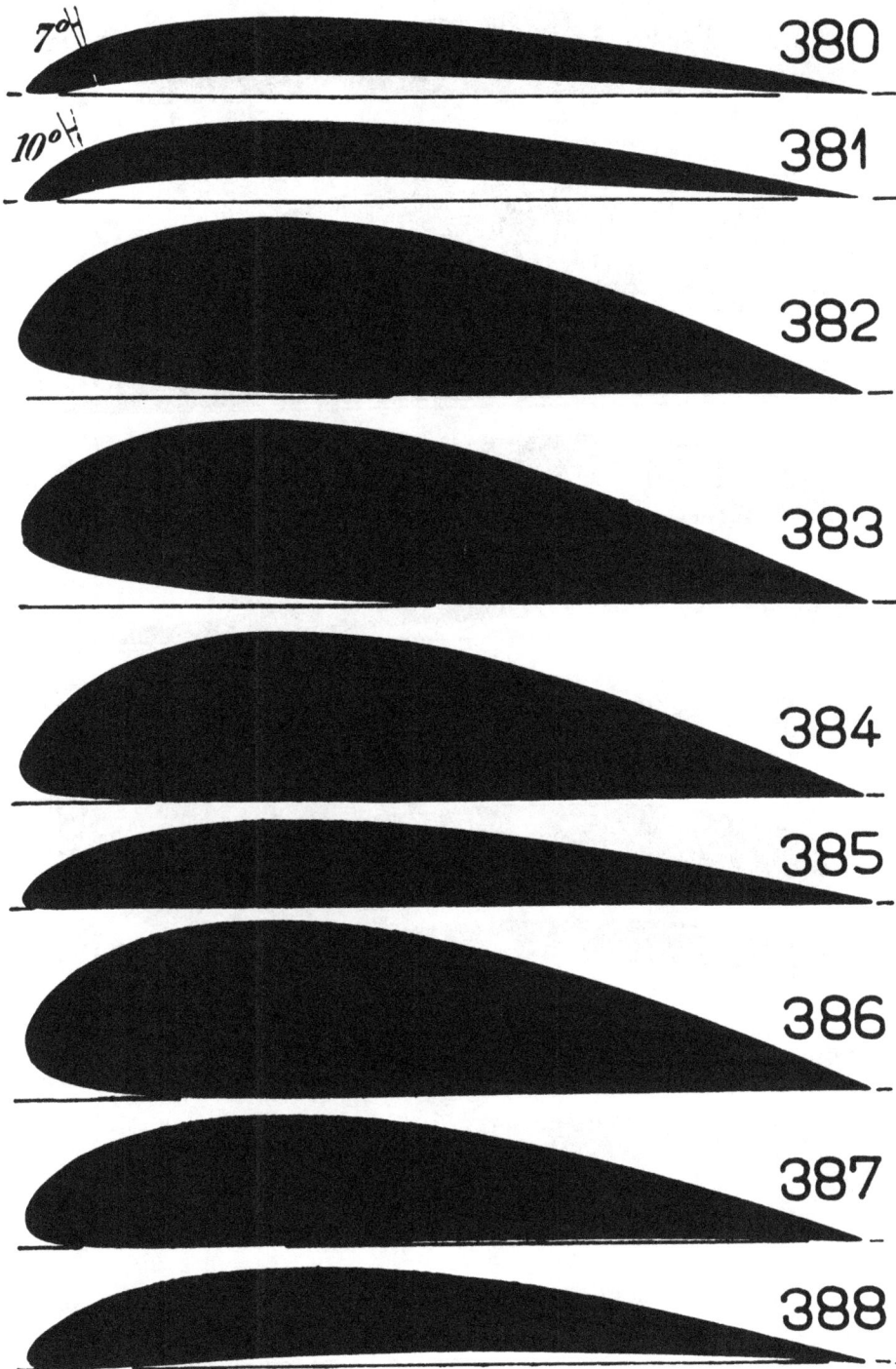

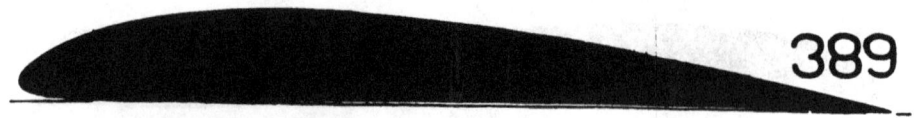

389

390

391

392

393

394

395

396

397

398

399

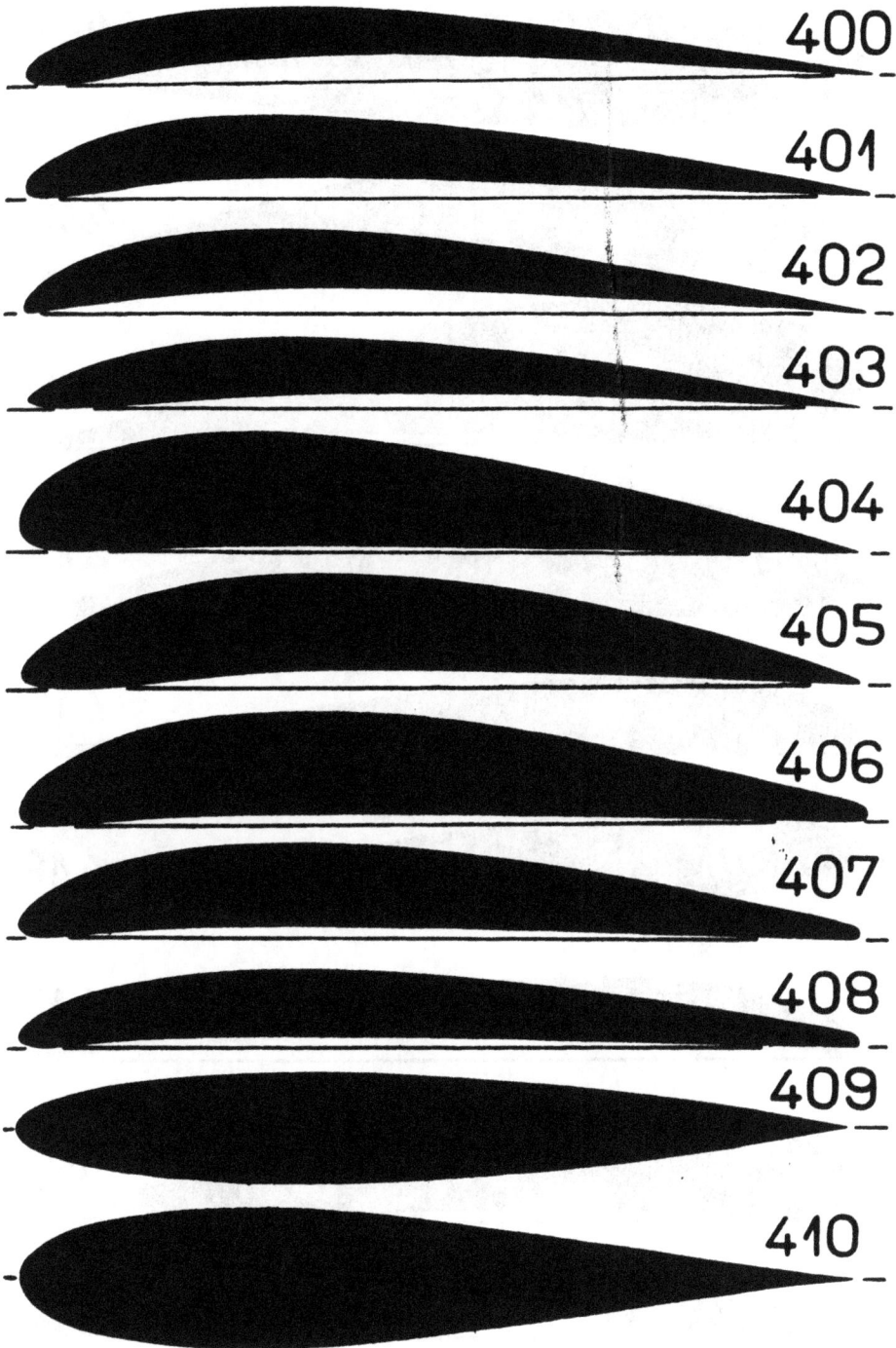

400
401
402
403
404
405
406
407
408
409
410

411

412

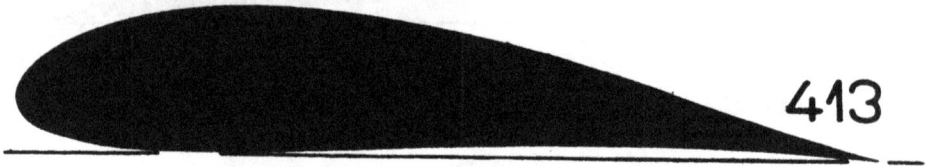

413

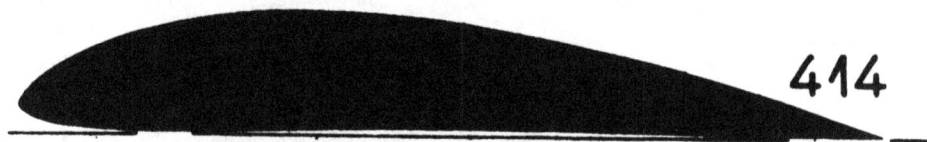

414

415

416

417

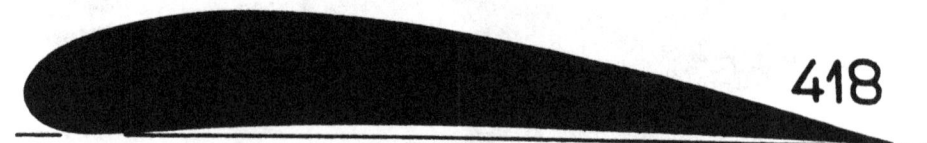

418

419

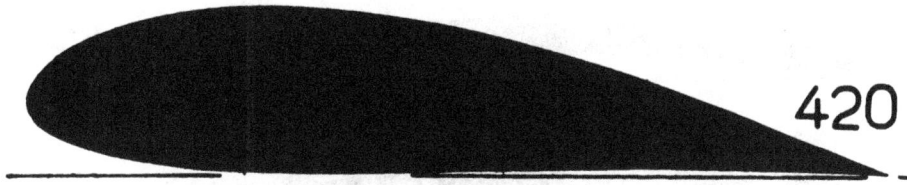

420

421

422

423

424

425

426

427

428

429

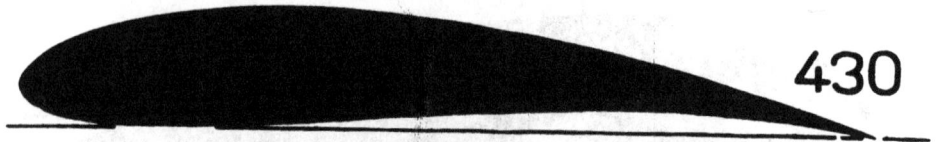

430

431

432

433

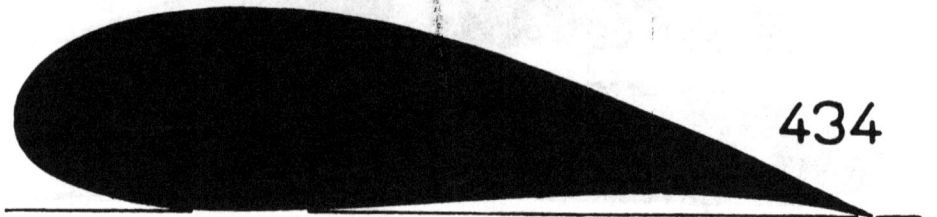

434

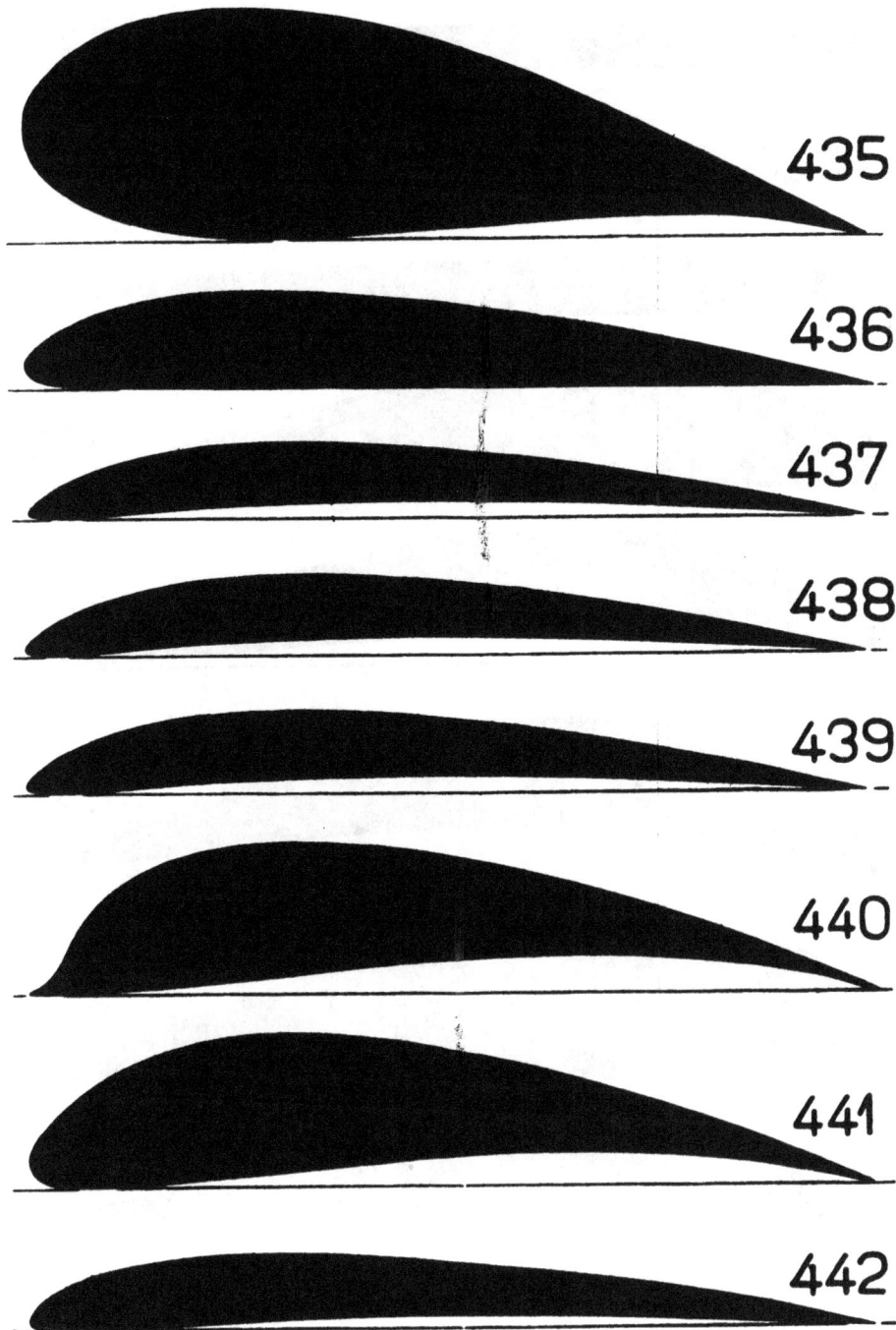

435

436

437

438

439

440

441

442

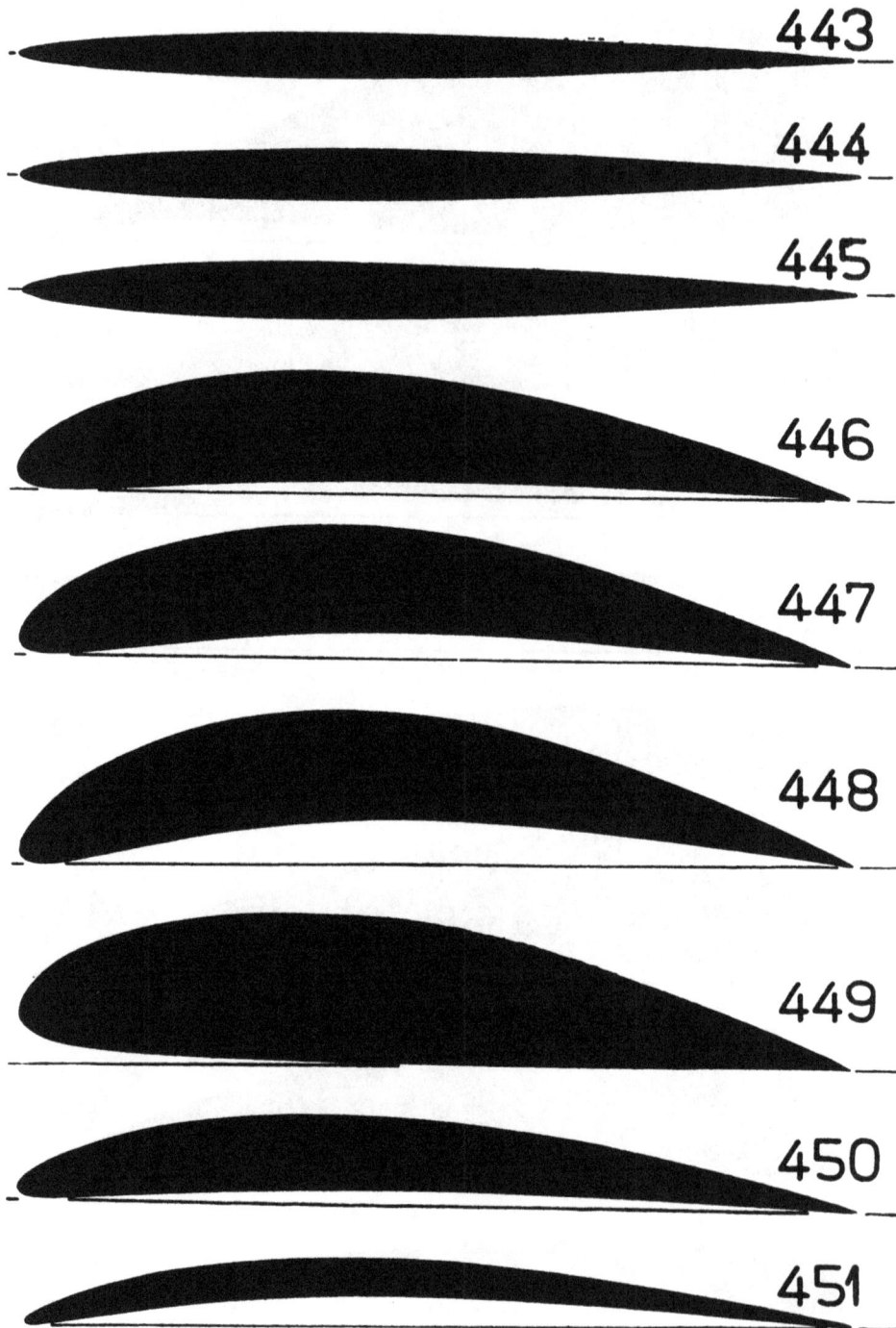

b) Polar- und Momentenkurven.

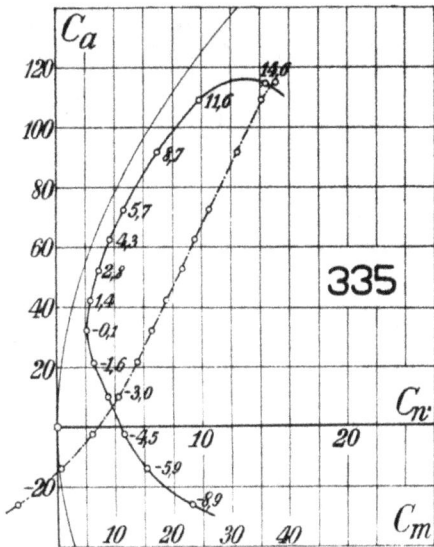

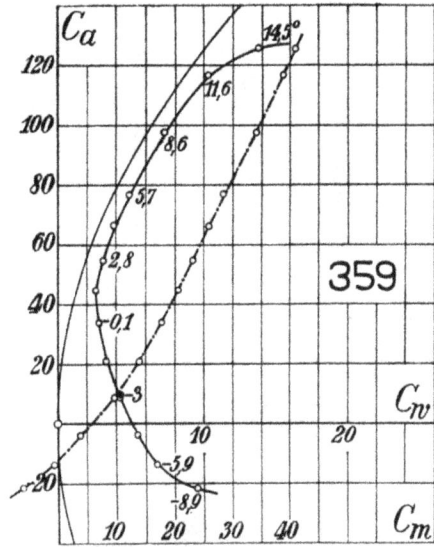

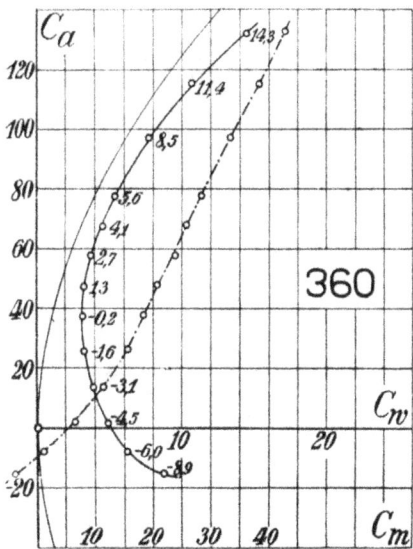

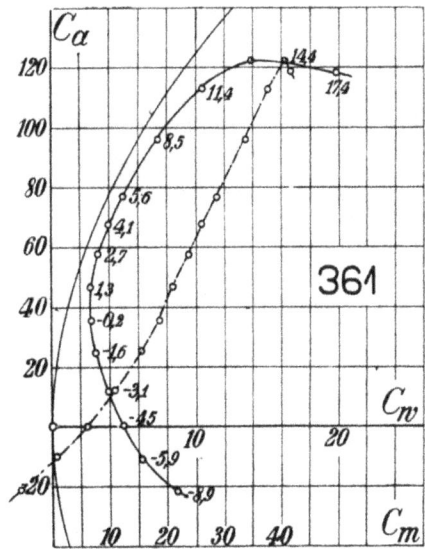

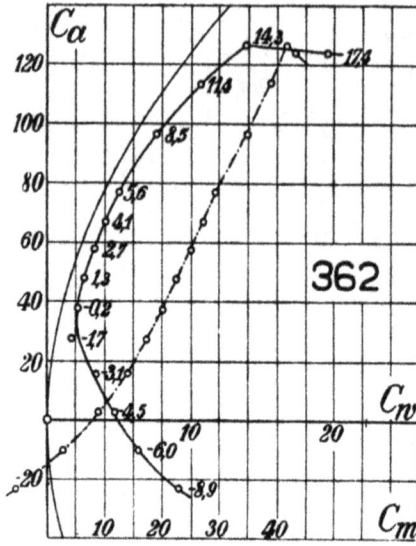

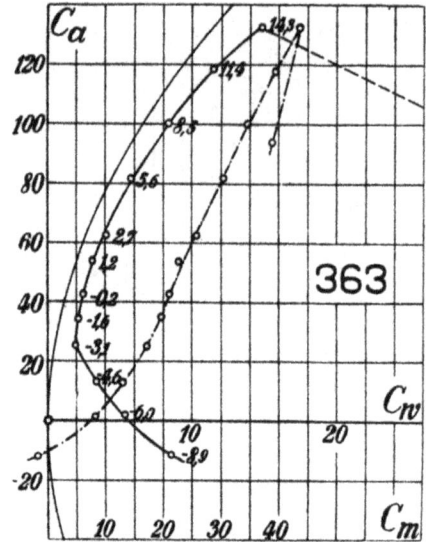

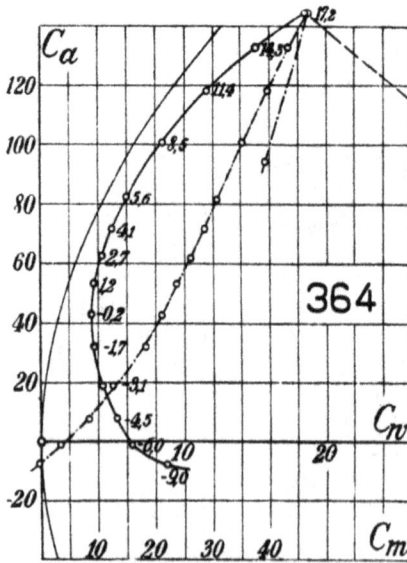

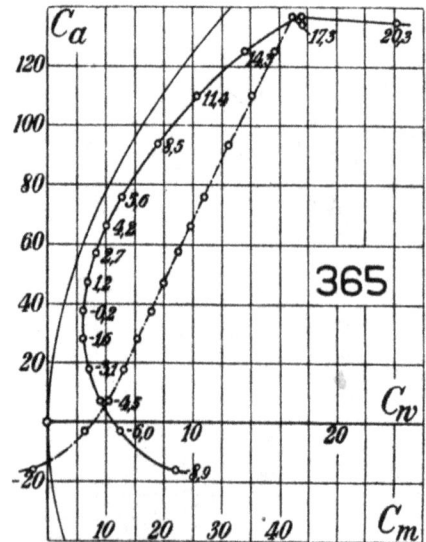

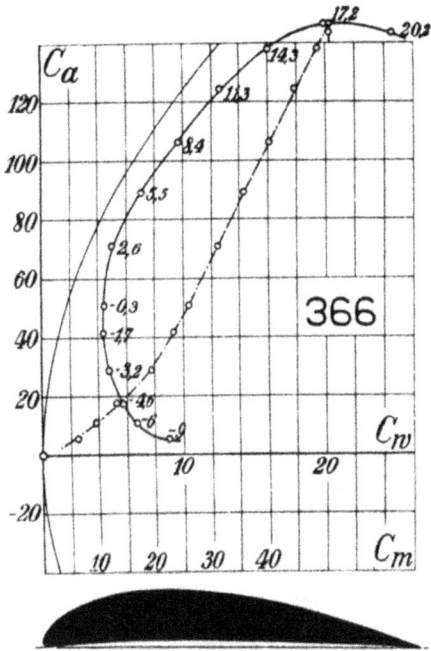

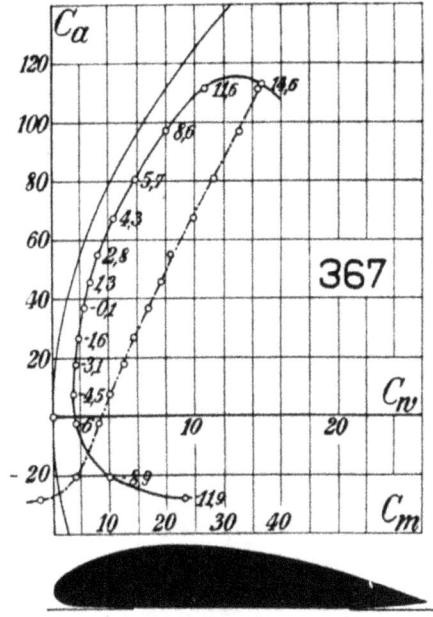

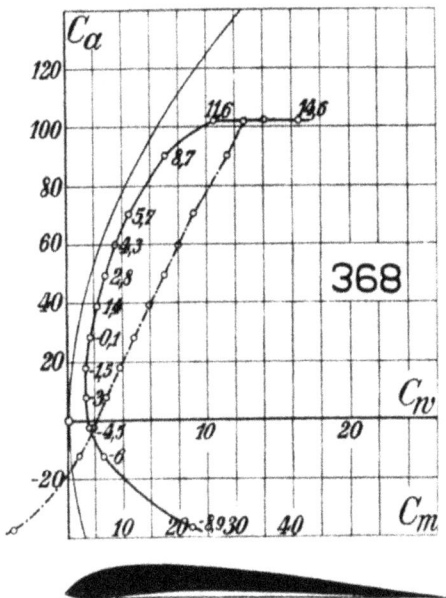

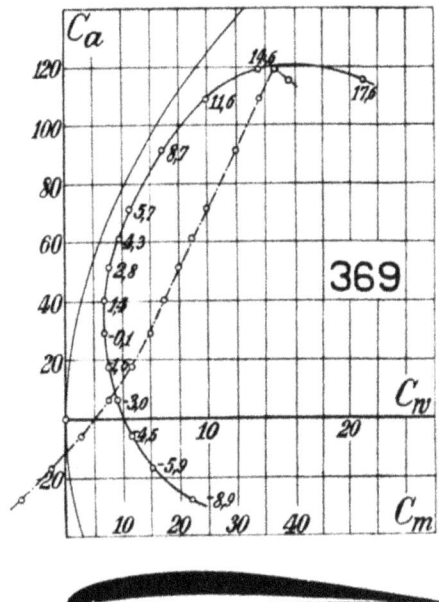

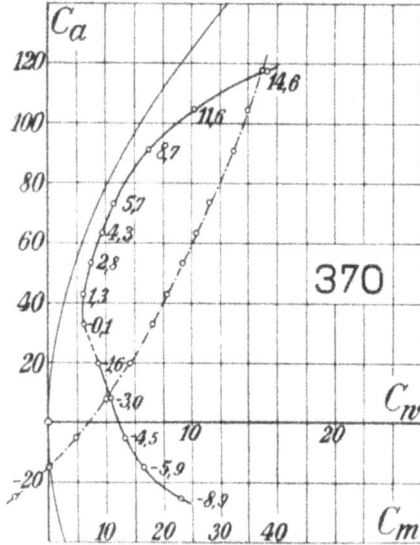

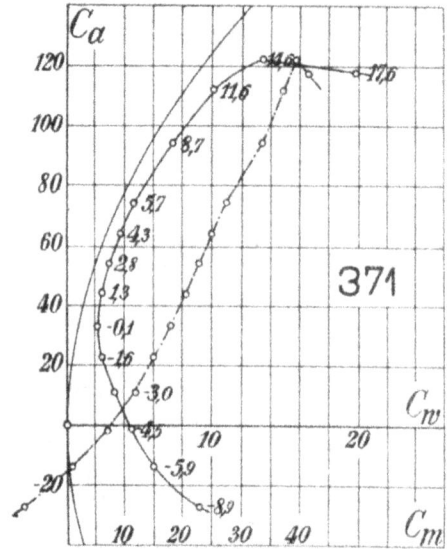

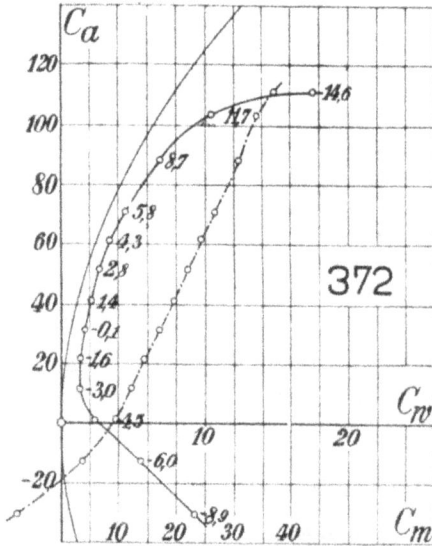

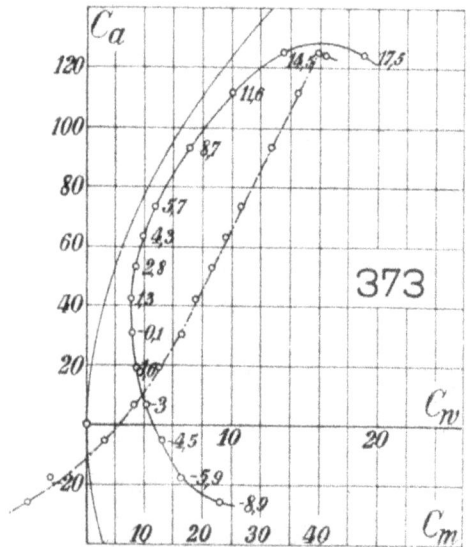

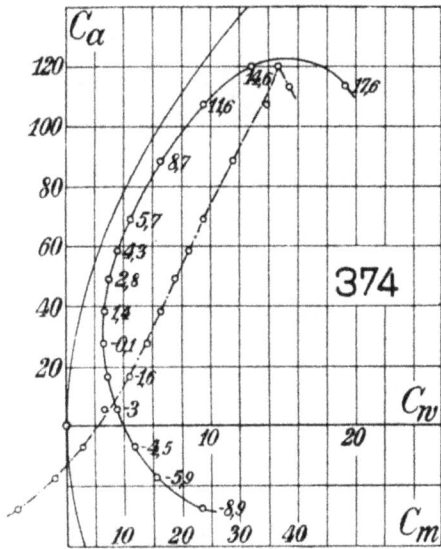

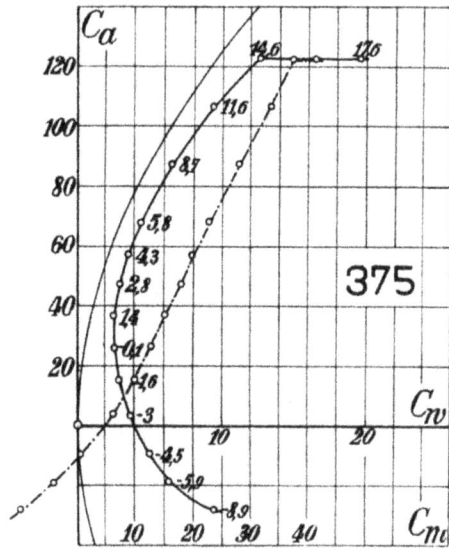

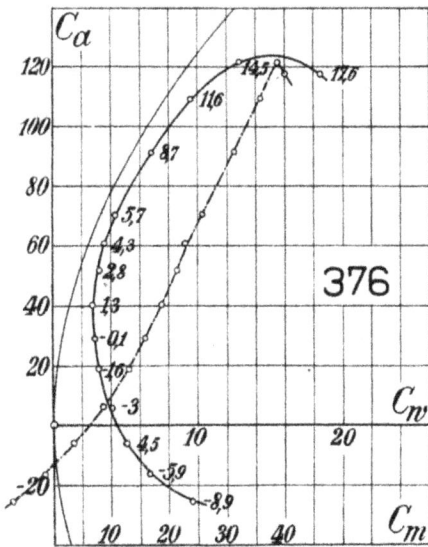

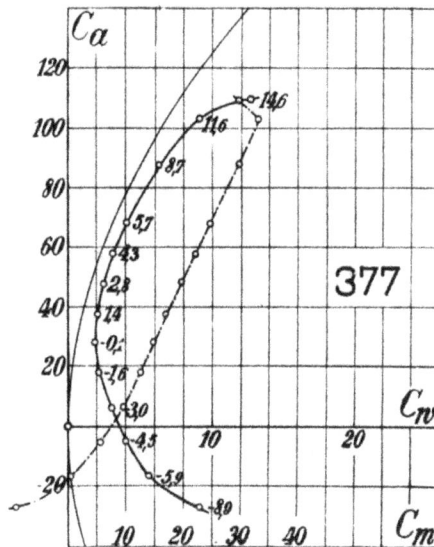

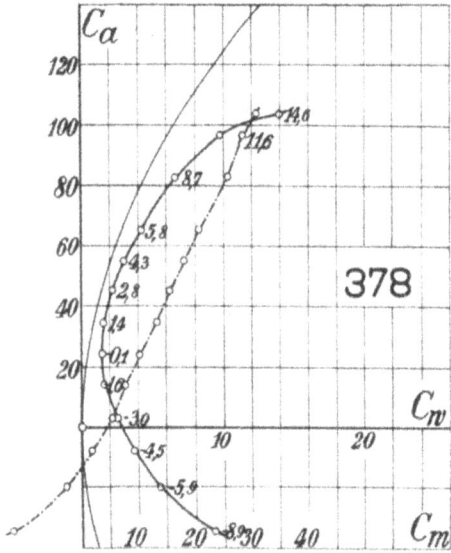

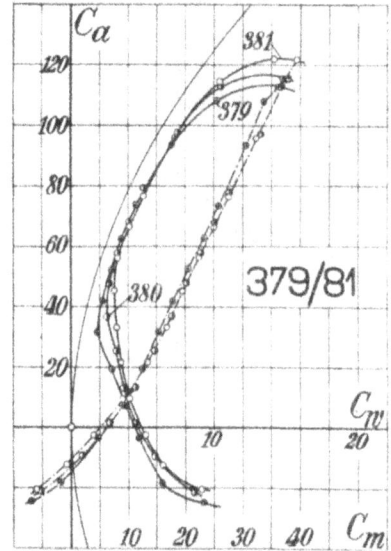

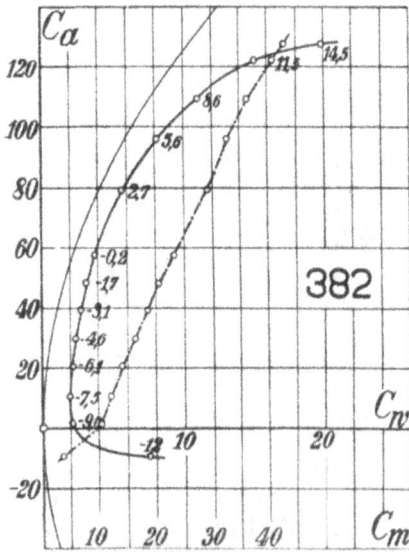

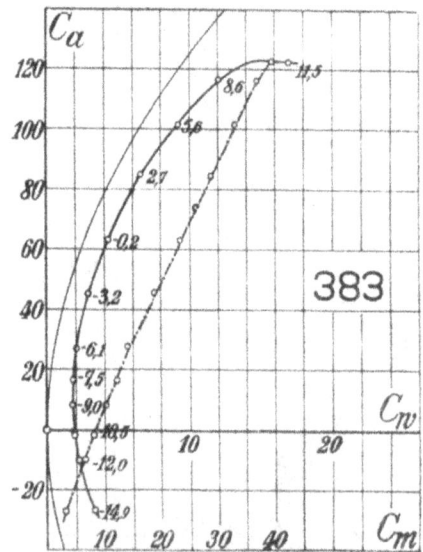

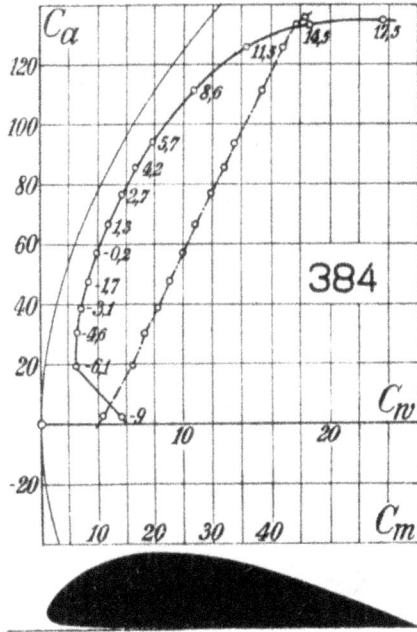

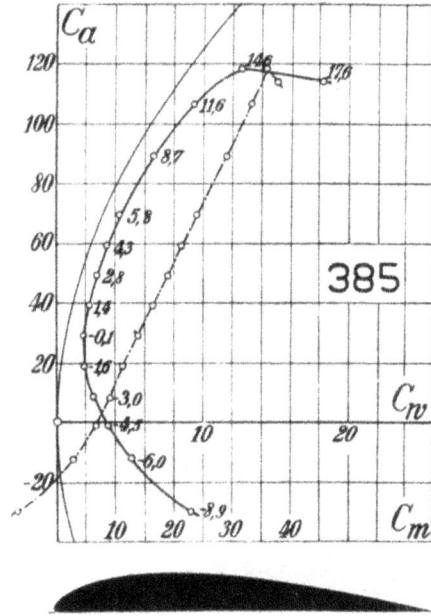

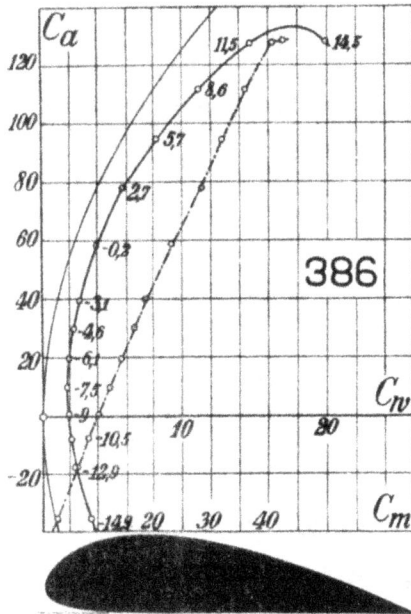

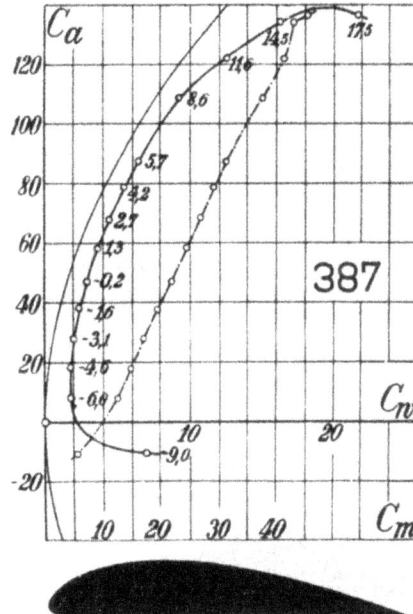

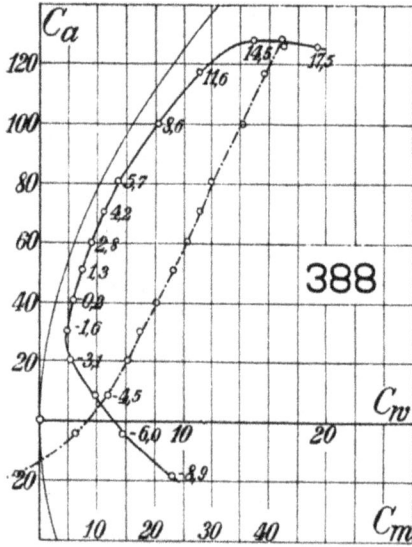

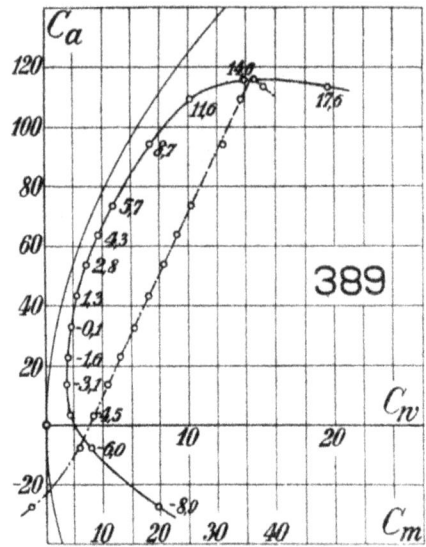

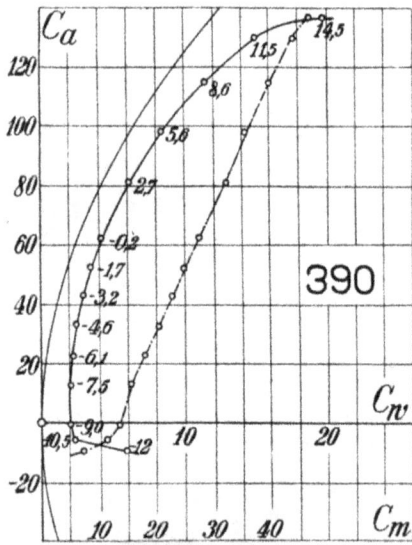

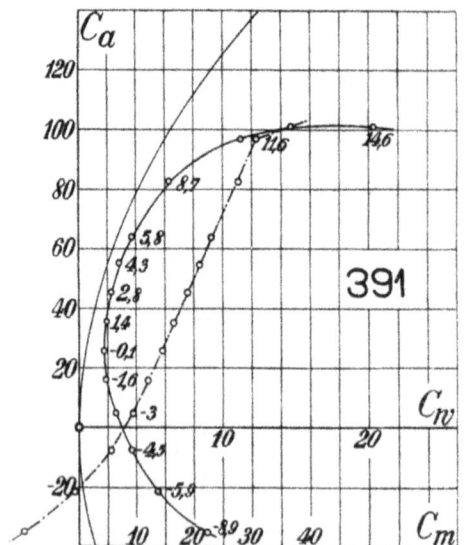

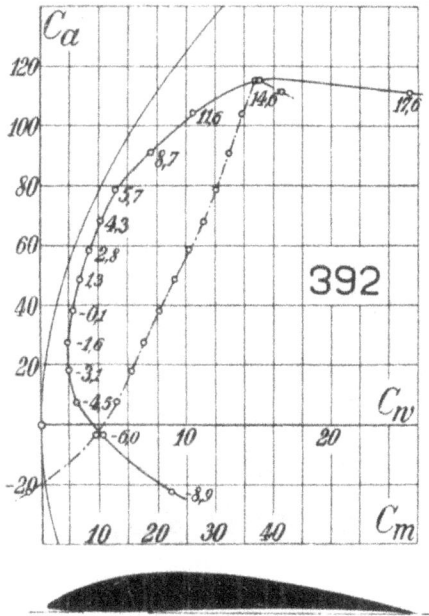

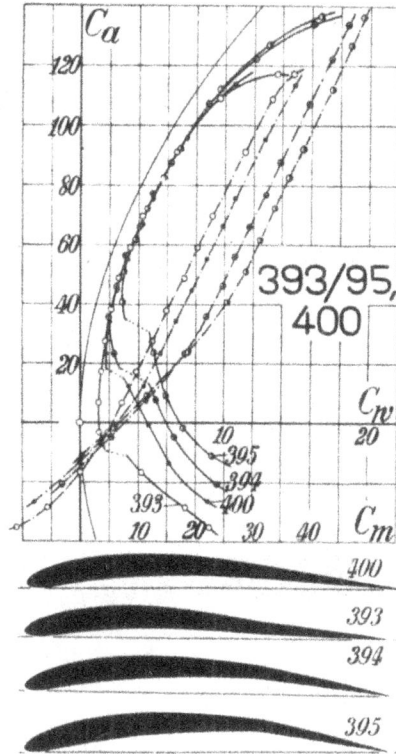

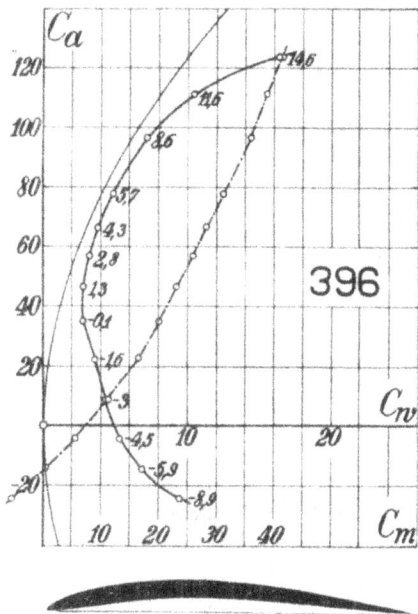

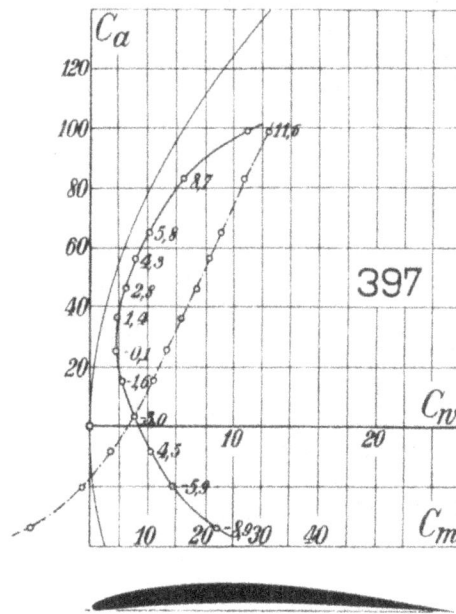

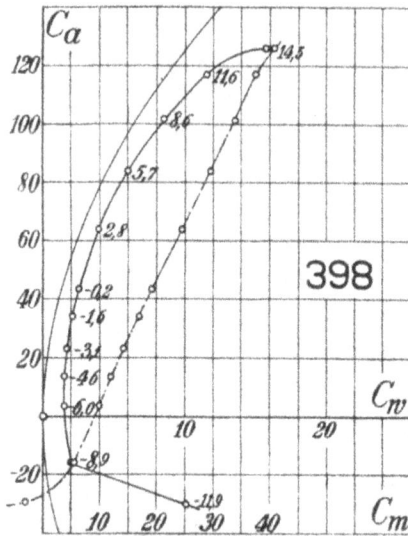

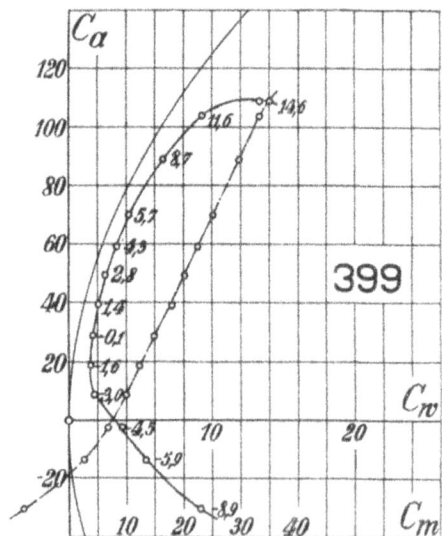

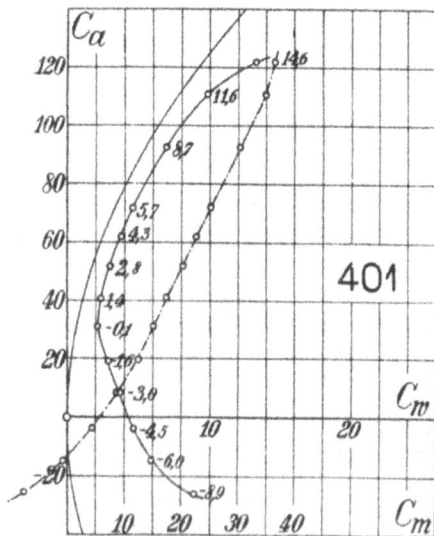

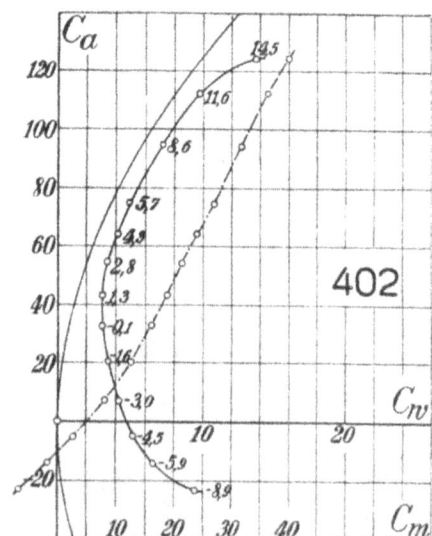

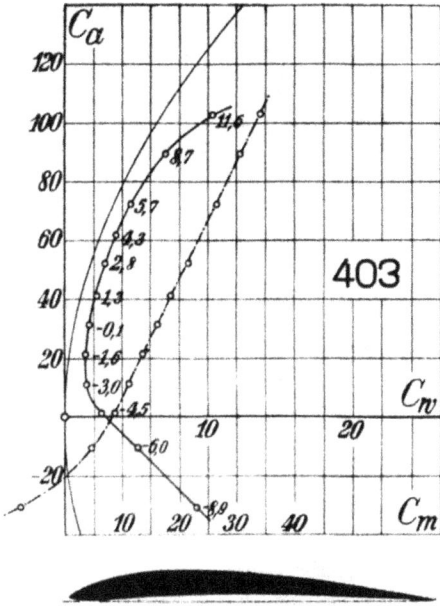

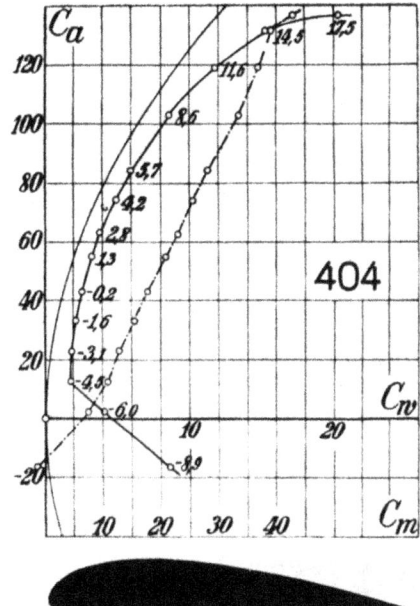

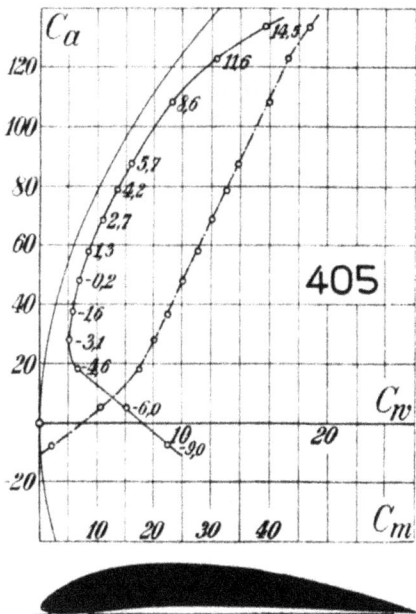

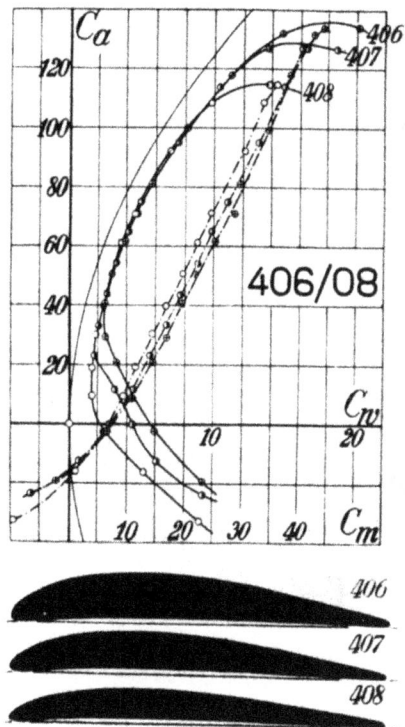

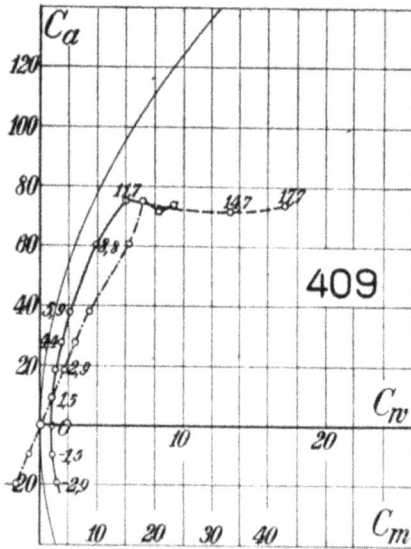

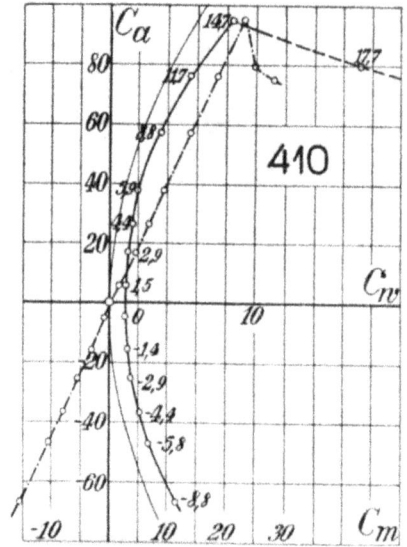

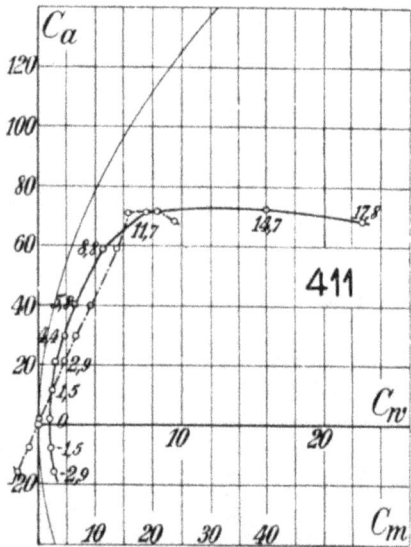

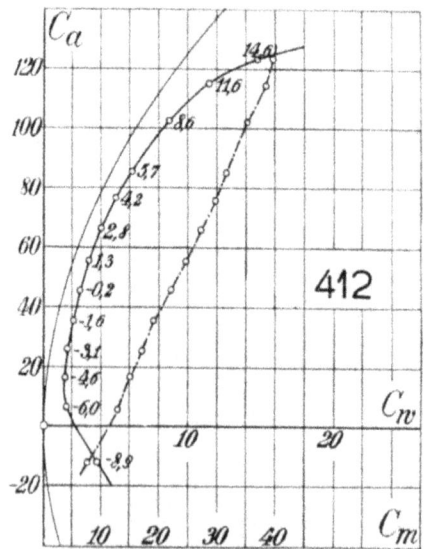

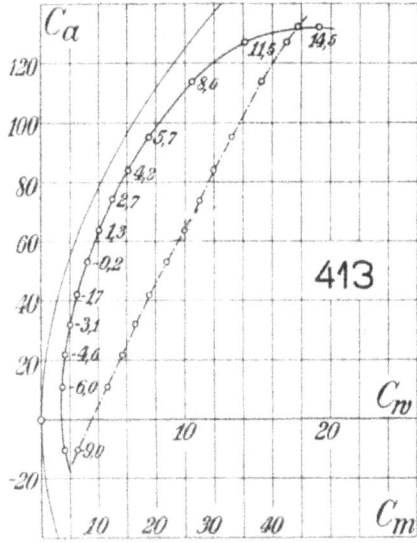

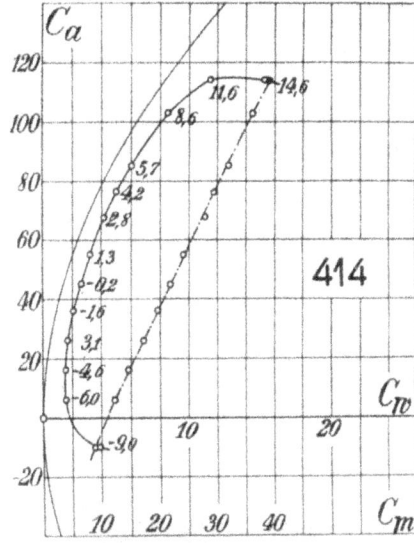

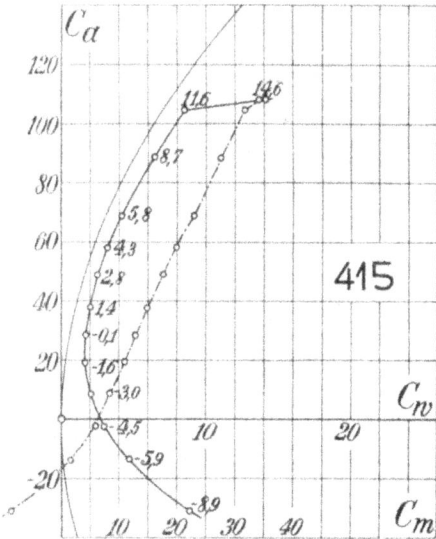

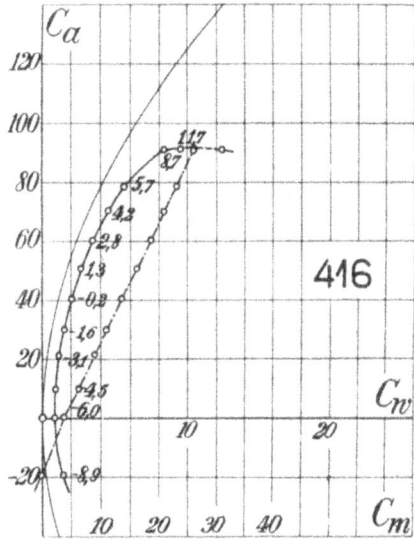

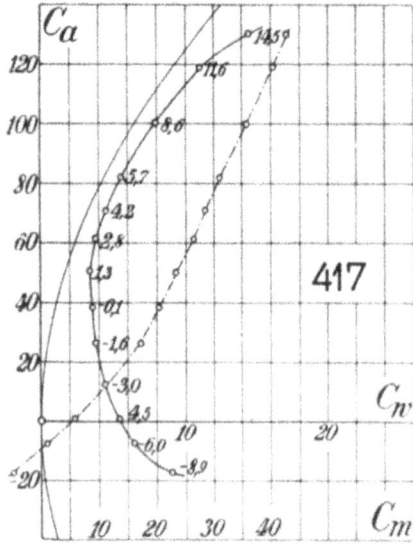

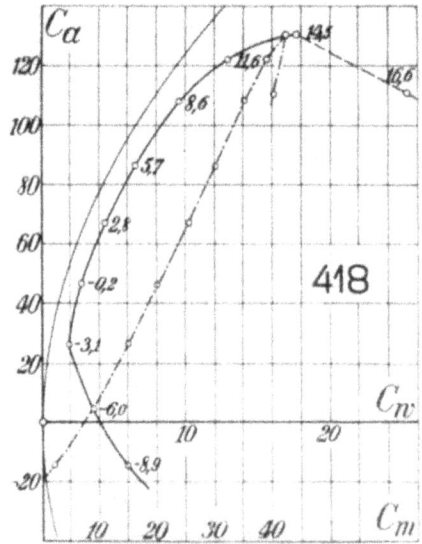

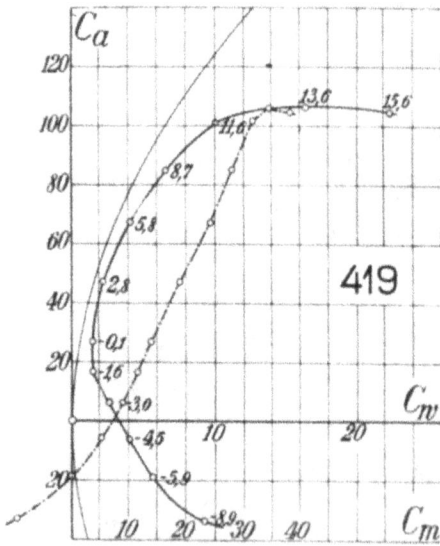

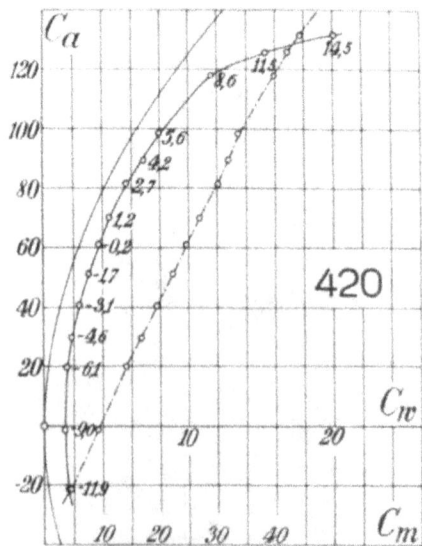

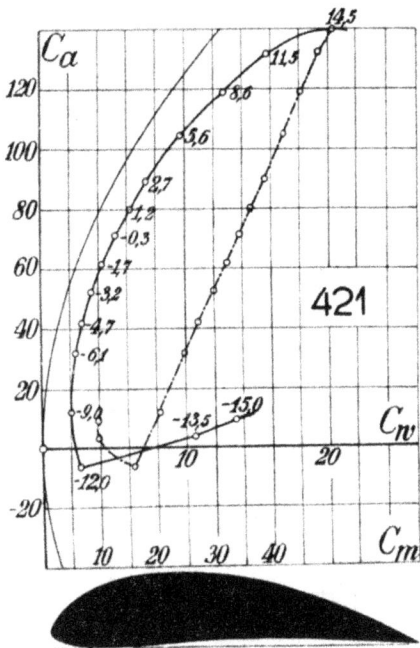

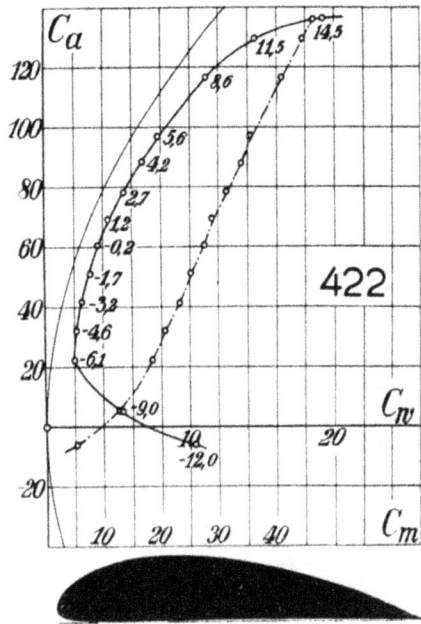

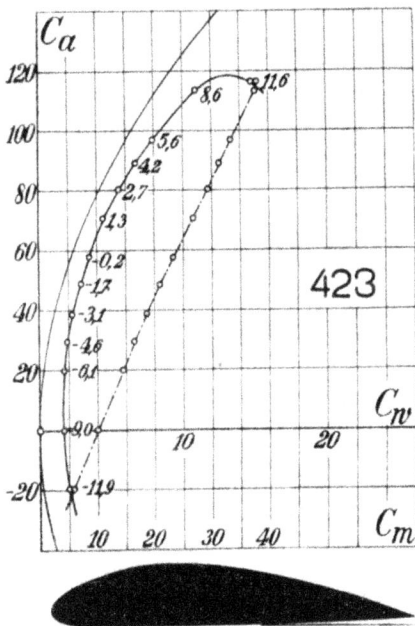

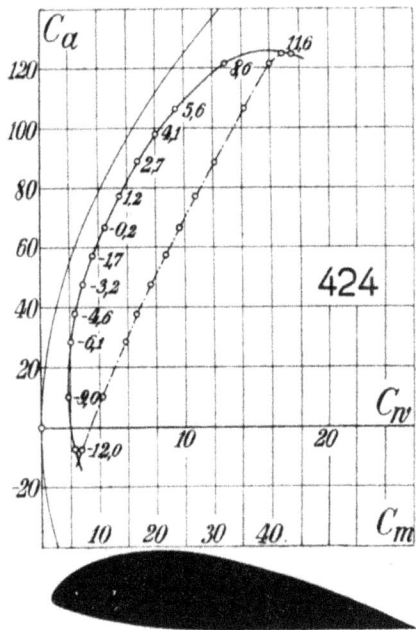

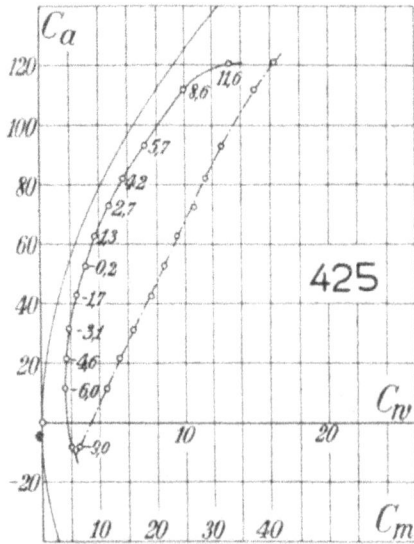

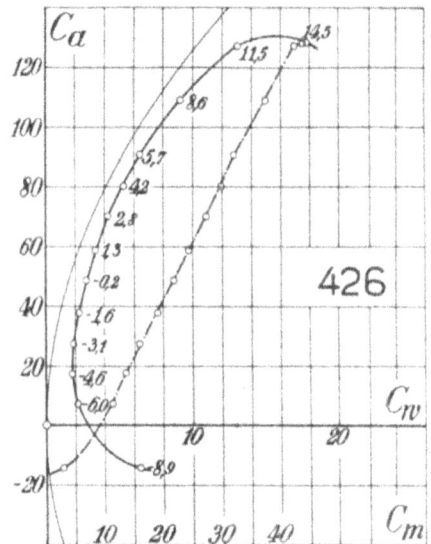

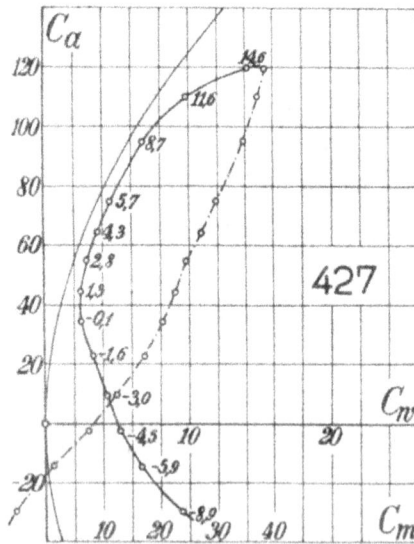

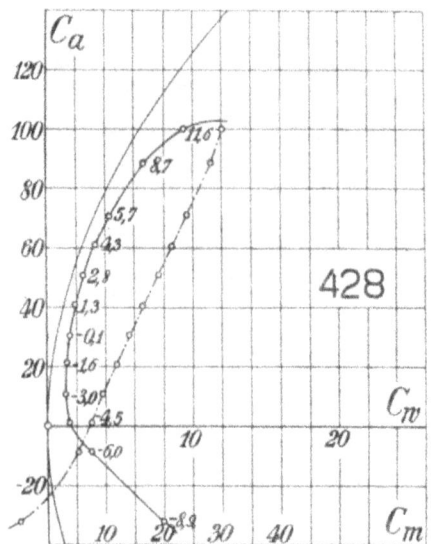

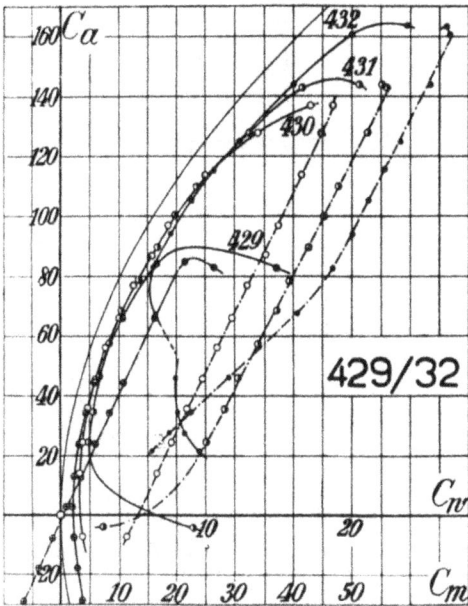

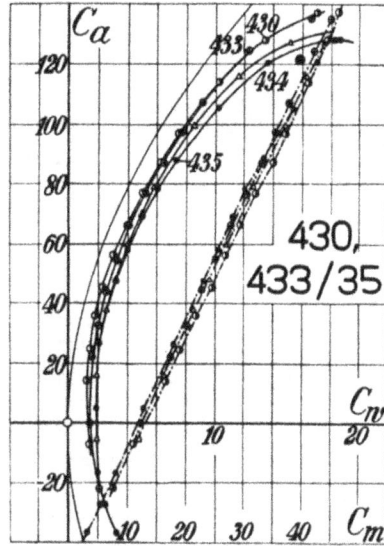

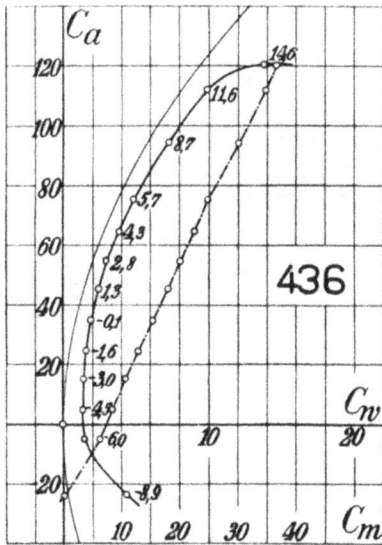

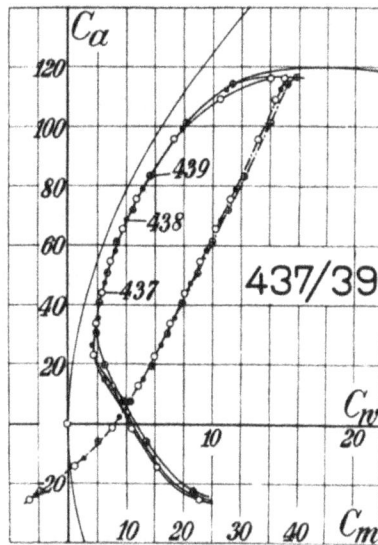

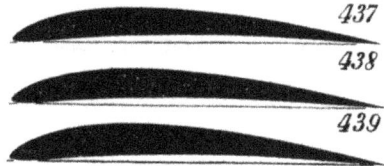

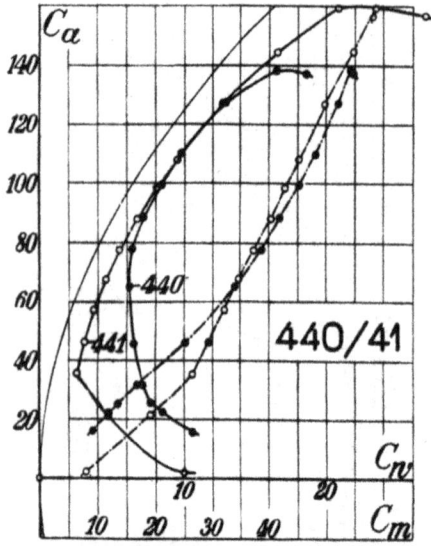

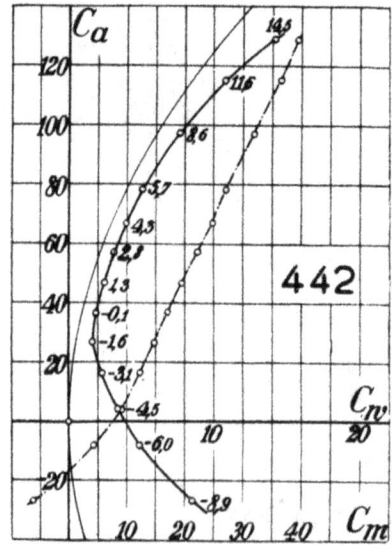

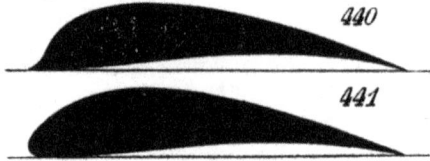

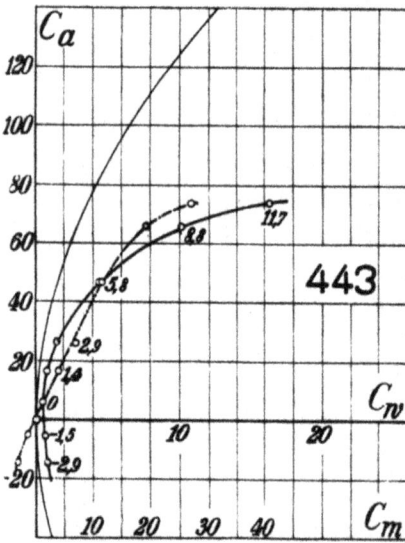

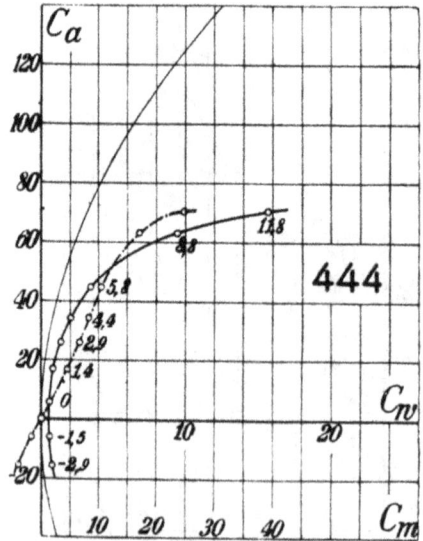

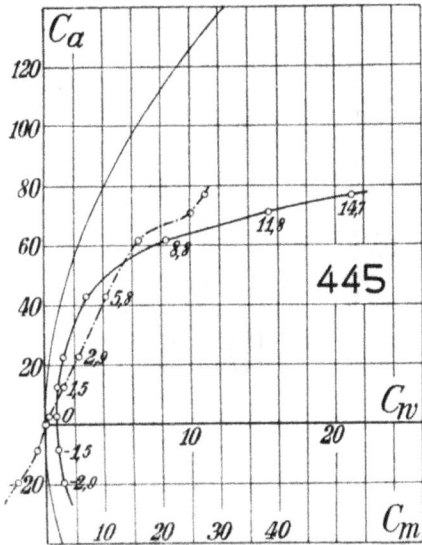

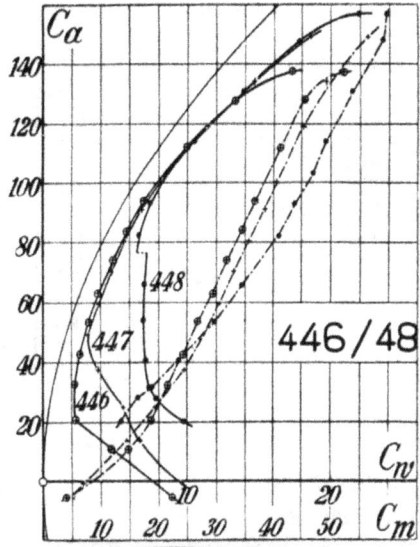

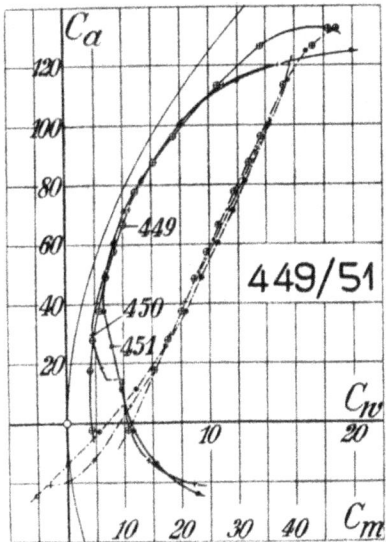

c) **Zahlentafeln.**

Zahlentafel 25.
Profil Nr. 335.

Anstell-winkel	C_a	C_w	C_m
−8,9°	−25,8	9,29	−7,0
−5,9	−14,1	6,07	0,5
−4,5	−2,5	4,63	6,0
−3,0	10,0	3,50	10,5
−1,6	21,6	2,48	13,8
−0,1	32,1	2,00	16,4
1,4	42,0	2,34	18,8
2,8	52,3	2,92	21,5
4,3	62,3	3,61	23,7
5,7	72,4	4,55	26,2
8,7	91,6	6,89	31,0
11,6	109,0	9,84	35,2
14,6	114,3	14,4	37,7

Zahlentafel 26.
Profil Nr. 359.

Anstell-winkel	C_a	C_w	C_m
−8,9°	−21,6	9,59	−6,0
−5,9	−13,8	6,76	−0,7
−4,5	−4,2	5,41	3,9
−3,0	8,7	4,22	9,6
−1,4	20,8	3,34	13,8
−0,1	33,7	2,82	17,7
1,3	45,0	2,64	20,6
2,8	54,8	3,11	23,2
4,3	66,3	3,83	25,8
5,7	76,8	4,85	28,4
8,6	97,6	7,25	34,2
11,6	116,5	10,3	38,9
14,5	125,6	13,8	41,0

Zahlentafel 27.
Profil Nr. 360.

Anstell-winkel	C_a	C_w	C_m
−8,9°	−15,4	8,76	−3,8
−6,0	−8,0	6,18	1,3
−4,5	1,9	4,85	6,7
−3,1	13,9	3,92	11,3
−1,6	25,6	3,29	15,6
−0,2	37,1	3,09	18,4
1,3	47,5	3,23	20,9
2,7	57,5	3,67	23,7
4,1	67,1	4,48	25,8
5,6	77,3	5,36	28,3
8,5	97,0	7,65	33,5
11,4	115,0	10,7	38,5
14,3	132,0	14,4	42,8

Zahlentafel 28.
Profil Nr. 361.

Anstell-winkel	C_a	C_w	C_m
−8,9°	−21,4	8,73	−5,4
−5,9	−10,8	6,23	1,0
−4,5	0,0	4,90	6,1
−3,1	11,9	3,91	10,7
−1,6	25,0	3,10	15,6
−0,2	36,2	2,67	18,7
1,3	46,5	2,65	20,9
2,7	57,2	3,24	23,8
4,1	67,7	3,95	26,1
5,6	76,7	4,90	28,6
8,5	96,0	7,36	33,5
11,4	113,0	10,4	37,7
14,4	122,0	13,9	40,5
17,4	118,0	19,8	41,4

Zahlentafel 29.
Profil Nr. 362.

Anstell-winkel	C_a	C_w	C_m
−8,9°	−23,4	9,00	−5,7
−6,0	−10,2	6,23	2,6
−4,5	2,6	4,68	8,9
−3,1	15,7	3,34	14,0
−1,7	27,4	1,72	17,3
−0,2	37,6	2,04	19,9
1,3	47,6	2,54	22,3
2,7	57,7	3,23	24,9
4,1	66,8	4,00	27,1
5,6	76,7	4,97	29,4
8,5	96,5	7,55	34,9
11,4	113,5	10,6	38,8
14,3	126,2	13,8	41,5
17,4	124,0	19,5	43,0

Zahlentafel 30.
Profil Nr. 363.

Anstell-winkel	C_a	C_w	C_m
−8,9°	−11,4	8,53	−1,8
−6,0	1,6	5,40	8,1
−4,6	13,6	3,43	13,4
−3,1	25,0	1,84	16,9
−1,6	34,9	2,02	19,4
−0,2	42,8	2,46	21,1
1,2	53,9	3,10	22,4
2,7	62,8	4,00	25,7
5,6	81,5	5,81	30,2
8,5	100,1	8,41	34,7
11,4	118,5	11,5	39,5
14,3	132,5	14,8	43,3
17,5	93,5	31,8	38,6

Zahlentafel 31.
Profil Nr. 364.

Anstell-winkel	C_a	C_w	C_m
−9,0°	−7,6	8,78	−0,4
−6,0	−1,0	6,36	3,4
−4,5	7,7	5,22	8,3
−3,1	18,8	4,26	12,3
−1,7	32,0	3,76	18,2
−0,2	42,6	3,58	21,0
1,2	53,1	3,76	23,6
2,7	62,1	4,24	26,0
4,1	71,9	4,99	28,5
5,6	82,0	5,97	30,6
8,5	100,8	8,45	35,2
11,4	118,2	11,6	39,6
14,3	133,0	15,1	43,2
17,2	144,0	18,7	46,1
20,5	94,6	30,4	39,2

Zahlentafel 32.
Profil Nr. 365.

Anstell-winkel	C_a	C_w	C_m
−8,9°	−16,3	8,77	−2,4
−6,0	−3,1	5,03	6,4
−4,5	7,1	3,58	10,4
−3,1	17,8	2,81	13,2
−1,6	28,0	2,38	15,5
−0,2	37,4	2,39	17,8
1,2	47,1	2,76	20,0
2,7	56,7	3,28	22,5
4,2	66,0	4,06	24,6
5,6	75,5	5,06	26,8
8,5	93,5	7,54	31,2
11,4	110,0	10,3	35,3
14,3	125,1	13,6	39,0
17,3	136,8	17,5	42,2
20,3	135,0	24,1	43,9

Zahlentafel 33.
Profil Nr. 366.

Anstell-winkel	C_a	C_w	C_m
−9,0°	5,3	8,91	6,0
−6,0	10,6	6,64	9,1
−4,6	17,5	5,56	12,8
−3,2	28,8	4,77	19,1
−1,7	41,5	4,33	23,2
−0,3	50,5	4,36	25,8
2,6	70,7	4,86	30,7
5,5	89,0	6,97	35,5
8,4	106,3	9,60	40,0
11,3	124,0	12,5	44,4
14,3	137,8	15,9	48,5
17,2	146,5	19,7	50,4
20,2	143,1	24,4	50,2

Zahlentafel 34.
Profil Nr. 367.

Anstell-winkel	C_a	C_w	C_m
−11,9°	− 28,4	9,36	− 2,4
− 8,9	− 20,7	4,05	4,2
− 6,0	− 2,4	1,73	8,2
− 4,5	7,4	1,52	10,2
− 3,1	17,5	1,70	12,6
− 1,6	26,7	1,85	14,3
− 0,1	36,8	2,32	16,9
1,3	45,5	2,74	19,0
2,8	54,8	3,22	20,8
4,3	67,2	4,37	24,8
5,7	80,4	5,85	28,3
8,6	97,0	7,97	32,6
11,6	111,1	10,7	35,8
14,6	112,8	14,6	36,4

Zahlentafel 35.
Profil Nr. 368.

Anstell-winkel	C_a	C_w	C_m
− 8,9°	− 37,0	8,80	− 9,8
− 6,0	− 12,2	2,50	2,1
− 4,5	− 2,6	1,53	4,4
− 3,0	7,9	1,31	6,7
− 1,5	18,0	1,35	9,4
− 0,1	28,2	1,62	11,7
1,4	38,9	2,06	14,4
2,8	49,6	2,71	17,3
4,3	59,8	3,40	19,8
5,7	70,0	4,40	22,5
8,7	90,0	7,00	28,5
11,6	102,1	10,4	31,6
14,6	101,9	16,4	35,0

Zahlentafel 36.
Profil Nr. 369.

Anstell-winkel	C_a	C_w	C_m
− 8,9°	− 27,1	8,83	− 8,2
− 5,9	− 17,7	6,08	− 2,7
− 4,5	− 6,5	4,71	2,8
− 3,0	6,0	3,69	7,6
− 1,6	17,6	3,05	11,6
− 0,1	29,1	2,78	14,8
1,4	40,3	2,69	17,4
2,8	51,2	3,09	19,9
4,3	61,1	3,76	22,3
5,7	71,1	4,48	24,7
8,7	91,0	6,82	29,9
11,6	108,5	9,90	34,1
14,6	119,0	13,5	36,7
17,6	115,1	20,9	39,4

Zahlentafel 37.
Profil Nr. 370.

Anstell-winkel	C_a	C_w	C_m
− 8,9°	− 25,2	9,20	− 6,0
− 5,9	− 15,1	6,61	0,1
− 4,5	− 5,5	5,28	4,6
− 3,0	7,9	4,24	10,0
− 1,6	19,5	3,48	14,2
− 0,1	32,6	2,41	18,2
1,3	42,8	2,42	20,6
2,8	53,1	2,98	23,2
4,3	63,0	3,74	25,6
5,7	73,0	4,51	28,0
8,7	90,5	6,97	32,5
11,6	104,3	10,1	34,9
14,6	117,4	15,3	37,6

Zahlentafel 38.
Profil Nr. 371.

Anstell-winkel	C_a	C_w	C_m
− 8,9°	− 27,4	9,13	− 7,3
− 5,9	− 14,0	5,96	0,9
− 4,5	− 1,4	4,45	7,0
− 3,0	10,9	3,24	11,8
− 1,6	23,1	2,39	15,0
− 0,1	33,1	2,10	18,0
1,3	44,0	2,42	20,6
2,8	53,9	2,94	22,8
4,3	64,0	3,64	25,0
5,7	74,2	4,60	27,5
8,7	94,0	7,28	33,5
11,6	112,0	10,1	37,3
14,6	122,0	13,5	39,5
17,6	117,6	19,8	41,4

Zahlentafel 39.
Profil Nr. 372.

Anstell-winkel	C_a	C_w	C_m
− 8,9°	− 30,8	9,17	− 7,5
− 6,0	− 12,9	5,47	3,6
− 4,5	1,0	2,37	9,5
− 3,0	11,2	1,32	12,2
− 1,6	21,2	1,36	14,4
− 0,1	31,0	1,68	17,1
1,4	41,0	2,13	19,6
2,8	51,3	2,69	22,0
4,3	61,1	3,40	24,3
5,8	70,4	4,38	26,6
8,7	88,2	6,87	30,9
11,7	103,2	10,4	34,0
14,6	110,9	17,6	37,2

Zahlentafel 40.
Profil Nr. 373.

Anstell-winkel	C_a	C_w	C_m
− 8,9°	− 26,2	9,18	− 10,6
− 5,9	− 18,1	6,44	− 6,4
− 4,5	− 5,5	5,16	3,0
− 3,0	6,3	4,08	8,2
− 1,6	19,0	3,40	12,6
− 0,1	30,8	3,11	16,4
1,3	42,0	3,03	18,8
2,8	52,9	3,32	21,4
4,3	63,0	3,97	24,0
5,7	73,0	4,70	26,5
8,7	93,0	7,08	31,7
11,6	111,0	10,0	36,0
14,5	125,0	13,5	39,6
17,5	124,0	19,0	41,1

Zahlentafel 41.
Profil Nr. 374.

Anstell-winkel	C_a	C_w	C_m
− 8,9°	− 27,7	9,25	− 8,7
− 5,9	− 17,3	6,10	− 2,2
− 4,5	− 7,0	4,68	2,8
− 3,0	5,3	3,54	6,8
− 1,6	16,7	2,85	11,0
− 0,1	27,6	2,60	14,0
1,4	38,3	2,64	16,4
2,8	49,0	2,94	18,7
4,3	58,7	3,60	21,2
5,7	69,0	4,50	23,7
8,7	88,5	6,55	28,9
11,6	108,0	9,46	34,6
14,6	120,0	12,8	36,5
17,6	114,0	19,2	38,4

Zahlentafel 42.
Profil Nr. 375.

Anstell-winkel	C_a	C_w	C_m
− 8,9°	− 28,6	9,32	− 9,7
− 5,9	− 19,5	6,23	− 4,0
− 4,5	− 10,2	4,91	0,3
− 3,0	2,9	3,57	6,2
− 1,6	14,5	2,88	9,8
− 0,1	25,7	2,51	12,6
1,4	36,2	2,54	14,6
2,8	46,5	2,93	17,5
4,3	56,4	3,50	19,6
5,8	67,4	4,32	22,5
8,7	86,8	6,36	27,6
11,6	106,0	9,21	33,0
14,6	122,0	12,5	36,8
17,6	122,0	19,5	41,0

Zahlentafel 43.
Profil Nr. 376.

Anstell-winkel	C_a	C_w	C_m
−8,9°	− 25,5	9,50	− 7,2
−5,9	− 16,4	6,60	− 1,5
−4,5	− 6,3	5,12	3,4
−3,0	6,0	3,96	8,5
−1,6	18,3	3,16	12,9
−0,1	28,9	2,83	15,6
1,3	40,0	2,71	18,4
2,8	51,8	3,03	21,2
4,3	60,5	3,55	22,2
5,7	70,3	4,33	25,2
8,7	91,0	6,64	31,2
11,6	109,0	9,53	35,7
14,5	121,0	12,9	38,7
17,6	117,0	18,4	39,9

Zahlentafel 44.
Profil Nr. 377.

Anstell-winkel	C_a	C_w	C_m
−8,9°	− 27,1	9,12	− 8,9
−5,9	− 16,9	5,50	0,4
−4,5	− 5,2	3,94	5,6
−3,0	6,2	2,96	9,2
−1,6	17,5	2,12	12,5
−0,1	27,9	1,74	14,6
1,4	37,3	2,05	16,7
2,8	47,5	2,38	19,5
4,3	57,5	3,04	21,9
5,7	67,9	4,00	24,6
8,7	87,5	6,23	29,6
11,6	102,2	9,05	33,0
14,6	109,0	12,6	29,5

Zahlentafel 45.
Profil Nr. 378.

Anstell-winkel	C_a	C_w	C_m
−8,9°	− 34,8	9,28	−12,0
−5,9	− 20,1	5,53	− 2,5
−4,5	− 8,0	3,85	2,2
−3,0	3,1	2,62	5,3
−1,6	14,2	1,61	7,7
−0,1	23,9	1,53	10,1
1,4	35,0	1,67	13,3
2,8	45,5	2,21	15,6
4,3	54,8	2,96	17,9
5,8	65,6	4,16	20,6
8,7	83,5	6,65	25,6
11,6	97,4	9,73	28,5
14,6	104,3	14,0	30,9

Zahlentafel 46.
Profil Nr. 379.

Anstell-winkel	C_a	C_w	C_m
−8,9°	− 24,9	9,24	− 6,9
−5,9	− 18,7	6,34	− 1,8
−4,5	− 3,8	4,74	4,8
−3,0	7,5	3,82	9,0
−1,4	19,6	2,86	12,6
−0,1	31,4	1,85	15,3
1,3	41,7	2,22	17,8
2,8	52,2	2,84	20,6
4,3	62,7	3,54	23,3
5,7	73,4	4,55	25,7
8,7	93,5	7,10	30,6
11,6	108,1	10,2	33,9
14,6	112,5	14,5	35,9

Zahlentafel 47.
Profil Nr. 380.

Anstell-winkel	C_a	C_w	C_m
−8,9°	− 21,1	8,57	− 5,2
−6,0	− 9,6	5,90	2,0
−4,5	1,5	4,51	6,8
−3,0	13,5	3,64	11,4
−1,6	25,5	3,11	14,9
−0,1	36,9	2,52	17,6
1,3	47,4	2,65	20,2
2,8	57,7	3,30	22,9
4,3	68,0	4,10	25,2
5,7	77,8	5,09	27,8
8,6	97,3	7,52	33,2
11,6	112,8	10,5	36,3
14,6	115,2	14,9	38,0

Zahlentafel 48.
Profil Nr. 381.

Anstell-winkel	C_a	C_w	C_m
−8,9°	− 20,6	9,04	− 5,8
−6,0	− 12,3	6,44	− 0,8
−4,5	− 2,7	5,21	4,0
−3,0	9,3	4,09	9,1
−1,6	21,6	3,48	13,6
−0,1	33,0	3,16	16,9
1,3	44,8	3,04	19,6
2,8	55,7	3,32	22,5
4,3	66,1	4,12	25,0
5,7	76,3	5,08	27,6
8,6	95,8	7,42	32,4
11,6	114,5	10,4	37,4
14,6	121,7	14,2	39,4

Zahlentafel 49.
Profil Nr. 382.

Anstell-winkel	C_a	C_w	C_m
−12,0°	− 9,8	7,48	3,5
− 9,0	1,6	2,11	10,1
− 7,5	10,7	1,97	12,0
− 6,1	20,2	2,06	14,1
− 4,6	29,7	2,32	16,4
− 3,1	39,0	2,70	18,5
− 1,7	48,2	3,13	20,4
− 0,2	57,5	3,76	23,1
2,7	79,1	5,66	29,0
5,6	96,2	8,05	32,7
8,6	109,7	11,0	36,4
11,5	122,3	15,2	40,9
14,5	127,8	19,8	42,8

Zahlentafel 50.
Profil Nr. 383.

Anstell-winkel	C_a	C_w	C_m
−14,9°	− 27,1	3,26	3,1
−12,0	− 10,4	2,16	6,5
−10,5	− 2,0	1,90	8,2
− 9,0	8,0	1,79	10,1
−− 7,5	16,7	1,85	12,1
− 6,1	26,7	2,08	14,1
− 3,2	45,2	2,83	18,6
− 0,2	63,0	4,31	23,1
2,7	84,6	6,55	28,6
5,6	101,3	9,07	32,8
8,6	116,0	12,1	36,8
11,6	122,1	16,9	39,3

Zahlentafel 51.
Profil Nr. 384.

Anstell-winkel	C_a	C_w	C_m
− 9,0°	2,4	5,69	10,6
− 6,1	19,2	2,44	16,1
− 4,6	30,4	2,54	18,2
− 3,1	38,7	2,83	20,4
− 1,7	47,8	3,30	22,4
− 0,2	57,0	3,88	24,9
1,3	66,6	4,66	27,0
2,7	76,7	5,56	29,8
4,2	85,5	6,64	31,8
5,7	93,9	7,85	33,6
8,6	111,0	10,7	38,5
11,5	125,5	14,3	42,0
14,5	133,0	18,6	44,3
17,5	135,3	23,6	35,9

Zahlentafel 52.
Profil Nr. 385.

Anstell-winkel	C_a	C_w	C_m
—8,9°	—29,9	9,12	—6,9
—6,0	—12,3	5,00	2,7
—4,5	—1,4	3,49	6,6
—3,0	8,7	2,45	9,2
—1,6	19,0	1,80	11,2
—0,1	29,0	1,83	13,8
1,4	39,0	2,18	16,2
2,8	49,1	2,70	18,7
4,3	59,1	3,42	21,1
5,8	69,2	4,26	23,7
8,7	89,0	6,58	28,8
11,6	106,2	9,30	32,9
14,6	118,0	12,6	35,6
17,6	113,7	18,2	37,5

Zahlentafel 53.
Profil Nr. 386.

Anstell-winkel	C_a	C_w	C_m
—14,9°	—35,4	3,56	2,6
—12,9	—18,3	2,36	6,0
—10,5	—8,5	2,09	8,1
—9,0	0,5	1,84	10,0
—7,5	9,7	1,76	11,9
—6,1	19,6	1,93	14,2
—4,6	29,3	2,23	16,3
—3,1	39,0	2,66	18,4
—0,2	58,4	3,90	23,0
2,7	77,7	5,76	28,2
5,7	94,6	8,08	31,6
8,6	111,2	11,1	35,7
11,5	127,0	14,6	40,3
14,5	128,0	19,9	42,4

Zahlentafel 54.
Profil Nr. 387.

Anstell-winkel	C_a	C_w	C_m
—9,0°	—10,4	6,90	5,3
—6,0	8,2	1,80	12,3
—4,6	18,2	1,79	14,6
—3,1	28,0	2,01	16,7
—1,6	38,0	2,35	19,2
—0,2	46,8	2,91	21,8
1,3	58,1	3,57	24,2
2,7	68,1	4,38	26,5
4,2	78,9	5,31	28,8
5,7	87,2	6,31	31,0
8,6	108,5	9,21	37,5
11,6	121,8	12,4	41,0
14,5	134,0	16,2	42,9
17,5	135,0	21,7	45,2

Zahlentafel 55.
Profil Nr. 388.

Anstell-winkel	C_a	C_w	C_m
—8,9°	—18,8	9,17	—3,9
—6,0	—4,3	5,70	6,1
—4,5	8,1	3,92	11,8
—3,1	20,2	2,10	15,1
—1,6	29,8	1,89	17,4
—0,2	40,3	2,32	20,0
1,3	50,5	2,85	22,8
2,8	60,4	3,48	25,3
4,2	70,7	4,38	27,6
5,7	80,5	5,38	29,7
8,6	100,0	8,05	35,5
11,6	117,0	11,0	39,0
14,5	128,0	14,9	41,7
17,5	126,0	19,3	42,3

Zahlentafel 56.
Profil Nr. 389.

Anstell-winkel	C_a	C_w	C_m
—8,9°	—27,4	7,75	—2,5
—6,0	—7,8	3,13	5,9
—4,5	3,2	1,68	8,4
—3,1	13,7	1,44	10,6
—1,6	22,9	1,55	12,8
—0,1	32,6	1,81	15,5
1,3	43,2	2,20	18,0
2,8	53,7	2,89	20,5
4,3	63,5	3,76	22,8
5,7	73,4	4,72	25,1
8,7	93,9	7,23	30,8
11,6	109,1	10,0	33,9
14,6	115,4	13,8	36,1
17,6	113,2	19,5	37,9

Zahlentafel 57.
Profil Nr. 390.

Anstell-winkel	C_a	C_w	C_m
—12,0°	—9,4	5,83	7,2
—10,5	—5,4	2,23	11,4
—9,0	—0,5	2,05	13,4
—7,5	13,0	2,09	15,4
—6,1	22,6	2,15	17,8
—4,6	32,8	2,43	20,1
—3,2	42,8	2,93	22,4
—1,7	52,2	3,48	24,5
—0,2	62,2	4,30	27,3
2,7	81,0	6,10	32,0
5,6	98,0	8,30	35,6
8,6	114,5	11,3	40,0
11,5	129,5	15,0	44,1
14,5	136,0	19,7	47,0

Zahlentafel 58.
Profil Nr. 391.

Anstell-winkel	C_a	C_w	C_m
—8,9°	—35,1	8,90	—9,6
—5,9	—21,4	5,40	—0,7
—4,5	—7,8	3,72	5,4
—3,0	4,7	2,62	9,4
—1,6	15,6	1,85	12,0
—0,1	25,8	1,66	14,5
1,4	35,6	1,88	16,6
2,8	45,2	2,22	18,8
4,3	54,9	2,84	20,8
5,8	64,0	3,71	23,0
8,7	82,3	6,24	27,6
11,6	96,8	11,2	30,6
14,6	100,9	20,3	36,7

Zahlentafel 59.
Profil Nr. 392.

Anstell-winkel	C_a	C_w	C_m
—8,9°	—22,6	8,90	—2,2
—6,0	—3,6	4,20	9,4
—4,5	7,4	2,55	13,0
—3,1	17,9	1,98	15,4
—1,6	27,5	1,92	17,7
—0,1	38,0	2,22	20,4
1,3	48,5	2,69	23,0
2,8	58,3	3,35	25,6
4,3	68,0	4,10	27,9
5,7	78,2	5,13	30,1
8,7	90,8	7,50	32,4
11,6	104,0	10,5	34,6
14,6	115,0	15,0	36,9
17,6	111,0	25,4	41,4

Zahlentafel 60.
Profil Nr. 393.

Anstell-winkel	C_a	C_w	C_m
—8,9°	—35,1	8,95	—11,1
—7,4	—28,8	7,26	—5,6
—5,9	—16,8	4,20	0,1
—4,5	—3,2	1,31	4,9
—3,0	6,7	1,28	7,1
—1,4	17,2	1,49	9,8
—0,1	27,4	1,72	12,3
1,4	37,8	2,10	14,8
2,8	48,6	2,67	17,8
4,3	58,9	3,35	20,0
5,7	69,5	4,15	22,7
8,7	91,0	6,53	28,4
11,6	108,8	9,60	33,0
14,6	117,0	13,6	36,9

Zahlentafel 61.

Profil Nr. **394.**

Anstellwinkel	C_a	C_w	C_m
− 8,9°	− 20,8	9,46	− 3,0
− 6,0	− 4,8	6,46	5,3
− 4,5	7,4	5,17	11,2
− 3,1	23,1	2,28	18,3
− 1,6	35,3	1,95	21,6
− 0,2	46,0	2,51	24,6
1,3	55,8	3,10	26,8
2,8	65,9	4,02	29,2
4,2	76,7	4,92	32,1
5,7	87,5	6,15	34,6
8,6	107,0	8,80	39,6
11,6	122,0	12,0	43,2
14,5	134,0	16,1	46,1

Zahlentafel 62.

Profil Nr. **395.**

Anstellwinkel	C_a	C_w	C_m
− 9,0°	− 11,2	9,08	− 0,4
− 6,0	− 1,9	7,08	5,8
− 4,5	9,0	5,89	11,4
− 3,1	23,6	4,98	18,5
− 1,6	40,5	2,90	25,3
− 0,2	50,8	2,99	28,4
1,3	61,3	3,69	30,9
2,7	72,0	4,52	33,7
4,2	82,3	5,68	36,0
5,7	92,0	6,78	38,5
8,6	112,0	9,61	43,5
11,5	126,8	13,0	46,7
14,5	136,5	16,6	48,8

Zahlentafel 63.

Profil Nr. **396.**

Anstellwinkel	C_a	C_w	C_m
− 8,9°	− 24 4	9,39	− 5,7
− 5,9	− 14,5	6,68	0,4
− 4,5	− 4,3	5,15	5,3
− 3,0	8,5	4,20	10,9
− 1,6	22,5	3,56	16,1
− 0,1	34,9	2,70	19,8
1,3	46,1	2,60	22,7
2,8	56,5	3,10	25,6
4,3	66,0	3,76	27,8
5,7	77,9	4,82	31,0
8,6	96,3	7,16	35,9
11,6	111,0	10,4	38,6
14,6	123,0	16,2	41,0

Zahlentafel 64.

Profil Nr. **397.**

Anstellwinkel	C_a	C_w	C_m
− 8,9°	− 34,0	8,82	− 10,2
− 5,9	− 20,2	5,61	− 1,3
− 4,5	− 8,2	4,12	3,7
− 3,0	3,8	3,06	7,8
− 1,6	15,4	2,17	10,9
− 0,1	25,6	1,81	13,2
1,4	36,6	1,99	15,4
2,8	46,0	2,44	18,5
4,3	56,0	3,12	20,8
5,8	65,0	4,12	22,7
8,7	83,2	6,52	26,8
11,6	99,0	11,0	31,3

Zahlentafel 65.

Profil Nr. **398.**

Anstellwinkel	C_a	C_w	C_m
− 11,9°	− 29,7	10,1	− 3,1
− 8,9	− 15,9	2,05	5,4
− 6,0	3,7	1,52	10,0
− 4,6	13,8	1,52	12,2
− 3,1	23,2	1,70	14,3
− 1,6	34,0	2,05	17,0
− 0,2	43,5	2,49	19,2
2,8	64,0	3,86	24,5
5,7	84,0	5,97	29,5
4,6	101,5	8,51	33,7
11,6	117,0	11,5	37,1
14,5	126,0	15,6	40,3

Zahlentafel 66.

Profil Nr. **399.**

Anstellwinkel	C_a	C_w	C_m
− 8,9°	− 30,5	9,10	− 8,0
− 5,9	− 13,8	5,28	2,6
− 4,5	− 2,6	3,65	6,8
− 3,0	8,9	1,76	9,9
− 1,6	18,8	1,48	12,3
− 0,1	28,8	1,64	14,7
1,4	39,2	2,03	17,8
2,8	49,4	2,55	20,1
4,3	59,2	3,27	22,5
5,7	69,9	4,17	25,0
8,7	89,1	6,48	29,7
11,6	104,0	9,22	33,3
14,6	109,0	13,3	35,0

Zahlentafel 67.

Profil Nr. **400.**

Anstellwinkel	C_a	C_w	C_m
− 8,9°	− 26,6	8,86	− 8,0
− 5,9	− 14,0	6,11	− 0,1
− 4,5	− 1,0	4,72	6,0
− 3,0	12,0	3,21	10,8
− 1,6	23,3	1,79	13,8
− 0,1	34,1	2,03	16,5
1,3	44,5	2,56	19,2
2,8	55,0	3,20	21,8
4,3	65,8	4,14	24,6
5,7	75,2	4,95	26,6
8,7	95,1	7,39	31,8
11,6	113,5	10,6	37,0

Zahlentafel 68.

Profil Nr. **401.**

Anstellwinkel	C_a	C_w	C_m
− 8,9°	− 25,8	8,84	− 7,4
− 6,0	− 14,8	5,86	− 0,9
− 4,5	− 3,7	4,58	4,2
− 3,0	8,4	3,62	8,6
− 1,6	19,7	2,91	12,3
− 0,1	31,2	2,02	14,9
1,4	40,9	2,32	17,2
2,8	51,8	2,97	20,2
4,3	61,7	3,73	22,5
5'7	72,0	4,52	25,1
8,7	92,4	6,90	30,1
11,6	110,5	9,75	34,9
14,6	122,0	13,2	36,5

Zahlentafel 69.

Profil Nr. **402.**

Anstellwinkel	C_a	C_w	C_m
− 8,9°	− 23,2	9,40	− 6,9
− 5,9	− 14,2	6,55	− 1,8
− 4,5	− 5,2	5,25	2,7
− 3,0	7,2	4,13	8,1
− 1,6	20,0	3,45	12,7
− 0,1	32,4	3,04	16,3
1,3	43,0	3,04	18,9
2,8	54,1	3,37	21,4
4,3	63,7	4,04	24,1
5,7	74,4	4,90	26,9
8,6	94,3	7,15	31,8
11,6	112,0	9,80	36,2
14,5	124,0	13,8	40,0

Zahlentafel 70.
Profil Nr. 403.

Anstell-winkel	C_a	C_w	C_m
— 8,9°	— 30,7	9,18	— 7,7
— 6,0	— 10,5	5,03	4,6
— 4,5	0,9	2,58	8,6
— 3,0	10,9	1,44	11,1
— 1,6	21,2	1,42	13,6
— 0,1	31,0	1,74	16,1
1,3	40,9	2,15	18,4
2,8	52,0	2,76	21,6
4,3	61,7	3,50	23,9
5,7	72,1	4,52	26,4
8,7	89,3	6,95	30,4
11,6	103,0	10,2	33,8

Zahlentafel 71.
Profil Nr. 404.

Anstell-winkel	C_a	C_w	C_m
— 8,9°	— 16,2	8,75	— 1,3
— 6,0	2,0	4,06	7,6
— 4,5	12,4	1,85	11,0
— 3,1	22,4	1,88	13,1
— 1,6	32,7	2,22	15,6
— 0,2	42,2	2,65	17,7
1,3	54,9	3,31	20,8
2,8	63,3	3,88	23,2
4,2	73,8	4,95	25,7
5,7	83,8	6,06	28,2
8,6	103,3	8,60	33,5
11,6	119,2	11,8	36,8
14,5	131,4	15,2	38,8
17,5	136,9	20,3	43,0

Zahlentafel 72.
Profil Nr. 405.

Anstell-winkel	C_a	C_w	C_m
— 9,0°	— 7,5	9,00	2,2
— 6,0	4,4	6,06	10,6
— 4,6	18,7	2,65	17,4
— 3,1	28,0	2,10	19,9
— 1,6	37,8	2,31	22,4
— 0,2	48,2	2,80	25,0
1,3	58,2	3,48	27,5
2,7	68,5	4,40	30,2
4,2	78,5	5,36	32,6
5,7	87,6	6,32	34,5
8,6	108,7	9,18	39,8
11,6	123,4	12,3	43,0
14,5	134,0	15,7	46,7

Zahlentafel 73.
Profil Nr. 406.

Anstell-winkel	C_a	C_w	C_m
— 8,9°	— 19,2	9,35	— 2,2
— 6,0	— 2,6	5,90	6,8
— 4,5	8,4	4,31	11,0
— 3,1	20,8	3,29	14,5
— 1,6	29,2	2,56	16,7
— 0,2	40,6	2,50	19,6
1,4	50,5	3,05	21,8
2,8	61,7	3,88	25,3
4,2	70,9	4,75	28,5
5,7	81,0	5,71	29,6
8,6	99,6	8,10	34,5
11,6	118,0	11,2	38,2
14,5	132,0	14,7	42,5
17,5	134,0	20,2	44,3

Zahlentafel 74.
Profil Nr. 407.

Anstell-winkel	C_a	C_w	C_m
— 8,9°	— 23,8	9,32	— 6,3
— 5,9	— 12,5	6,03	1,7
— 4,5	0,0	4,43	7,3
— 3,0	11,5	3,22	11,1
— 1,6	23,0	1,80	14,1
— 0,1	33,3	2,12	16,8
1,3	43,8	2,68	19,3
2,8	54,3	3,36	22,3
4,3	64,9	4,08	24,7
5,7	74,9	4,98	27,5
8,6	95,0	7,49	32,8
11,6	113,8	10,4	37,2
14,5	127,2	13,8	40,2
17,5	127,2	18,6	41,4

Zahlentafel 75.
Profil Nr. 408.

Anstell-winkel	C_a	C_w	C_m
— 8,9°	— 33,0	9,13	— 9,2
— 5,9	— 16,1	5,21	1,2
— 4,5	— 3,0	2,62	6,2
— 3,0	9,1	1,63	9,6
— 1,6	18,8	1,64	11,6
— 0,1	30,1	1,93	14,3
1,4	39,7	2,34	16,8
2,8	50,4	2,98	19,5
4,3	61,0	3,66	22,2
5,7	71,0	4,54	24,6
8,7	92,0	6,95	30,2
11,6	108,4	9,84	33,6
14,6	114,4	13,9	35,9

Zahlentafel 76.
Profil Nr. 409.

Anstell-winkel	C_a	C_w	C_m
— 2,9°	— 19,2	1,11	— 4,2
— 1,5	— 9,5	0,88	— 2,0
0,0	0,3	0,82	0,0
1,5	9,6	0,90	1,9
2,9	19,1	1,14	4,2
4,4	28,4	1,56	6,0
5,9	38,5	2,16	8,5
8,8	60,7	3,96	15,3
11,7	75,4	5,95	17,8
14,7	71,5	13,3	20,6
17,7	74,2	17,1	23,0

Zahlentafel 77.
Profil Nr. 410.

Anstell-winkel	C_a	C_w	C_m
— 8,8°	— 66,5	4,47	— 15,5
— 5,8	— 46,7	2,72	— 10,5
— 4,4	— 36,0	2,03	— 8,1
— 2,9	— 25,3	1,53	— 5,6
— 1,4	— 15,4	1,24	— 3,1
0,0	— 4,8	1,09	— 0,8
1,5	5,9	1,12	1,8
2,9	17,0	1,32	4,7
4,4	26,5	1,62	6,8
5,9	37,7	1,95	9,4
8,8	57,0	3,58	13,9
11,7	76,0	5,57	18,6
14,7	94,6	8,45	23,2
17,7	79,2	17,1	24,8
20,7	74,9	25,2	28,1

Zahlentafel 78.
Profil Nr. 411.

Anstell-winkel	C_a	C_w	C_m
— 2,9°	— 15,8	1,07	— 3,7
— 1,5	— 7,2	0,83	— 1,6
0,0	2,0	0,81	0,3
1,5	11,7	0,94	2,5
2,9	21,2	1,22	4,5
4,4	30,2	1,85	6,5
5,8	40,5	2,51	9,2
8,8	59,2	4,54	13,7
11,7	71,4	7,30	15,6
14,7	71,7	15,9	20,6
17,8	68,4	22,7	23,6

Zahlentafel 79.
Profil Nr. 412.

Anstell-winkel	C_a	C_w	C_m
— 8,9°	— 12,6	3,78	7,5
— 0,0	6,2	1,61	12,9
— 4,6	16,0	1,52	15,1
— 3,1	25,9	1,67	17,2
— 1,6	35 3	2,10	19,1
— 0,2	45,5	2,52	22,0
1,3	55,1	3,11	24,2
2,8	66,0	3,95	27,3
4,2	75,6	4,95	29,6
5,7	85,0	6,10	31,5
8,6	102,0	8,70	35,0
11,6	114,3	11,4	38,0
14,6	122,9	14,8	39,2

Zahlentafel 80.
Profil Nr. 413.

Anstell-winkel	C_a	C_w	C_m
— 9,0°	— 10,4	1,67	6,4
— 6,0	11,0	1,44	11,7
— 4,6	21,8	1,64	14,4
— 3,1	31,9	1,99	16,6
— 1,7	42,0	2,47	19,0
— 0,2	53,1	3,23	21,9
1,3	63,7	4,05	24,9
2,7	74,1	5,01	27,6
4,2	84,0	6,15	30,2
5,7	95,1	7,52	33,0
8,6	114,0	10,5	38,0
11,5	127,4	14,2	42,4
14,5	132,5	19,2	44,5

Zahlentafel 81.
Profil Nr. 414.

Anstell-winkel	C_a	C_w	C_m
— 9,0°	— 10,2	3,88	8,8
— 6,0	6,3	1,44	12,3
— 4,6	— 16,0	1,46	14,6
— 3,1	25,9	1,67	17,0
— 1,6	35,7	2,04	19,5
— 0,2	45,3	2,57	21,8
1,3	55,2	3,16	24,1
2,8	67,4	4,06	27,6
4,2	76,2	5,02	29,1
5,7	85,4	6,07	31,8
8,6	102,7	8,51	35,9
11,6	114,3	11,4	38,6
14,6	113,9	15,5	38,0

Zahlentafel 82.
Profil Nr. 415.

Anstell-winkel	C_a	C_w	C_m
— 8,9°	— 31,0	8,88	— 9,0
— 5,9	— 14,0	4,71	1,6
— 4,5	— 2,4	3,02	6,0
— 3,0	8,4	2,06	8,5
— 1,6	18,7	1,71	11,2
— 0,1	28,1	1,73	13,0
1,4	37,2	2,05	15,0
2,8	48,9	2,54	17,6
4,3	58,1	3,22	20,0
5,8	68,7	4,20	23,0
8,7	88,6	6,45	27,6
11,6	104,5	8,51	31,5
14,6	108,0	14,1	34,1

Zahlentafel 83.
Profil Nr. 416.

Anstell-winkel	C_a	C_w	C_m
— 8,9°	— 19,4	1,49	— 0,1
— 6,0	— 0,1	0,89	3,9
— 4,5	9,4	0,98	6,4
— 3,1	21,0	1,22	9,0
— 1,6	30,2	1,59	11,1
— 0,2	40,3	2,07	13,6
1,3	50,4	2,72	16,2
2,8	60,0	3,57	18,6
4,2	70,0	4,62	21,0
5,7	78,4	5,65	23,2
8,7	90,8	8,37	26,0
11,7	91,2	9,59	31,0

Zahlentafel 84.
Profil Nr. 417.

Anstell-winkel	C_a	C_w	C_m
— 8,9°	— 17,7	9,04	— 4,9
— 6,0	— 7,7	6,41	1,0
— 4,5	0,8	5,43	6,2
— 3,0	12,2	4,43	11,1
— 1,6	26,1	3,80	17,3
— 0,1	37,9	3,57	20,3
1,3	50,2	3,43	23,4
2,8	61,1	3,82	26,3
4,2	70,7	4,57	28,4
5,7	81,5	5,53	31,0
8,6	100,0	7,89	35,8
11,6	119,0	11,0	40,3
14,5	130,3	14,4	42,7

Zahlentafel 85.
Profil Nr. 418.

Anstell-winkel	C_a	C_w	C_m
— 8,9°	— 15,1	6,00	2,8
— 6,0	4,2	3,64	8,9
— 3,1	25,6	1,96	15,0
— 0,2	46,0	2,78	19,9
2,8	66,5	4,35	25,6
5,7	86,2	6,47	30,0
8,6	107,5	9,45	35,2
11,6	121,3	12,8	38,8
14,5	130,0	17,5	42,0
16,6	109,8	25,1	39,8

Zahlentafel 86.
Profil Nr. 419.

Anstell-winkel	C_a	C_w	C_m
— 8,9°	— 34,1	9,26	— 9,6
— 5,9	— 19,5	5,70	— 0,2
— 4,5	— 6,9	4,06	5,2
— 3,0	5,8	2,68	9,0
— 1,6	16,1	1,57	11,6
— 0,1	26,6	1,57	14,0
2,8	46,3	2,27	18,8
5,8	66,7	4,14	24,2
8,7	84,5	6,64	28,2
11,6	100,6	10,7	31,6
13,6	105,5	16,4	34,8
15,6	104,0	22,4	38,4
17,6	99,0	26,5	38,8
19,6	100,3	30,2	38,9

Zahlentafel 87.
Profil Nr. 420.

Anstell-winkel	C_a	C_w	C_m
—11,9°	— 21,6	1,69	4,2
— 9,0	— 1,6	1,38	9,2
— 6,1	19,6	1,53	14,3
— 4,6	29,7	1,88	16,8
— 3,1	40,4	2,39	19,4
— 1,7	51,0	3,04	22,3
— 0,2	61,0	3,76	24,6
1,2	70,0	4,56	26,8
2,7	81,2	5,66	30,3
4,2	89,2	6,91	32,0
5,6	97,7	7,99	33,3
8,6	117,0	11,6	40,0
11,5	126,0	15,4	42,2
14,5	130,5	20,1	44,3

Zahlentafel 88.
Profil Nr. 421.

Anstell-winkel	C_a	C_w	C_m
— 15,0°	9,3	13,4	9,7
— 13,5	3,6	10,5	9,6
— 12,0	— 6,3	2,43	15,6
— 9,0	12,2	1,94	20,0
— 6,1	32,0	2,30	24,7
— 4,7	42,2	2,71	27,0
— 3,2	52,2	3,38	29,7
— 1,7	61,8	4,15	32,0
— 0,3	71,0	5,12	34,3
1,2	80,0	6,15	36,3
2,7	89,5	7,19	38,3
5,6	105,0	9,59	42,0
8,6	119,0	12,6	44,9
11,5	132,0	15,6	48,1
14,5	140,0	20,2	50,5

Zahlentafel 89.
Profil Nr. 422.

Anstell-winkel	C_a	C_w	C_m
— 12,0°	— 5,9	10,4	5,3
— 9,0	5,2	5,20	12,9
— 6,1	22,4	1,97	18,5
— 4,6	32,0	2,18	20,6
— 3,2	41,6	2,59	23,1
— 1,7	51,0	3,21	25,2
— 0,2	60,5	3,70	27,6
1,2	68,8	4,38	29,0
2,7	78,3	5,46	31,4
4,2	88,8	6,67	34,2
5,6	97,0	7,84	35,6
8,6	116,7	11,1	40,9
11,5	129,7	14,5	44,5
14,5	136,5	19,2	46,3

Zahlentafel 90.
Profil Nr. 423.

Anstell-winkel	C_a	C_w	C_m
— 11,9°	— 19,6	2,02	5,9
— 9,0	— 0,1	1,59	10,1
— 6,1	19,7	1,67	14,4
— 4,6	29,5	1,94	16,4
— 3,1	38,6	2,32	18,7
— 1,7	48,6	2,86	20,9
— 0,2	57,7	3,44	23,2
1,3	70,4	4,44	26,9
2,7	80,0	5,53	29,4
4,2	89,0	6,67	31,2
5,6	96,8	7,96	33,2
8,6	113,0	10,9	37,7
11,6	116,0	14,8	38,0

Zahlentafel 91.
Profil Nr. 424.

Anstell-winkel	C_a	C_w	C_m
— 12,0°	— 7,4	2,24	6,8
— 9,0	10,0	1,81	10,4
— 6,1	28,2	2,07	14,6
— 4,6	37,8	2,36	16,6
— 3,2	47,4	2,92	18,9
— 1,7	57,2	3,52	21,6
— 0,2	66,6	4,46	24,2
1,2	77,2	5,46	26,9
2,7	88,5	6,75	30,2
4,1	98,0	8,00	33,0
5,6	106,0	9,40	35,3
8,6	121,4	12,7	39,8
11,6	124,5	17,4	41,9

Zahlentafel 92.
Profil Nr. 425.

Anstell-winkel	C_a	C_w	C_m
— 9,0°	— 8,7	2,02	6,3
— 6,0	11,4	1,59	11,4
— 4,6	21,5	1,67	13,4
— 3,1	31,1	1,86	15,8
— 1,7	42,5	2,44	19,2
— 0,2	52,7	3,06	21,4
1,3	62,2	3,70	23,6
2,7	72,5	4,74	26,7
4,2	82,0	5,67	28,8
5,7	93,0	7,19	31,7
8,6	111,7	10,0	37,4
11,6	120,4	13,2	40,7

Zahlentafel 93.
Profil Nr. 426.

Anstell-winkel	C_a	C_w	C_m
— 8,9°	— 14,4	6,43	2,8
— 6,0	7,2	2,12	11,4
— 4,6	17,2	1,76	13,6
— 3,1	27,2	1,87	15,9
— 1,6	37,6	2,25	19,0
— 0,2	48,7	2,71	21,6
1,3	58,6	3,39	24,2
2,8	70,0	4,18	27,2
4,2	80,0	5,30	29,8
5,7	90,5	6,40	31,9
8,6	109,0	9,18	37,4
11,5	127,0	13,0	42,3
14,5	128,0	17,8	44,0

Zahlentafel 94.
Profil Nr. 427.

Anstell-winkel	C_a	C_w	C_m
— 8,9°	— 24,8	9,45	— 5,2
— 5,9	— 14,4	6,64	1,2
— 4,5	— 2,3	5,21	7,5
— 3,0	9,2	4,25	12,5
— 1,6	22,8	3,30	17,2
— 0,1	34,9	2,46	20,5
1,3	44,5	2,43	22,7
2,8	55,0	2,91	24,6
4,3	64,6	3,69	27,3
5,7	75,0	4,58	29,7
8,7	95,0	6,83	34,7
11,6	110,0	9,80	37,4
14,6	119,7	14,2	38,5

Zahlentafel 95.
Profil Nr. 428.

Anstell-winkel	C_a	C_w	C_m
— 8,9°	— 32,2	7,95	— 4,9
— 6,0	— 8,9	3,01	5,3
— 4,5	1,1	1,50	7,5
— 3,0	10,3	1,24	9,6
— 1,6	20,5	1,32	12,0
— 0,1	30,2	1,57	14,3
1,3	40,2	1,84	16,5
2,8	50,6	2,46	19,2
4,3	60,8	3,28	21,5
5,7	70,4	4,23	24,0
8,7	88,4	6,62	28,3
11,6	100,0	9,44	30,1

Zahlentafel 96.
Profil Nr. 429.

Anstell-winkel	C_a	C_w	C_m
— 8,8°	— 61,5	3,76	— 14,8
— 5,9	— 39,6	2,08	— 8,9
— 4,4	— 29,0	1,57	— 6,7
— 2,9	— 18,1	1,17	— 3,9
— 1,5	— 7,8	0,91	— 1,5
0,0	2,8	0,84	1,0
1,5	12,9	0,98	3,4
2,9	23,6	1,26	6,0
4,4	34,0	1,74	8,4
5,8	44,4	2,27	10,9
8,8	65,8	4,26	16,4
11,7	84,9	6,66	21,7
14,7	83,0	14,9	26,7

Zahlentafel 97.
Profil Nr. 430.

Anstell-winkel	C_a	C_w	C_m
— 9,0°	— 7,4	1,46	11,3
— 6,1	14,0	1,32	16,6
— 4,6	24,3	1,52	19,2
— 3,1	35,6	1,94	21,9
— 1,7	45,5	2,39	24,5
— 0,2	56,0	3,14	27,0
1,3	66,0	4,00	29,6
2,7	76,8	5,04	32,3
4,2	87,0	6,33	35,4
5,6	96,9	7,44	37,5
8,6	113,9	10,4	41,4
11,5	128,0	13,6	44,9
14,5	137,0	17,2	46,7

Zahlentafel 98.
Profil Nr. 431.

Anstell-winkel	C_a	C_w	C_m
— 9,0°	— 4,1	9,14	7,3
— 6,1	24,3	1,92	25,3
— 4,6	35,4	2,22	28,3
— 3,2	46,0	2,70	30,5
— 1,7	57,3	3,38	34,0
— 0,3	68,6	4,25	37,3
1,2	78,6	5,42	39,4
2,7	89,7	6,70	42,7
4,1	100,0	7,92	45,2
5,6	110,0	9,41	47,7
8,5	128,0	13,0	52,7
11,5	143,0	16,6	56,0
14,5	144,0	20,5	55,2

Zahlentafel 99.
Profil Nr. 432.

Anstel.-winkel	C_a	C_w	C_m
— 9,1°	21,3	9,50	15,4
— 6,1	27,3	8,50	18,6
— 4,6	34,6	8,09	22,5
— 3,2	46,5	7,89	28,9
— 1,7	67,3	6,43	40,6
— 0,3	82,9	6,41	46,6
1,2	94,0	7,59	50,2
2,6	105,4	9,03	52,8
4,1	115,8	10,6	55,4
5,5	125,0	12,3	58,1
8,5	144,0	16,0	63,4
11,4	160,6	19,9	66,7
14,4	163,9	23,7	66,0

Zahlentafel 100.
Profil Nr. 433.

Anstell-winkel	C_a	C_w	C_m
—11,9°	— 21,8	2,10	7,6
— 9,0	— 0,1	1,49	12,4
— 6,1	21,9	1,65	17,5
— 4,6	32,3	2,02	20,2
— 3,2	44,2	2,55	22,8
— 1,7	54,7	3,28	25,3
— 0,2	66,0	4,03	27,9
1,2	76,5	5,18	30,6
2,7	86,9	6,39	33,3
4,1	97,2	7,70	35,6
5,6	107,0	9,17	38,2
8,5	124,5	12,4	42,5
11,5	135,0	16,8	45,3

Zahlentafel 101.
Profil Nr. 434.

Anstell-winkel	C_a	C_w	C_m
—12,0°	— 5,4	1,94	12,0
— 9,1	16,0	1,86	16,3
— 6,1	37,8	2,57	21,3
— 4,7	48,0	3,11	23,8
— 3,2	59,5	3,94	26,9
— 1,8	70,1	4,80	29,1
— 0,3	79,0	5,81	31,5
2,6	99,5	8,60	37,1
5,6	116,0	11,6	40,9
8,5	127,0	15,2	43,9

Zahlentafel 102.
Profil Nr. 435.

Anstell-winkel	C_a	C_w	C_m
—17,9°	— 36,9	3,29	3,2
—16,4	— 27,6	2,57	5,5
—14,9	— 17,2	2,09	8,0
—13,5	— 6,5	1,86	10,4
—12,0	4,4	1,94	12,9
— 9,1	26,4	2,16	17,8
— 6,2	47,5	3,21	23,0
— 4,7	57,7	4,05	25,4
— 3,3	68,8	5,07	28,3
— 1,8	78,0	6,03	30,2
— 0,3	87,9	7,34	33,3
2,6	105,4	10,3	38,6
5,6	120,3	13,8	42,5
8,5	128,3	18,7	45,6

Zahlentafel 103.
Profil Nr. 436.

Anstell-winkel	C_a	C_w	C_m
— 8,9°	— 23,9	4,37	0,9
— 6,0	5,0	1,44	6,3
— 4,5	5,0	1,30	8,4
— 3,0	15,0	1,33	10,7
— 1,6	24,6	1,59	13,0
— 0,1	34,9	1,89	15,4
1,3	45,1	2,47	18,2
2,8	54,8	2,94	20,2
4,3	64,7	3,82	22,6
5,7	75,1	4,88	24,8
8,7	94,5	7,28	30,1
11,6	112,0	9,99	34,3
14,6	120,4	13,8	36,5

Zahlentafel 104.
Profil Nr. 437.

Anstell-winkel	C_a	C_w	C_m
— 8,9°	— 25,4	9,12	— 6,4
— 6,0	— 14,0	6,15	1,1
— 4,5	— 1,4	4,44	7,6
— 3,0	12,3	3,05	12,2
— 1,6	22,9	1,78	15,0
— 0,1	33,6	1,90	17,6
1,3	44,0	2,32	20,2
2,8	54,5	2,87	22,8
4,3	65,2	3,76	25,6
5,7	75,5	4,74	28,1
8,7	95,5	7,33	32,9
11,6	108,9	10,5	35,8
14,6	116,0	14,0	37,4

Zahlentafel 105.
Profil Nr. 438.

Anstell-winkel	C_a	C_w	C_m
— 8,9°	— 23,9	8,93	— 5,5
— 6,0	— 11,3	5,91	2,8
— 4,5	2,6	4,17	9,1
— 3,1	15,0	2,43	13,0
— 1,6	26,2	1,66	16,0
— 0,1	35,4	2,04	18,5
1,3	47,1	2,53	21,1
2,8	58,1	3,24	23,9
4,3	68,4	4,02	26,4
5,7	78,9	5,15	29,0
8,6	99,1	7,85	34,2
11,6	112,2	10,9	36,9
14,6	115,2	15,1	38,3

Zahlentafel 106.

Profil Nr. **439.**

Anstell-winkel	C_a	C_w	C_m
— 8,9°	— 22,5	8,70	— 4,7
— 6,0	— 6,0	5,40	5,2
— 4,5	7,2	3,88	10,8
— 3,1	19,4	2,54	14,5
— 1,6	30,2	1,93	17,2
— 0,1	40,6	2,16	19,8
1,3	50,6	2,74	22,4
2,8	61,0	3,40	25,0
4,2	71,8	4,51	27,8
5,7	83,0	5,70	30,5
8,6	101,0	8,20	35,0
11,6	114,1	11,4	38,0
14,6	116,5	24,4	39,6

Zahlentafel 107.

Profil Nr. **440.**

Anstell-winkel	C_a	C_w	C_m
— 9,1°	16,0	10,6	9,2
— 6,1	22,2	8,48	11,9
— 4,6	25,3	7,69	13,5
— 3,1	31,3	7,14	16,9
— 1,7	45,8	6,51	25,6
— 0,2	65,0	6,15	34,7
1,2	77,2	6,37	38,8
2,7	88,8	7,17	41,8
4,1	99,3	8,40	45,2
5,6	110,0	9,84	48,2
8,5	127,0	13,0	52,1
11,5	138,0	16,5	54,3
14,5	137,0	18,6	54,6

Zahlentafel 108.

Profil Nr. **441.**

Anstell-winkel	C_a	C_w	C_m
— 9,0°	2,6	10,1	8,0
— 6,1	21,7	4,80	19,4
— 4,6	35,7	2,58	26,4
— 3,2	46,3	3,08	29,2
— 1,7	57,0	3,76	32,2
— 0,2	67,5	4,60	34,8
1,2	77,6	5,58	37,4
2,7	88,0	6,76	40,3
4,1	98,4	8,05	42,8
5,6	108,0	9,59	45,2
8,5	127,0	12,7	49,7
11,5	144,3	16,6	54,7
14,4	159,4	20,9	58,6
17,4	156,5	26,8	58,1

Zahlentafel 109.

Profil Nr. **442.**

Anstell-winkel	C_a	C_w	C_m
— 8,9°	— 27,0	8,57	— 6,2
— 6,0	— 8,2	4,93	4,4
— 4,5	4,1	3,40	9,2
— 3,1	16,1	2,27	12,4
— 1,6	26,5	1,67	14,8
— 0,1	36,5	1,94	17,0
1,3	46,6	2,46	19,5
2,8	57,0	3,10	22,3
4,3	67,0	3,98	24,8
5,7	78,0	5,09	27,1
8,6	97,1	7,64	31,9
11,6	115,0	10,8	36,4
14,5	129,0	14,2	39,5

Zahlentafel 110.

Profil Nr. **443.**

Anstell-winkel	C_a	C_w	C_m
— 2,9°	— 14,7	0,94	— 3,0
— 1,5	— 5,4	0,57	— 1,2
0,0	5,5	0,57	1,8
1,4	16,0	0,83	4,2
2,9	26,2	1,48	6,9
5,8	46,6	4,28	11,4
8,8	65,7	10,1	19,3
11,7	73,7	16,3	27,0

Zahlentafel 111.

Profil Nr. **444.**

Anstell-winkel	C_a	C_w	C_m
— 2,9°	— 15,7	0,79	— 3,9
— 1,5	— 6,1	0,60	— 1,7
0,0	5,5	0,56	1,4
1,4	16,7	0,80	4,5
2,9	25,5	1,36	6,4
4,4	34,1	2,06	8,2
5,8	44,8	3,46	10,4
8,8	63,1	9,40	17,1
11,8	70,3	15,6	24,9

Zahlentafel 112.

Profil Nr. **445.**

Anstell-winkel	C_a	C_w	C_m
— 2,9°	— 19,4	1,16	— 5,0
— 1,5	— 8,7	0,87	— 1,6
0,0	2,7	0,76	0,4
1,5	12,8	0,80	3,1
2,9	22,4	1,23	5,7
5,8	42,8	2,85	10,2
8,8	61,8	8,31	16,1
11,8	70,7	15,4	25,0
14,7	76,6	21,1	27,5

Zahlentafel 113.

Profil Nr. **446.**

Anstell-winkel	C_a	C_w	C_m
— 9,0°	— 5,4	8,89	4,1
— 6,0	10,4	4,75	14,7
— 4,6	20,5	2,28	18,6
— 3,1	32,1	2,20	21,5
— 1,7	42,5	2,62	24,4
— 0,2	53,3	3,21	26,9
1,3	63,0	3,83	29,3
2,7	74,0	4,90	31,6
4,2	83,9	5,84	34,6
5,7	94,0	6,99	36,8
8,6	112,0	9,98	41,3
11,5	128,0	13,3	45,5
14,5	137,5	17,3	47,3

Zahlentafel 114.

Profil Nr. **447.**

Anstell-winkel	C_a	C_w	C_m
— 9,0°	— 0,7	9,55	7,0
— 6,0	13,4	6,74	14,5
— 4,6	25,0	5,50	19,4
— 3,1	37,3	3,78	24,4
— 1,7	49,6	3,10	27,7
— 0,2	59,6	3,84	30,3
1,3	70,3	4,75	33,0
2,7	80,4	5,63	35,6
4,2	91,1	6,80	38,4
5,6	100,5	8,10	40,5
8,6	119,2	11,3	45,3
11,5	134,5	14,6	49,2
14,5	149,2	18,6	51,2

Zahlentafel 115. Profil Nr. **448**.			
Anstell-winkel	C_a	C_w	C_m
— 9,1°	20,1	9,67	13,4
— 6,1	28,1	7,86	16,4
— 4,6	31,6	7,27	18,6
— 3,1	40,5	7,06	23,4
— 1,7	53,8	6,90	29,8
— 0,2	66,0	7,00	34,4
1,2	82,6	6,64	41,0
2,7	93,2	7,41	43,8
4,1	103,6	9,12	47,0
5,6	114,0	10,5	49,1
8,5	131,0	13,9	53,7
11,5	148,0	17,8	58,9
14,4	157,0	21,9	59,7

Zahlentafel 116. Profil Nr. **449**.			
Anstell-winkel	C_a	C_w	C_m
— 9,0°	— 2,6	1,75	10,7
— 6,1	17,3	1,66	15,3
— 4,6	27,8	1,86	17,6
— 3,1	37,8	2,30	20,1
— 1,7	48,6	2,78	22,4
— 0,2	57,2	3,36	24,6
1,3	66,6	3,99	26,6
2,7	77,4	4,90	29,4
4,2	87,5	6,15	32,0
5,6	96,0	7,55	34,0
8,6	113,1	10,6	38,0
11,5	126,5	13,6	43,1
14,5	132,4	18,3	47,2

Zahlentafel 117. Profil Nr. **450**.			
Anstell-winkel	C_a	C_w	C_m
— 8,9°	— 20,8	8,77	— 3,1
— 6,0	— 12,4	5,66	4,6
— 4,5	5,6	3,98	11,0
— 3,1	18,5	2,36	15,3
— 1,6	29,7	1,77	18,0
— 0,1	40,2	2,13	20,7
1,3	50,4	2,71	23,0
2,8	61,0	3,31	25,8
4,2	71,7	4,34	28,4
5,7	82,0	5,31	30,9
8,6	101,8	8,10	35,7
11,6	113,5	11,0	38,0
14,6	120,0	14,8	39,0

Zahlentafel 118. Profil Nr. **451**.			
Anstell-winkel	C_a	C_w	C_m
— 8,9°	— 24,2	9,06	— 5,4
— 5,9	— 14,0	6,21	0,0
— 4,5	— 2,9	4,67	5,6
— 3,0	11,4	3,80	12,1
— 1,6	25,7	3,13	17,3
— 0,1	37,8	2,66	20,8
1,3	49,2	2,70	23,5
2,8	60,5	3,35	26,3
4,2	71,0	4,13	29,2
5,7	81,1	5,30	31,4
8,6	100,0	8,01	35,5
11,6	115,0	12,0	38,8
14,6	125,0	20,0	42,0

6. Gegenseitige Beeinflussung von Tragfläche und Schraube.

Zur Ausführung der Versuche zum Studium der gegenseitigen Beeinflussung von Tragfläche und Luftschraube diente eine Anordnung, deren wesentlichste Teile in Abb. 59 dargestellt sind. Die Trag-fläche hatte eine Spannweite von 960 mm und eine Tiefe von 160 mm; der Flügelquerschnitt besaß das in den Profilmessungen enthaltene Profil Nr. 436. Die Schraube mit einem Durchmesser von 265 mm war am Ende einer frei tragenden Welle befestigt. Diese wurde in einem auf dem Schwimmer-rahmen aufgebauten Gestell gelagert und mittels Riemen durch einen außerhalb des Luftstromes befindlichen Elektromotor angetrieben. Die im Luftstrom befindlichen Teile, also das Gestell mit der Lagerung der Welle und Riemenscheibe waren mit einer Windverkleidung versehen. Die Länge der frei tragenden Welle von der Schraube bis zum Lager betrug im Falle der Anordnung nach Abb. 59 rd. 1200 mm. Bei den Versuchen, wobei sich die Luftschraube hinter der Fläche befand, wurde eine entsprechend kürzere Welle verwendet. Durch den Aufbau der Luftschraube einschließlich ihres Antriebes auf dem Schwimmerrahmen war es möglich, den Schub der Schraube zu messen. Eine Schrägstellung der Schraubenachse gegen die Windrichtung entsprechend der Änderung des Anstell-winkels des Flügels war bei der vorliegenden Anordnung nicht möglich. Die Schraubenwelle blieb stets in Richtung des Luftstromes eingestellt, während die Fläche unter verschiedenen Winkeln geneigt wurde, wobei die Drehung um den Punkt D erfolgte.

Die Windgeschwindigkeit betrug bei allen Versuchen rd. 20 m/s, die Umdrehungszahl der Luftschraube wurde auf rd. 7000 Umdr./min eingestellt und während der ganzen Versuche konstant gehalten. Die Umfangsgeschwindigkeit der Schraube betrug demnach $u = 97$ m/s und das Verhältnis von Fahrtgeschwindigkeit zu Umfangsgeschwindigkeit $v/u = 1/4,86$.

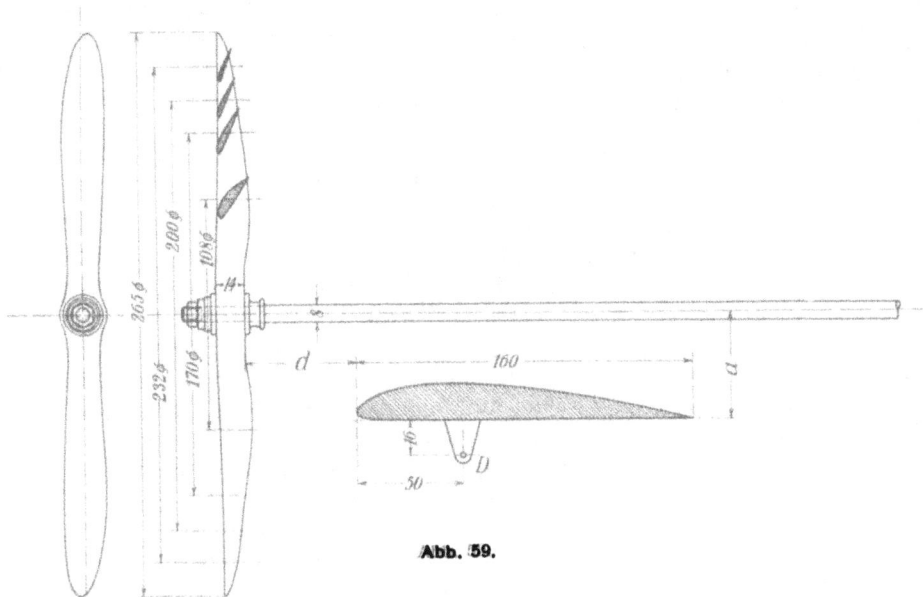

Abb. 59.

Zunächst wurden Tragfläche und Schraube für sich, also ohne gegenseitige Beeinflussung gemessen (Zahlentafeln 119 und 120). Hierauf wurden folgende Anordnungen untersucht:

1. Luftschraube vor der Tragfläche:
   a) Schraubenachse auf der Druckseite der Fläche,
   b)   „   „ „ Saugseite der Fläche.
2. Luftschraube hinter der Tragfläche:
   a) Schraubenachse auf der Druckseite der Fläche,
   b)   „   „ „ Sehne der Fläche (bei Anstellwinkel 0°),
   c)   „   „ „ Saugseite der Fläche.

Zahlentafel 119.

Tragflügel 960×160 mm allein ($F = 1530$ cm²).

Anstell-winkel	C_a	C_w	C_m
— 8,9°	— 29,6	8,36	— 6,6
—6,0	— 6,6	2,21	6,4
—3,0	13,1	1,51	10,2
—0,1	33,8	1,86	14,5
2,8	55,3	3,04	19,5
5,8	75,9	4,80	24,5
8,7	96,5	7,16	29,2
11,7	114,0	9,90	33,1
14,7	114,0	13,8	33,6
17,7	108,0	19,0	34,2

Zahlentafel 120.

Luftschraube, 265 mm ⌀, allein. Drehzahl $n = 7000$ Umdr./min.

Staudruck q (kg/m²)	0	6,7	14,6	25,8	40,1	57,6
Schub S (gr)	1082	1032	875	705	460	169

Gemessen wurden Auftrieb, Widerstand und Moment der Tragfläche bei verschiedenen Anstellwinkeln, ferner der Schub der Schraube. Die Messungen wurden bei verschiedenen Abständen der

Schraubenwelle von der Tragfläche ausgeführt. Sie sind gekennzeichnet durch den Abstand a der Schraubenachse von der Flügelsehne beim Anstellwinkel 0^0 des Flügels. Den Abstand des Schraubenkreises von der Fläche definieren wir durch die Strecke d zwischen Flügelvorderkante und Hinterfläche der Luftschraubennabe (bzw. Flügelhinterkante und Vorderfläche der Schraubennabe, falls sich die Schraube entsprechend den Versuchen unter 2. hinter der Fläche befindet). Diese Entfernung ist bei den einzelnen Versuchen verschieden (im Mittel 50 mm); das genaue Maß ist aus den zugehörigen Zahlentafeln zu ersehen. Auf den graphisch dargestellten Ergebnissen ist des besseren Vergleiches wegen stets die von der Schraube unbeeinflußte Polarkurve ($a = \infty$) gestrichelt eingezeichnet. Der Schraubenschub S ist durch die dimensionslose Zahl C_s ausgedrückt und abhängig vom Auftrieb vom Anfangspunkt aus nach links aufgetragen. C_s ist definiert durch

$$S = C_s\, F\, q/100,$$

wobei unter F der Flächeninhalt des Flügels zu verstehen ist. Durch diesen Ansatz ist die Schraubenschubzahl C_s in analoger Weise wie die Widerstandszahl C_w gebildet. Dies ist geschehen, um die Werte von C_s und C_w, die von gleicher Größenordnung sind, unmittelbar miteinander vergleichen zu können. Zu beachten ist, daß auf den Darstellungen der Maßstab für C_s doppelt so groß ist wie der für C_w und daß die Skala der C_s abgekürzt ist; sie beginnt mit $C_s = 15$. Die der ungestörten Schraube entsprechende Schraubenschubzahl C_s ist ebenfalls stets gestrichelt eingetragen. Der Schub der Schraube wurde zur Erlangung einer ausgeprägten Wirkung der Beeinflussung im Verhältnis zum Widerstand der Fläche ziemlich groß genommen. Daß dies der Fall war, geht aus folgender Abschätzung hervor: Legen wir einen Anstellwinkel von 6^0 zugrunde (vgl. die gestrichelte Polarkurve in Abb. 61), so ergibt sich unter der Annahme, daß die schädlichen Widerstände annähernd ebenso groß sind wie der Flügel-

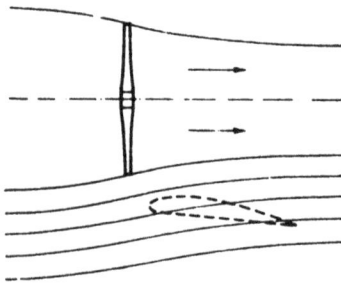

Abb. 60.

widerstand, ein Gesamtwiderstand entsprechend einer Widerstandszahl $C_w = 10$. Der Schraubenschub dagegen ist im Mittel $C_s = 18$, also erheblich größer wie der Widerstand, so daß die vorliegenden Verhältnisse einem Flugzustand bei starkem Steigen entsprechen.

Bei Beurteilung der Ergebnisse unterscheidet man zweckmäßig zweierlei Arten von Einflüssen, nämlich Geschwindigkeitsänderungen und Richtungsänderungen der Strömung. Für die Schraube kommen in der Hauptsache nur die durch die Tragfläche hervorgerufenen Änderungen in der Zuflußgeschwindigkeit in Betracht. Die Tragfläche indessen erfährt außer zusätzlichen Geschwindigkeiten auch geringe Richtungsänderungen der anströmenden Luft, durch welche der Widerstand merklich beeinflußt wird. Dies tritt besonders in Erscheinung, wenn sich die Fläche außerhalb des Schraubenstrahles befindet. Nehmen wir beispielsweise die in Abb. 60 schematisch skizzierte Anordnung an, so ist ersichtlich, daß sich infolge der Eigenart der Luftströmung in der Umgebung einer Schraube an der Stelle, an der sich der Flügel befindet, eine nach oben gerichtete Strömung ausbildet, die in diesem Falle, wenn sie auch nur auf einen Teil der Fläche wirkt, den Widerstand dennoch merklich zu verkleinern imstande ist. Befindet sich die Schraube vor der Fläche und liegt die Schraubenachse auf der Druckseite (Abb. 61, Zahlentafeln 121—123), so erfährt die Fläche stets größeren Widerstand als in der unbeeinflußten Strömung. Bei geringen Entfernungen von der Schraubenachse, bei welchen die Fläche den abfließenden Schraubenstrahl durchdringt, ist die Widerstandszunahme durch die hier herrschende größere Geschwindigkeit bedingt. Wird der Abstand a so weit vergrößert, daß die Fläche außerhalb des Schraubenstrahles zu liegen kommt, so wird der Widerstand im wesentlichen durch die hier herrschende Abwärtsgeschwindigkeit erhöht. Auf der Druckseite ist infolge der um den Flügel bestehenden Zirkulationsströmung die Geschwindigkeit geringer als in großer Entfernung, und zwar ist die Geschwindigkeit, wie wir wissen, um so kleiner, je größer der Auftrieb der Fläche ist. Die auf der Druckseite arbeitende Schraube entwickelt daher, da der Schub mit abnehmender Zuflußgeschwindigkeit wächst, im vorliegenden Falle größeren Schub als die unbeeinflußte Schraube und ferner nimmt der Schub mit Vergrößerung des Anstellwinkels der Fläche zu. Liegt die Schraubenachse auf der Saugseite, so kehren sich die Verhältnisse um (Abb. 62, Zahlentafeln 124—127). Hier arbeitet die Schraube in einer Strömung mit erhöhter Geschwindigkeit und entwickelt demzufolge geringeren Schub, und zwar um so geringer, je größer der Auftrieb des Flügels ist. Nur bei großer

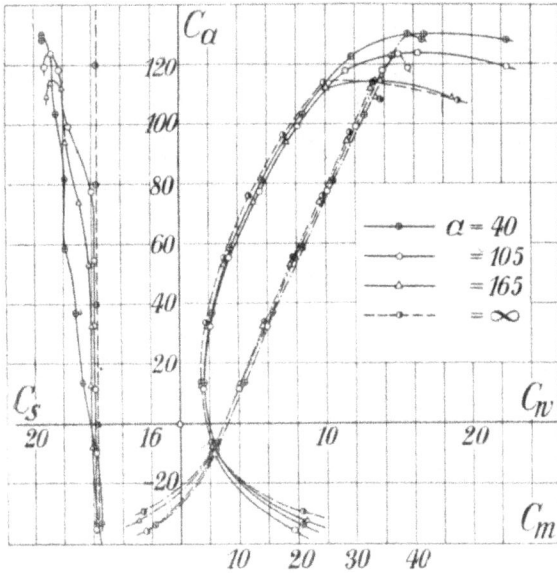

Abb. 61.

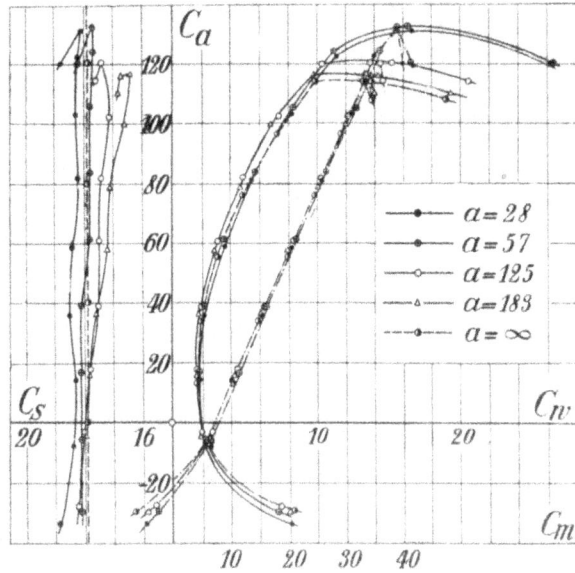

Abb. 62.

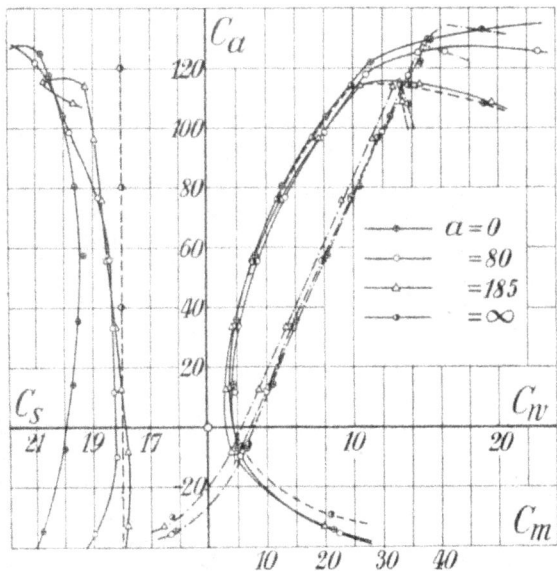

Abb. 63.

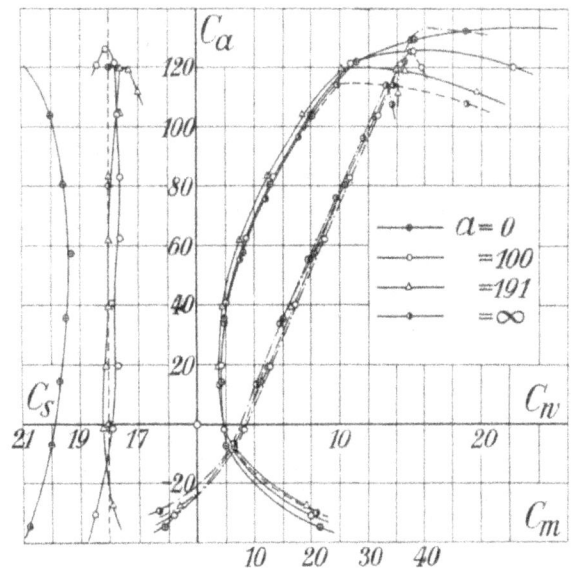

Abb. 64.

Annäherung an den Flügel ($a = 28$ mm) tritt ein erhöhter Schub auf. Die Schraube arbeitet hier demnach im Mittel in einer verlangsamten Strömung, was im wesentlichen wohl dadurch zu erklären ist, daß der Schraubenkreis zum Teil auf der Druckseite des Flügels liegt und die dort mit geringer Geschwindigkeit strömende Luft erfaßt. Der Flügel erfährt in diesem Falle vergrößerten Widerstand. Bei den anderen untersuchten Fällen verringert sich der Flügelwiderstand gegenüber dem

1. Luftschraube vor dem Tragflügel.

a) Schraubenachse auf der Druckseite.

Zahlentafel 121. Abstand $a = 40$ mm, $d = 55$ mm.

Anstell-winkel	C_a	C_w	C_m	C_s
— 8,9°	— 33,8	8,24	— 4,5	17,7
— 6,0	— 8,5	2,46	6,1	17,9
— 3,0	13,5	1,68	11,0	18,3
— 0,1	35,9	2,16	15,9	18,5
2,8	58,6	3,49	21,1	18,9
5,8	81,0	5,62	26,4	18,9
8,7	103,1	8,47	31,8	19,2
11,7	122,8	11,8	36,4	19,4
14,6	130,0	16,8	39,2	19,7
17,6	128,3	22,4	41,5	19,7

Zahlentafel 122. Abstand $a = 105$ mm, $d = 55$ mm.

Anstell-winkel	C_a	C_w	C_m	C_s
— 8,9°	— 35,3	7,71	— 6,1	17,9
— 6,0	— 10,0	2,37	5,4	17,9
— 3,0	11,5	1,63	10,0	17,9
— 0,1	32,8	2,15	14,8	17,9
2,8	54,4	3,42	19,7	17,9
5,8	77,3	5,55	25,3	18,0
8,7	99,0	8,10	30,2	18,8
11,7	118,0	11,4	34,8	19,1
14,7	123,3	16,3	37,4	19,4
17,7	119,0	22,4	39,1	19,6

Zahlentafel 123. Abstand $a = 165$ mm, $d = 60$ mm.

Anstell-winkel	C_a	C_w	C_m	C_s
— 8,9°	— 32,3	8,54	— 7,2	17,8
— 6,0	— 7,9	2,21	5,8	18,0
— 3,0	12,4	1,48	10,2	18,1
— 0,1	32,5	1,93	14,4	18,0
2,9	53,0	3,04	18,9	18,1
5,8	73,9	5,10	23,8	18,4
8,7	94,1	7,36	28,6	18,9
11,7	112,0	10,0	32,6	19,0
14,7	114,0	13,7	33,4	19,4
17,7	109,0	18,6	33,6	19,5

b) Schraubenachse auf der Saugseite.

Zahlentafel 124. Abstand $a = 28$ mm, $d = 63$ mm.

Anstell-winkel	C_a	C_w	C_m	C_s
— 8,9°	— 33,8	8,22	— 4,4	18,9
— 6,0	— 8,4	2,42	5,3	18,4
— 3,0	13,8	1,84	10,1	18,3
— 0,1	35,6	2,21	15,5	18,5
2,8	58,7	3,60	20,4	18,4
5,8	81,5	5,48	25,9	18,2
8,7	103,2	8,22	31,2	18,3
11,7	122,7	11,4	35,0	18,2
14,6	131,0	16,6	38,8	18,1
17,7	120,1	26,1	39,6	18,8

Zahlentafel 125. Abstand $a = 57$ mm, $d = 55$ mm.

Anstell-winkel	C_a	C_w	C_m	C_s
— 8,9°	— 30,0	7,35	— 2,5	18,1
— 6,0	— 6,0	2,21	6,3	18,1
— 3,0	16,5	1,81	11,3	18,1
— 0,1	38,6	2,18	16,2	18,1
2,8	61,1	3,48	21,2	17,8
5,8	83,4	5,65	26,6	17,8
8,7	105,2	8,26	31,9	17,8
11,7	124,1	11,2	35,9	17,7
14,6	132,0	16,3	39,0	17,7
17,7	120,0	26,4	41,1	18,2

Zahlentafel 126. Abstand $a = 125$ mm, $d = 53$ mm.

Anstell-winkel	C_a	C_w	C_m	C_s
— 8,9°	— 28,2	7,49	— 2,8	18,2
— 6,0	— 3,5	2,04	6,9	18,0
— 3,0	17,4	1,66	11,2	17,8
— 0,1	38,9	1,96	16,1	17,5
2,8	60,6	3,16	20,9	17,5
5,8	81,6	4,87	25,8	17,4
8,7	102,1	7,36	30,5	17,1
11,7	119,7	10,4	34,3	17,4
14,7	120,1	15,2	35,8	17,4
17,7	114,2	20,6	36,4	17,6

Zahlentafel 127. Abstand $a = 183$ mm, $d = 62$ mm.

Anstell-winkel	C_a	C_w	C_m	C_s
— 8,9°	— 30,1	8,01	— 4,3	18,1
— 6,0	— 5,2	1,76	6,4	17,9
— 3,0	15,4	1,48	10,4	17,8
— 0,1	36,1	1,68	15,1	17,6
2,8	57,4	2,81	19,7	17,2
5,8	78,6	4,65	25,0	17,1
8,7	99,6	6,78	29,8	16,6
11,7	116,2	9,67	33,3	16,4
14,7	115,8	14,2	33,8	16,7
17,7	109,8	19,3	34,8	16,8

ungestörten Flügel, und zwar infolge der durch die Schraube erzeugten Aufwärtsgeschwindigkeit. Es liegt hier der Fall der Skizze Abb. 60 vor.

Bei Anordnung der Schraube hinter der Tragfläche (Abb. 63 und 64, Zahlentafeln 128—132) wurde, wie bereits angegeben, auch diejenige Stellung untersucht, bei der die Schraubenachse in der Sehne

2. Luftschraube hinter dem Tragflügel.
a) Schraubenachse auf der Druckseite.

Zahlentafel 128.
Abstand $a = 80$ mm, $d = 50$ mm.

Zahlentafel 129.
Abstand $a = 185$ mm, $d = 50$ mm.

Anstell-winkel	C_a	C_w	C_m	C_s	Anstell-winkel	C_a	C_w	C_m	C_s
$-8,9°$	$-35,4$	8,96	$-6,7$	19,0	$-8,9°$	$-32,7$	7,96	$-7,8$	17,8
$-5,9$	$-10,0$	2,04	4,8	18,2	$-6,0$	$-8,3$	1,56	5,2	17,8
$-3,0$	11,8	1,79	10,0	18,3	$-3,0$	12,4	1,25	8,7	18,0
$-0,1$	33,2	2,05	14,5	18,3	$-0,1$	33,3	1,62	13,5	18,2
2,8	55,3	3,42	19,8	18,4	2,8	55,5	2,99	19,8	18,5
5,8	76,7	5,28	24,7	18,8	5,8	75,8	5,12	22,7	18,6
8,7	98,4	7,98	29,9	19,8	8,7	96,1	7,65	28,4	18,9
11,7	117,6	10,9	34,6	20,5	11,7	114,0	10,5	32,0	19,2
14,6	125,0	14,5	36,0	20,8	14,7	115,0	14,6	33,0	20,7
17,6	125,6	22,7	40,8	22,0	17,7	108,4	19,6	33,6	19,6

b) Schraubenachse in Ebene der Sehne.
Zahlentafel 130.
Abstand $a = 0$, $d = 47$ mm.

Anstell-winkel	C_a	C_w	C_m	C_s
$-8,9°$	$-34,7$	8,61	$-5,8$	20,8
$-6,0$	$-7,1$	1,98	6,4	20,0
$-3,0$	14,1	1,74	11,0	19,7
$-0,1$	35,4	1,88	15,0	19,5
2,8	57,5	3,22	20,5	19,3
5,8	80,4	5,12	26,0	19,6
8,7	103,9	8,12	31,4	20,0
11,7	122,0	11,2	36,6	21,0
14,6	129,4	15,3	38,0	22,4
17,6	132,4	30,9	47,2	24,3

c) Schraubenachse auf der Saugseite.

Zahlentafel 131.
Abstand $a = 100$ mm, $d = 42$ mm.

Zahlentafel 132.
Abstand $a = 191$ mm, $d = 42$ mm.

Anstell-winkel	C_a	C_w	C_m	C_s	Anstell-winkel	C_a	C_w	C_m	C_s
$-8,9°$	$-30,7$	8,00	$-4,2$	18,5	$-8,9°$	$-27,6$	7,70	$-3,1$	17,9
$-6,0$	$-1,8$	1,85	8,2	17,9	$-6,0$	$-1,8$	1,82	8,1	18,2
$-3,0$	19,4	1,67	12,6	17,7	$-3,0$	19,2	1,50	12,5	18,1
$-0,1$	40,6	2,00	17,2	17,9	$-0,1$	39,2	1,79	16,6	18,0
2,8	62,5	3,42	22,6	17,6	2,8	61,6	3,01	22,0	18,0
5,8	83,0	5,35	26,8	17,6	5,8	83,0	4,88	26,7	18,0
8,7	104,0	8,00	31,8	17,7	8,7	104,0	7,41	31,4	17,6
11,7	121,2	10,8	35,8	17,8	11,7	119,6	10,2	34,9	17,6
14,6	125,7	15,2	37,7	18,1	14,7	119,0	14,6	35,4	17,3
17,7	120,3	22,2	39,6	18,4	17,7	111,3	19,7	35,2	17,0

der Fläche liegt, wenn diese die Anstellung 0° hat. Hier liegt der Schraubenkreis zum Teil im Windschatten, der von der Tragfläche erzeugt wird. Da im Gebiet des Windschattens verminderte Geschwindigkeit herrscht, so ist die Zuflußgeschwindigkeit der Schraube im Mittel geringer als die ungestörte Strömungsgeschwindigkeit, der Schub dementsprechend höher. Da die Größe des Windschattens zum Profilwiderstand in enger Beziehung steht, so erkennt man, daß hier der Schub vom Profilwiderstand abhängig ist, was bei großen positiven und negativen Anstellwinkeln deutlich zu erkennen ist. Die Beeinflussung der Tragfläche durch die Schraube ist hier ähnlicher Art wie bei der Anordnung der Schraube vor dem Flügel. In gleicher Weise wie oben erklären sich die Änderungen in der Schub- und Polarkurve, wenn die Schraubenachse nach der Saug- oder Druckseite hin parallel verschoben wird. Eine deutliche Widerstandsverminderung des Flügels, die nach den obigen Ausführungen erklärlich ist, ergibt sich bei der größten untersuchten Entfernung ($a = 191$ mm), wobei die Schraubenachse auf der Saugseite liegt. Sie hat ihren Grund in der dort herrschenden Aufwärtsgeschwindigkeit. Die Veränderung des Luftkraftmomentes, das auf den vordersten Punkt der Flügelsehne bezogen ist, infolge des Schraubeneinflusses geht aus den eingezeichneten Momentenkurven hervor. Sie ist in allen Fällen nur sehr gering.

7. Messungen bei verschiedener gegenseitiger Anordnung von Flügel und Rumpf.

Die dieser Versuchsreihe zugrunde liegende Absicht war, den Einfluß der gegenseitigen Lage von Flügel und Rumpf auf die Luftkräfte des Flügels kennen zu lernen. Da die Entfernung des Flügels

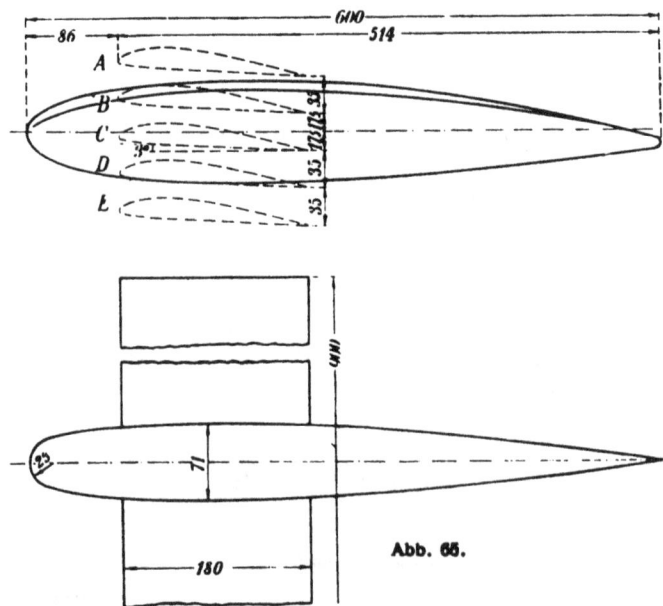

Abb. 65.

von der Spitze des Rumpfes bei den normalen Flugzeugen mit Rücksicht auf die Schwerpunktslage nur innerhalb eines geringen Bereiches variiert werden kann, so wurde diese Größe bei den vorliegenden Versuchen konstant gehalten und nur die Höhenlage des Flügels gegenüber dem Rumpf verändert. Die verschiedenen Anordnungen, die mit A bis E bezeichnet sind, sowie die Form und Abmessungen von Rumpf und Flügel sind aus Abb. 65 ersichtlich. Der rechteckig umrissene Flügel besitzt eine Spannweite von 90 cm und eine Tiefe von 18 cm. Als Flügelquerschnitt wurde das Profil Nr. 436 verwendet. Der Winkel zwischen Flügelsehne und Rumpfachse betrug stets 3⁰.

Die Ergebnisse sind in den Abb. 66—70 und Zahlentafeln 133—138 wiedergegeben. Zu den Polarkurven, welche die einzelnen Anordnungen ergeben haben, ist stets die Polarkurve des rumpflosen Flügels gestrichelt beigezeichnet. Die angegebenen Anstellwinkel beziehen sich stets auf die Flügelsehne.

In Abb. 71 sind die Differenzen C_w' der Widerstandszahlen von Flügel und Rumpf einerseits und Flügel allein anderseits im vergrößerten Maßstabe für die verschiedenen Anordnungen aufgetragen.

Das Hinzufügen des Rumpfes zum Flügel ergibt bei der Anordnung *D* im wesentlichen eine Parallelverschiebung der Polarkurve in der Abszissenrichtung entsprechend dem Widerstande des Rumpfes. Bei der Anordnung *A* ist die Vergrößerung des Widerstandes besonders bei kleinen Anstellwinkeln merklich; bei größerem Auftrieb wird der Unterschied gegenüber dem rumpflosen Flügel

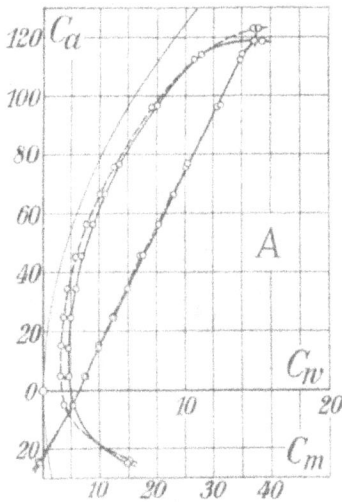

Abb. 66.

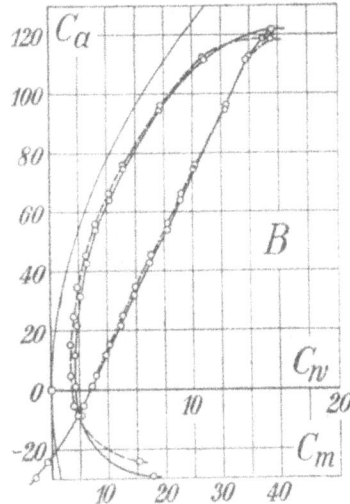

Abb. 67.

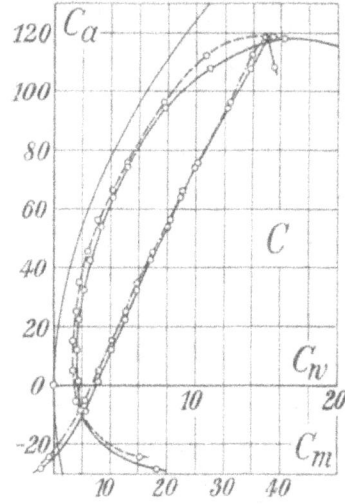

Abb. 68.

kleiner. Dasselbe trifft in etwas geringerem Maße bei Anordnung *B* zu. Diese Anordnungen eignen sich daher besonders für Flugzeuge, von denen gute Steigfähigkeit verlangt wird. Die Anordnung *C* zeigt auffallenderweise bei größerem Anstellwinkel (in der Nähe von 12°) eine merkliche Zunahme

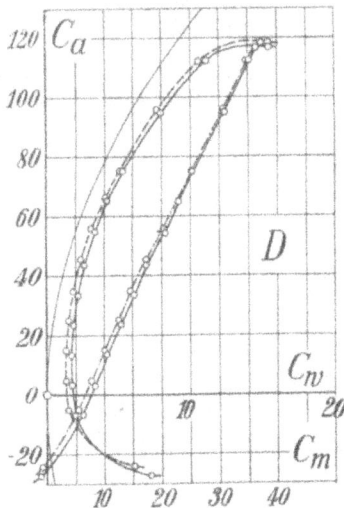

Abb. 69.

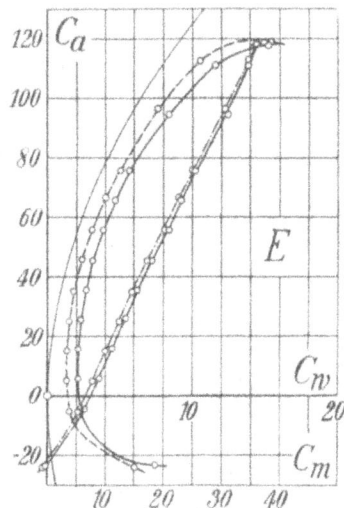

Abb. 70.

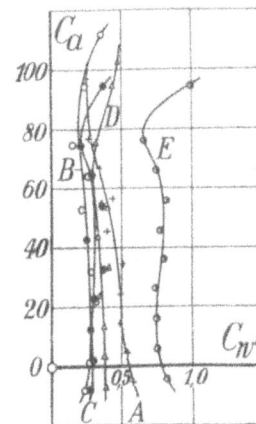

Abb. 71.

des Widerstandes. Diese Erscheinung, deren Ursache nicht ohne weiteres zu erkennen ist, wurde durch eine Kontrollmessung nachgeprüft und bestätigt. Wenn wir schließlich die Anordnung *E* betrachten, so erkennt man, daß diese als die ungünstigste bezeichnet werden muß, da hier die Widerstandszunahme gegenüber den anderen Fällen erheblich größer ist.

Es läßt sich demnach sagen, daß der Unterschied zwischen den Anordnungen *A* bis *D* nur gering ist, daß dagegen die Anordnung *E*, bei welcher sich der Rumpf in geringer Entfernung über dem Flügel befindet, gegenüber den anderen Anordnungen eine aerodynamische Verschlechterung bedeutet.

Zahlentafel 133.
1. Flügel für sich.

Anstell-winkel	c_a	c_w	c_m
— 8,9°	— 24,1	6,05	— 0,7
— 6,0	— 5,1	1,53	5,5
— 4,5	4,9	1,36	7,8
— 3,0	15,1	1,36	10,1
— 1,6	25,0	1,55	12,6
— 0,1	34,9	1,86	14,7
1,4	45,5	2,38	17,4
2,8	56,0	3,08	20,4
4,3	66,2	4,05	22,7
5,8	75,6	5,10	25,2
8,7	96,0	7,67	30,7
11,7	112,3	10,6	34,8
14,6	118,7	15,4	37,3

Zahlentafel 134.
2. Rumpflage A.

Anstell-winkel	c_a	c_w	c_m
— 8,9°	— 25,0	5,92	— 0,5
— 6,0	— 5,3	2,12	5,3
— 4,5	4,7	1,90	7,6
— 3,0	14,2	1,86	10,0
— 1,6	24,6	2,01	12,5
— 0,1	34,4	2,35	14,9
1,4	45,4	2,77	17,6
2,8	56,3	3,54	20,6
4,3	66,5	4,43	23,0
5,8	76,6	5,46	25,5
8,7	96,7	8,00	31,2
11,7	114,0	11,1	35,1
14,6	122,8	14,8	.37,8

Zahlentafel 135.
3. Rumpflage B.

Anstell-winkel	c_a	c_w	c_m
— 8,9°	— 29,3	7,00	— 2,8
— 6,0	— 8,6	1,87	5,1
— 4,5	1,1	1,67	7,1
— 3,0	11,8	1,63	9,6
— 1,6	21,8	1,79	12,2
— 0,1	31,9	2,03	14,4
1,4	42,9	2,50	17,1
2,8	54,0	3,14	20,2
4,3	64,0	4,08	22,6
5,8	74,5	5,13	25,0
8,7	94,2	7,65	30,6
11,7	111,3	10,7	34,2
14,6	121,4	15,5	38,7

Zahlentafel 136.
4. Rumpflage C.

Anstell-winkel	c_a	c_w	c_m
— 8,9°	— 28,3	7,26	— 2,2
— 6,0	— 8,2	1,90	5,6
— 4,5	1,6	1,68	7,8
— 3,0	12,0	1,63	10,0
— 1,6	22,4	1,79	12,5
— 0,1	32,5	2,13	14,7
1,4	42,8	2,48	17,0
2,8	53,7	3,27	20,0
4,3	64,0	4,11	22,3
5,8	74,1	5,13	24,8
8,7	94,2	7,78	30,4
11,7	107,6	11,0	34,4
14,6	118,0	16,2	37,5
17,7	107,9	24,3	38,8

Zahlentafel 137.
5. Rumpflage D.

Anstell-winkel	c_a	c_w	c_m
— 8,9°	— 27,1	7,24	— 1,1
— 6,0	— 6,8	1,97	6,3
— 4,5	3,2	1,75	8,4
— 3,0	13,4	1,73	10,6
— 1,6	23,4	1,85	13,0
— 0,1	33,6	2,22	15,4
1,4	43,7	2,61	17,5
2,8	54,8	3,35	20,7
4,3	65,0	4,20	23,0
5,8	75,0	5,35	25,4
8,7	95,0	7,96	31,0
11,7	112,5	11,1	35,1
14,7	116,9	15,4	36,3

Zahlentafel 138.
6. Rumpflage E.

Anstell-winkel	c_a	c_w	c_m
— 8,9°	— 23,4	7,47	— 0,3
— 6,0	— 4,3	2,32	6,6
— 4,5	5,8	2,10	9,0
— 3,0	15,8	2,14	11,2
— 1,6	25,8	2,30	13,6
— 0,1	35,4	2,68	15,6
1,4	45,3	3,15	18,1
2,8	55,7	3,88	21,1
4,3	65,7	4,74	23,2
5,8	75,4	5,75	25,6
8,7	94,3	8,42	31,2
11,7	110,8	11,6	34,7
14,7	117,9	15,2	36,0

8. Untersuchungen über den Reibungswiderstand von stoffbespannten Flächen.

Die Schwierigkeiten, die sich einer genauen Bestimmung des Reibungswiderstandes entgegenstellen, beruhen meist darin, daß der Versuchskörper neben dem Reibungswiderstand auch einen gewissen Formwiderstand besitzt und deshalb eine reinliche Trennung von Form- und Reibungswiderstand nicht immer möglich ist. Die zu den vorliegenden Messungen benutzte Versuchsanordnung wurde daher vor allem von dem Gesichtspunkte aus angelegt, eine einwandfreie Trennung der beiden Widerstandsanteile durchführen zu können. Zu den Versuchen wurden hölzerne Rahmen von 25 mm Dicke verwendet (Abb. 72), welche mit Stoff überzogen wurden. Der Kopf dieser Flächen war gut abgerundet, so daß eine Ablösung der Strömung hier nicht zu befürchten war. Untersucht wurden vier verschieden lange Flächen. Ihre Länge betrug 0,5, 1,0, 1,5 und 2,0 m. Die Breite derselben war stets 1 m. Die Messungen wurden bei folgender Beschaffenheit der Oberfläche ausgeführt:

1. Stoff in ursprünglichem Zustande,
2. Stoffasern mit einer Flamme abgesengt,
3. Stoff mit dreimaligem Zellonanstrich,
4. Stoff mit sechsmaligem Zellonanstrich.

Bei sechsmaligem Zellonanstrich entsprach die Oberflächenbeschaffenheit etwa derjenigen, wie sie im Flugzeugbau bei den Tragflügeln hergestellt wird. Die Bestimmung des Reibungswiderstandes geschah in der Weise, daß zunächst der gesamte Widerstand der parallel zur Windrichtung eingestellten Flächen und hierauf der Formwiderstand für sich bestimmt wurde. Der Reibungswiderstand ergibt sich dann als Differenz der beiden gemessenen Widerstände.

Um eine möglichst genaue Paralleleinstellung zur Windrichtung während der Messung zu erreichen, war durch eine besondere Art der Aufhängung dafür gesorgt, daß sich die zu untersuchende Fläche nach Art einer Windfahne von selbst in die Windrichtung einstellte. Dies wurde durch die in

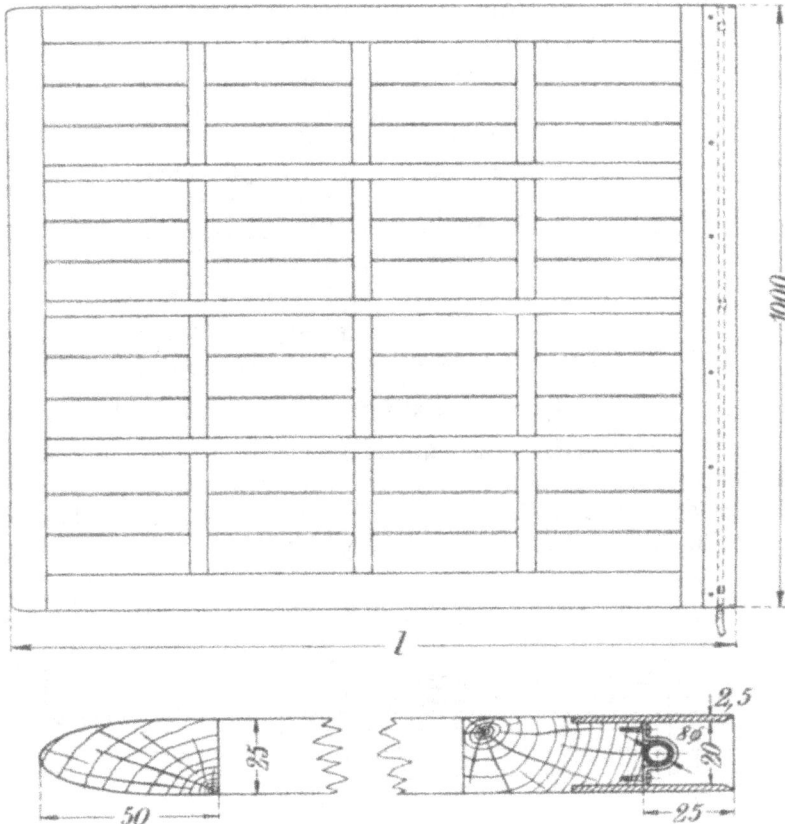

Abb. 72.

Abb. 73 perspektivisch skizzierte Anordnung ermöglicht. Die Fläche wurde in der Nähe der Vorderkante durch ein V-förmiges (1 und 2) und ein senkrecht zur Fläche gerichtetes Drähtepaar (4 und 5) festgehalten, während sie hinten nur an einem einzigen vertikalen Draht 3 gehalten wurde. Sie konnte sich somit um die Achse a—a drehen und in die Windrichtung einstellen. Um die zur Widerstandsmessung nötige Beweglichkeit der Fläche in Richtung des Luftstromes zu erlangen, lief der Draht 5 über eine Rolle. An seinem Ende trug er ein Gewicht, welches in einen Öltopf tauchte, um die bei hohen Geschwindigkeiten auftretenden Schwingungen abzudämpfen. Der zur Widerstandsmessung dienende Draht hatte seinen Angriffspunkt im Vereinigungspunkt der beiden V-förmigen Drähte 1 und 2.

Die Messung des Formwiderstandes geschah in folgender Weise:

Den Abschluß der Flächen an ihrem hinteren Ende bildeten zwei über den Holzrahmen überstehende Flacheisen von 2,5 mm Dicke (vgl. den vergrößerten Querschnitt in Abb. 72). Dadurch wurde auf der Rückseite der Fläche ein Hohlraum von 20 mm Breite und 25 mm Tiefe gebildet, welcher oben und unten ebenfalls durch entsprechende Flacheisen abgeschlossen war. Der in diesem Hohlraum auftretende Unterdruck wurde mittels eines eingebauten Rohres gemessen, welches der ganzen Länge nach mit etwa 10 Anbohrungen versehen war. Der Unterdruck in dem Hohlraum wirk auf die Rückseite des Rahmens, also auf eine Fläche von 100 · 2,5 cm². Die auf die Versuchsfläche infolge dieses Unterdruckes ausgeübte Kraft (= Form-Widerstand) ist somit bekannt. Da am Vorderteil der Versuchsfläche durch die Abrundung des Kopfes eine Ablösung der Strömung vermieden ist, so erfolgt hier die Strömung nach den Gesetzen der Potential-bewegung. Daraus folgt, wie sich zeigen läßt[1]), daß die Summe der auf den Kopf wirkenden Drücke = 0 ist und somit der Kopf keinen Beitrag zum Formwiderstand liefert. Der gesamte Form-widerstand der Fläche rührt daher von dem auf der Rückseite auftretenden Unterdruck her, dessen Größe auf die beschriebene Art ermittelt werden kann. Nach Abzug desselben von dem an der Wage gemessenen Gesamtwiderstand erhalten wir dann den esuchten Reibungswiderstand.

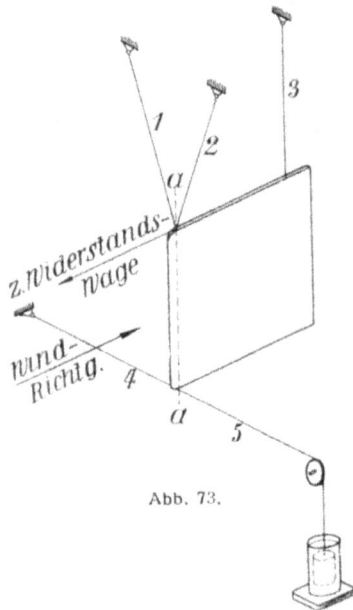

Abb. 73.

Die Ergebnisse der Messungen, welche bei Geschwindigkeiten von rd. 7—45 m/s ausgeführt wurden, sind in den Abb. 74—77 und Zahlentafeln 139—154 enthalten. Dabei ist die Reibungszahl c_f definiert durch die Gleichung:

$$\text{Reibungswiderstand } W_f = c_f\, O\, q,$$

wenn O die bespülte Oberfläche bedeutet. In den Abbildungen ist auf den logarithmisch geteilten Koordinatenachsen die Rei-bungszahl c_f abhängig von der Reynoldsschen Zahl $R = \dfrac{v\,d}{v}$ auf-getragen (die Einheit des Logarithmus ist der größeren Deutlich-keit halber auf der Abszissenachse in doppelt so großem Maßstabe aufgetragen, wie auf der Ordi-natenachse). In den Zahlentafeln ist auch der in dem Hohlraum gemessene Unterdruck p' ange-geben, der, wie man sieht, mit zunehmender Flächenlänge abnimmt.

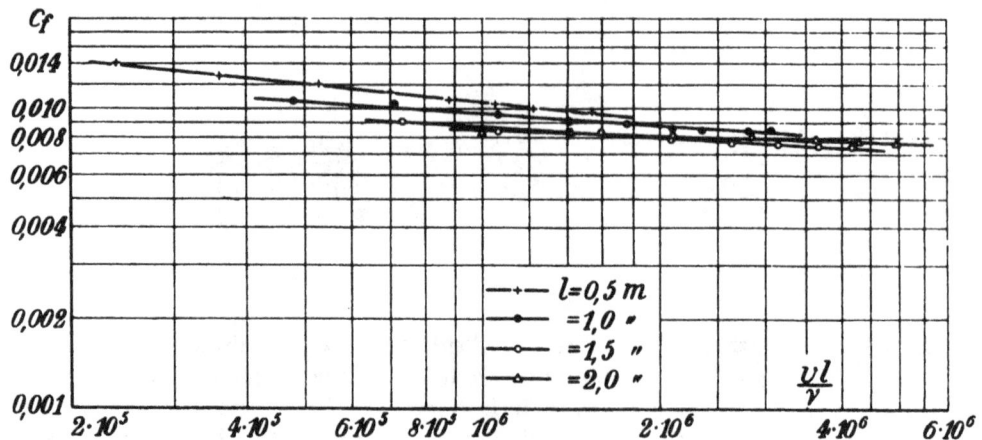

Abb. 74.

Die Messungen der Fläche mit rauher Stoffoberfläche (Stoff in ursprünglichem Zustande und Stoff mit abgesengten Fasern) zeigen, daß hier das Reynoldssche Ähnlichkeitsgesetz nicht erfüllt ist. Dieses Ergebnis ist auch einleuchtend, wenn man sich daran erinnert, daß dieses Gesetz nur für geo-metrisch ähnliche Körper gilt. Im vorliegenden Falle ist geometrische Ähnlichkeit nicht vorhanden, denn die Rauhigkeit, die durch den Abstand der kleinen Höcker definiert werden kann, war bei allen Flächen dieselbe. Die kürzeren Flächen sind daher verhältnismäßig rauher als die langen und müssen

---

[1]) Vgl. z. B. G. Fuhrmann. Lit. Verz. A 8.

daher einen größeren Widerstand als diese ergeben. Je länger die zu vergleichenden Flächen gegenüber der die Rauhigkeit charakterisierenden Länge sind, desto mehr werden sie geometrisch ähnlich
und desto besser werden sie dem Reynoldsschen Gesetz folgen. Der Unterschied zwischen dreimaligem und sechsmaligem Zellonanstrich ist nicht sehr erheblich. In letzterem Falle wird das

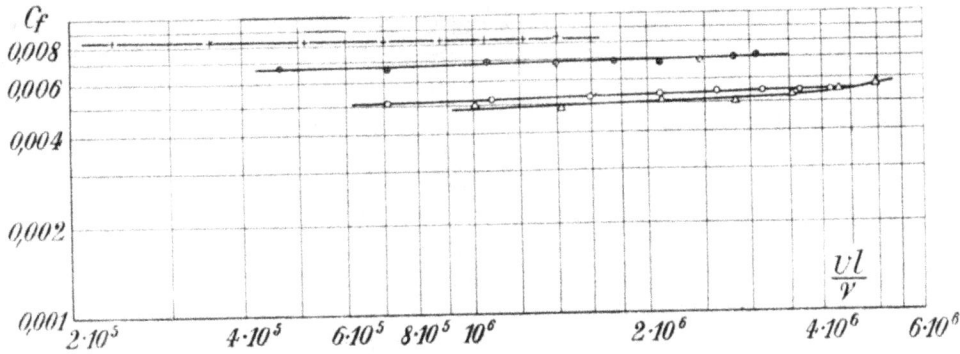

Abb. 75.

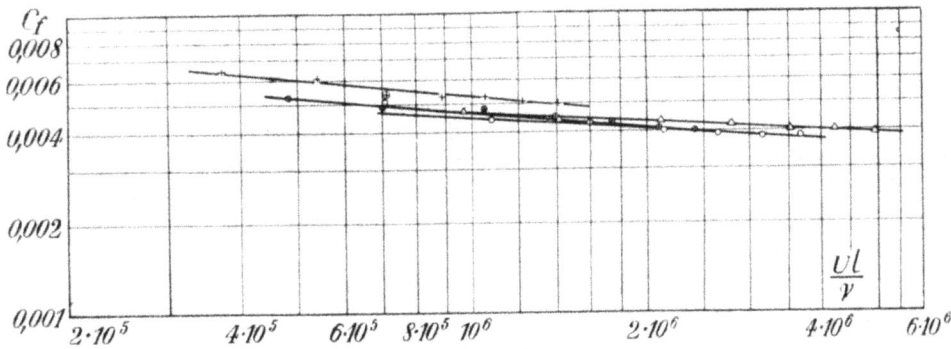

Abb. 76.

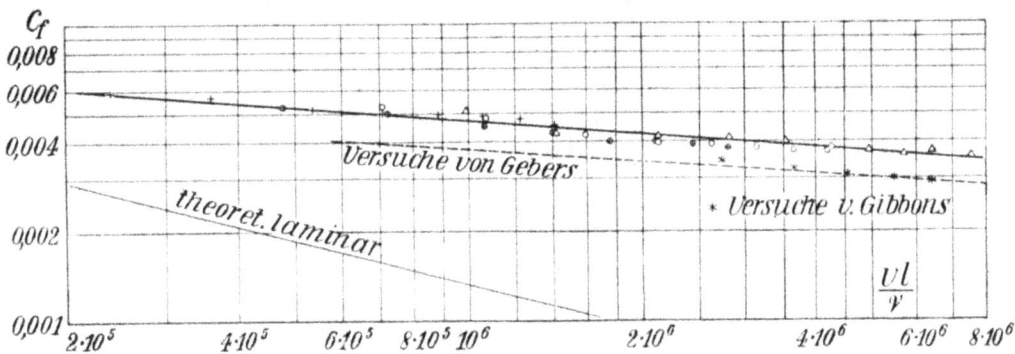

Abb. 77.

Reynoldssche Gesetz bereits befriedigend erfüllt. Man sieht ferner, daß die Werte der Reibungszahlen
annähernd auf einer geraden Linie liegen; die Abhängigkeit der Reibungszahl c_f von der Reynoldsschen Zahl kann daher durch ein Potenzgesetz ausgedrückt werden. Für die untersuchten glatten
Flächen (sechsmal zelloniert) kann die Reibungszahl durch die folgende Formel interpoliert werden:

$$c_f = 0.0375 \left(\frac{\nu}{\nu l}\right)^{0.15}.$$

Führen wir diesen Ausdruck in die Gleichung für den Reibungswiderstand W_f ein und bezeichnen wir mit b die Breite der Fläche (die Oberfläche ist dann $2\,bl$), so ergibt sich:

$$W_f = 0{,}0375\ \varrho\ b\ \nu^{0{,}15}\ l^{0{,}85}\ v^{1{,}85},$$

woraus man ersieht, daß der Reibungswiderstand mit der 0,85. Potenz der Länge und mit der 1,85. Potenz der Geschwindigkeit wächst.

Es mögen an dieser Stelle auch die Versuche von Gebers erwähnt werden[1]), welcher den Reibungswiderstand von glatten Flächen im Wasser bestimmt hat, und zwar in einem Bereich von Reynoldsschen Zahlen, welcher mit dem unsrigen sich teilweise deckt. Seine Ergebnisse können nach Blasius[2]) durch die folgende Interpolationsformel ausgedrückt werden:

$$c_f = 0{,}0246 \left(\frac{\nu}{v\,l}\right)^{0{,}136}.$$

Die dieser Formel entsprechenden Werte sind in Abb. 77 durch die gestrichelte Linie dargestellt[3]). Die den Exponenten für das Potenzgesetz charakterisierende Neigung dieser Linie gegen die Abszissenachse ist nahezu die gleiche, wie sie sich auch aus unserer Messung ergibt. Dagegen sind die Absolutwerte der Reibungszahlen bei Gebers kleiner. Dies rührt, wie aus den im nächsten Abschnitt beschriebenen Versuchen geschlossen werden kann, vermutlich daher, daß die Oberfläche der von Gebers benutzten Platten glatter war als in unserem Falle. Die durch unsere Interpolationsformel ausgedrückten Werte gelten in erster Linie für solche stoffbespannte Oberflächen, wie sie durch sechsmaligen Zellonanstrich von Leinenstoff erreicht werden und wie solche im Flugzeugbau normalerweise Verwendung finden. In Abb. 77 ist schließlich auch noch die der Gleichung:

$$c_f = 1{,}327 \sqrt{\frac{\nu}{v\,l}}$$

entsprechende gerade Linie eingetragen. Die dadurch bestimmten Reibungszahlen, die Blasius auf theoretischem Wege abgeleitet hat, entsprechen einer laminaren Strömung der Grenzschicht, die nur bei kleinen Reynoldsschen Zahlen bestehen kann. In unserem Falle befinden wir uns bereits in einem Gebiet, in welchem die Grenzschicht turbulent geworden ist und erhalten größere Werte des Reibungswiderstandes als bei laminarer Bewegung.

Kurz vor Abschluß dieses Berichtes wurde uns noch Versuche bekannt, die von W. A. Gibbons in einer amerikanischen Versuchsanstalt ausgeführt wurden[4]). Diese Messungen erstrecken sich neben der Bestimmung des Reibungswiderstandes von verschiedenen Stoffoberflächen auch auf die Ermittlung des Reibungswiderstandes einer Glasplatte, also einer Fläche, welche in bezug auf den Reibungswiderstand die denkbar günstigste Oberfläche hat. Diese Messungen wurden mit einer Fläche von 2,9 m Länge und bei Windgeschwindigkeiten von rd. 13—31 m/s ausgeführt, umfassen daher einen verhältnismäßig geringen Bereich von Reynoldsschen Zahlen. Die erhaltenen Reibungszahlen der Glasfläche, die in Abb. 77 durch Sterne angedeutet sind, sind in guter Übereinstimmung mit den Messungen von Gebers. Dadurch wird auch die bereits ausgesprochene Vermutung bestätigt, daß die Werte von Gebers nur für besonders glatte Flächen gelten. Man darf wohl annehmen, daß durch sie der geringste mögliche Wert des Reibungswiderstandes angegeben wird, während unsere Versuche die Reibungszahl für stoffbespannte Flächen ausdrücken.

Es ist nicht uninteressant, den Reibungswiderstand, den eine Doppeldeckerzelle von natürlicher Größe im Fluge erfährt, abzuschätzen. Nehmen wir eine Spannweite von 11 m und eine Flügeltiefe von 1,8 m an, so beträgt die gesamte Oberfläche rd. 80 m². Für eine Fluggeschwindigkeit von 40 m/s und für $c_f = 0{,}0035$ ergibt sich dann eine Reibungskraft $W_f = 28$ kg, was gegenüber dem Gesamtwiderstand des ganzen Flugzeuges von 200—250 kg doch schon merklich ins Gewicht fällt.

---

[1]) Gebers, Ein Beitrag zur experimentellen Ermittlung des Widerstandes gegen bewegte Körper. Schiffbau IX (1908).

[2]) Blasius, H. Das Ähnlichkeitsgesetz bei Reibungsvorgängen in Flüssigkeiten. Heft 131 (1913) der Forschungsarbeiten des Vereins deutscher Ingenieure.

[3]) Vergl. die Berichtigung hierzu auf S. 136.

[4]) W. A. Gibbons, Skin friction of various surfaces in air. First annual report of the National Advisory Committee for Aeronautics 1915, Washington 1917.

1. Stoff in ursprünglichem Zustande.

a) Fläche 0,5 m lang.   Zahlentafel 139.   **b) Fläche 1,0 m lang.**   Zahlentafel 140.

Staudruck q kg/m²	Geschwind. v m/s	$\frac{vl}{\nu}$	Unterdruck p'kg/m²	Reibungskraft W, gr	Reibungszahl c_f	Staudruck q kg/m²	Geschwind. v m/s	$\frac{vl}{\nu}$	Unterdruck p'kg/m²	Reibungskraft W, gr	Reibungszahl c_f
3,1	7,1	$2{,}40\cdot10^5$	0,7	45	0,0141	3,1	7,1	$4{,}83\cdot10^5$	0,6	68	0,0106
6,9	10,7	$3{,}61\cdot10^5$	1,7	91	0,0128	6,8	10,5	$7{,}14\cdot10^5$	1,2	145	0,0104
15,1	15,8	$5{,}33\cdot10^5$	3,8	187	0,0120	15,1	15,7	$10{,}68\cdot10^5$	3,1	297	0,0096
26,4	20,8	$7{,}02\cdot10^5$	6,9	307	0,0114	26,5	20,8	$14{,}15\cdot10^5$	5,6	497	0,0091
41,3	26,1	$8{,}81\cdot10^5$	10,8	458	0,0107	41,1	25,9	$17{,}62\cdot10^5$	8,7	756	0,0089
59,2	31,2	$10{,}53\cdot10^5$	15,6	637	0,0104	59,4	31,1	$21{,}16\cdot10^5$	12,6	1052	0,0086
70,5	36,4	$12{,}29\cdot10^5$	21,3	834	0,0100	80,0	36,1	$24{,}50\cdot10^5$	17,1	1405	0,0085
104,9	41,6	$14{,}04\cdot10^5$	27,9	1074	0,0099	104,2	41,3	$28{,}10\cdot10^5$	22,6	1835	0,0085
127,0	45,8	$15{,}46\cdot10^5$	33,4	1288	0,0098	125,4	45,2	$30{,}75\cdot10^5$	27,1	2204	0,0085

c) Fläche 1,5 m lang.   Zahlentafel 141.   **d) Fläche 2,0 m lang.**   Zahlentafel 142.

Staudruck q kg/m²	Geschwind. v m/s	$\frac{vl}{\nu}$	Unterdruck p'kg/m²	Reibungskraft W, gr	Reibungszahl c_f	Staudruck q kg/m²	Geschwind. v m/s	$\frac{vl}{\nu}$	Unterdruck p'kg/m²	Reibungskraft W, gr	Reibungszahl c_f
3,2	7,3	$7{,}36\cdot10^5$	0,5	90	0,0091	3,1	7,1	$10{,}0\cdot10^5$	0,6	106	0,0083
6,8	10,6	$10{,}68\cdot10^5$	1,1	176	0,0084	6,4	10,1	$14{,}2\cdot10^5$	1,0	219	0,0083
15,1	15,8	$15{,}93\cdot10^5$	2,2	390	0,0084	14,3	15,1	$21{,}3\cdot10^5$	2,3	475	0,0081
26,4	20,9	$21{,}07\cdot10^5$	4,2	653	0,0080	25,4	20,2	$28{,}5\cdot10^5$	4,0	836	0,0080
41,3	26,1	$26{,}31\cdot10^5$	6,9	983	0,0077	39,8	25,2	$35{,}6\cdot10^5$	6,3	1285	0,0079
59,2	31,3	$31{,}55\cdot10^5$	10,0	1378	0,0076	57,4	30,4	$42{,}8\cdot10^5$	9,0	1817	0,0077
80,5	36,5	$36{,}79\cdot10^5$	13,5	1850	0,0075	78,1	35,4	$49{,}9\cdot10^5$	12,0	2446	0,0076
105,2	41,6	$41{,}93\cdot10^5$	16,4	2416	0,0074						

2. Stoffasern abgesengt.

a) Fläche 0,5 m lang.   Zahlentafel 143.   **b) Fläche 1,0 m lang.**   Zahlentafel 144.

Staudruck q kg/m²	Geschwind. v m/s	$\frac{vl}{\nu}$	Unterdruck p'kg/m²	Reibungskraft W, gr	Reibungszahl c_f	Staudruck q kg/m²	Geschwind. v m/s	$\frac{vl}{\nu}$	Unterdruck p'kg/m²	Reibungskraft W, gr	Reibungszahl c_f
3,1	7,1	$2{,}38\cdot10^5$	0,9	27	0,0084	2,9	6,9	$4{,}66\cdot10^5$	0,8	40	0,0067
6,7	10,5	$3{,}53\cdot10^5$	2,2	57	0,0083	6,7	10,5	$7{,}09\cdot10^5$	1,9	91	0,0066
14,8	15,6	$5{,}24\cdot10^5$	4,8	124	0,0083	15,7	15,7	$10{,}59\cdot10^5$	3,9	211	0,0069
26,5	20,9	$7{,}02\cdot10^5$	8,3	227	0,0083	26,5	20,9	$14{,}10\cdot10^5$	6,8	371	0,0068
41,4	26,1	$8{,}77\cdot10^5$	12,9	357	0,0083	41,2	26,0	$17{,}54\cdot10^5$	10,6	585	0,0069
59,3	31,2	$10{,}49\cdot10^5$	18,3	512	0,0083	59,4	31,2	$21{,}05\cdot10^5$	14,9	834	0,0068
80,1	36,4	$12{,}26\cdot10^5$	24,6	690	0,0083	80,3	36,4	$24{,}57\cdot10^5$	19,9	1138	0,0069
105,2	41,6	$13{,}98\cdot10^5$	31,5	921	0,0084	105,3	41,6	$28{,}10\cdot10^5$	25,6	1512	0,0070
						127,1	45,7	$30{,}80\cdot10^5$	30,4	1869	0,0071

c) Fläche 1,5 m lang.   Zahlentafel 145.   **d) Fläche 2,0 m lang.**   Zahlentafel 146.

Staudruck q kg/m²	Geschwind. v m/s	$\frac{vl}{\nu}$	Unterdruck p'kg/m²	Reibungskraft W, gr	Reibungszahl c_f	Staudruck q kg/m²	Geschwind. v m/s	$\frac{vl}{\nu}$	Unterdruck p'kg/m²	Reibungskraft W, gr	Reibungszahl c_f
3,0	7,1	$7{,}11\cdot10^5$	0,6	47	0,0051	3,1	7,1	$10{,}0\cdot10^5$	0,8	64	0,0050
7,0	10,8	$10{,}81\cdot10^5$	1,4	113	0,0052	6,4	10,1	$14{,}2\cdot10^5$	1,8	127	0,0048
15,2	15,9	$15{,}92\cdot10^5$	3,3	247	0,0053	14,3	15,2	$21{,}4\cdot10^5$	3,5	299	0,0051
26,6	21,1	$21{,}13\cdot10^5$	5,7	446	0,0054	25,4	20,2	$28{,}4\cdot10^5$	7,2	520	0,0050
41,4	26,2	$26{,}23\cdot10^5$	8,8	699	0,0055	39,8	25,3	$35{,}6\cdot10^5$	9,4	873	0,0053
59,4	31,4	$31{,}44\cdot10^5$	12,4	1008	0,0055	57,4	30,4	$42{,}8\cdot10^5$	13,2	1290	0,0055
80,5	36,6	$36{,}65\cdot10^5$	16,6	1376	0,0055	78,2	35,4	$49{,}8\cdot10^5$	16,7	1831	0,0057
105,2	41,8	$41{,}86\cdot10^5$	21,0	1835	0,0056						

3. Stoff 3 mal celloniert.

a) Fläche 0,5 m lang.   Zahlentafel 147.

Staudruck q kg/m²	Geschwind. v m/s	$\dfrac{vl}{\nu}$	Unterdruck p' kg/m²	Reibungskraft W_f gr	Reibungszahl c_f
6,8	10,6	3,60·10³	2,3	46	0,0065
15,1	15,8	5,37·10⁵	5,3	96	0,0061
26,5	20,9	7,10·10⁵	9,6	149	0,0054
41,2	26,1	8,87·10⁵	15,2	227	0,0053
58,9	31,2	10,60·10⁵	21,8	321	0,0053
79,6	36,2	12,30·10⁵	29,9	424	0,0051
104,7	41,6	14,14·10⁵	39,3	538	0,0050

b) Fläche 1,0 m lang.   Zahlentafel 148.

Staudruck q kg/m²	Geschwind. v m/s	$\dfrac{vl}{\nu}$	Unterdruck p' kg/m²	Reibungskraft W_f gr	Reibungszahl c_f
3,1	7,1	4,76·10⁵	0,9	34	0,0053
6,7	10,5	7,05·10⁵	2,2	68	0,0049
14,9	15,7	10,54·10⁵	4,9	146	0,0048
26,5	20,9	14,03·10⁵	8,7	245	0,0045
41,4	26,1	17,52·10⁵	13,7	362	0,0043
59,4	31,3	21,01·10⁵	19,7	504	0,0041
80,5	36,4	24,43·10⁵	27,0	662	0,0040
105,2	41,6	27,92·10⁵	35,4	865	0,0040

c) Fläche 1,5 m lang.   Zahlentafel 149.

Staudruck q kg/m²	Geschwind. v m/s	$\dfrac{vl}{\nu}$	Unterdruck p' kg/m²	Reibungskraft W_f gr	Reibungszahl c_f
3,0	7,0	7,10·10⁵	0,7	47	0,0051
7,0	10,7	10,86·10⁵	1,7	95	0,0044
15,1	15,8	16,03·10⁵	3,8	199	0,0043
26,6	21,0	21,31·10⁵	6,9	330	0,0040
41,4	26,1	26,49·10⁵	11,1	492	0,0039
59,3	31,3	31,77·10⁵	15,8	700	0,0038
79,8	36,3	36,84·10⁵	21,4	937	0,0038

d) Fläche 2,0 m lang.   Zahlentafel 150

Staudruck q kg/m²	Geschwind. v m/s	$\dfrac{vl}{\nu}$	Unterdruck p' kg/m²	Reibungszahl W_f gr	Reibungszahl c_f
3,0	7,0	9,7·10⁵	0,7	58	0,0047
6,4	10,2	14,2·10⁵	1,5	115	0,0044
14,3	15,2	21,2·10⁵	3,3	254	0,0043
25,0	20,1	28,0·10⁵	6,0	433	0,0042
39,7	25,4	35,2·10⁵	9,5	661	0,0040
57,4	30,4	42,2·10⁵	13,6	939	0,0040
78,1	35,6	49,5·10⁵	18,8	1262	0,0039

4. Stoff 6 mal celloniert.

a) Fläche 0,5 m lang.   Zahlentafel 151.

Staudruck q kg/m²	Geschwind. v m/s	$\dfrac{vl}{\nu}$	Unterdruck p' kg/m²	Reibungskraft W_f gr	Reibungszahl c_f
3,1	7,1	2,41·10⁵	1,0	19	0,0059
6,8	10,6	3,60·10⁵	2,5	40	0,0057
15,1	15,8	5,37·10⁵	5,6	81	0,0052
26,5	20,9	7,10·10⁵	9,8	138	0,0050
41,2	26,1	8,87·10⁵	15,5	211	0,0050
58,9	31,2	10,60·10⁵	22,3	298	0,0049
79,6	36,2	12,30·10⁵	30,2	394	0,0048
104,7	41,6	14,14·10⁵	39,8	498	0,0046

b) Fläche 1,0 m lang.   Zahlentafel 152.

Staudruck q kg/m²	Geschwind. v m/s	$\dfrac{vl}{\nu}$	Unterdruck p' kg/m²	Reibungskraft W_f gr	f
3,1	7,1	4,80·10⁵	1,0	34	0,0053
6,9	10,7	7,23·10⁵	2,2	71	0,0050
15,1	15,8	10,68·10⁵	5,0	139	0,0045
26,4	20,9	14,12·10⁵	8,9	232	0,0043
41,2	26,1	17,64·10⁵	14,0	342	0,0040
59,0	31,2	21,08·10⁵	20,0	480	0,0040
79,7	36,2	24,46·10⁵	27,3	634	0,0039
104,7	41,6	28,11·10⁵	36,0	809	0,0038

c) Fläche 1,5 m lang.   Zahlentafel 153.

Staudruck q kg/m²	Geschwind. v m/s	$\dfrac{vl}{\nu}$	Unterdruck p' kg/m²	Reibungskraft W_f gr	Reibungszahl c_f
3,0	7,0	7,10·10⁵	0,7	49	0,0053
6,8	10,6	10,76·10⁵	1,7	101	0,0048
15,1	15,8	16,03·10⁵	4,0	195	0,0042
26,5	20,9	21,21·10⁵	7,1	330	0,0040
41,1	26,0	26,39·10⁵	11,3	488	0,0039
58,8	31,1	31,56·10⁵	16,2	688	0,0038
79,5	36,2	36,74·10⁵	22,3	905	9,0037
104,7	41,6	42,22·10⁵	29,2	1171	0,0037

d) Fläche 2,0 m lang.   Zahlentafel 154.

Staudruck q kg/m²	Geschwind. v m/s	$\dfrac{vl}{\nu}$	Unterdruck p' kg/m²	Reibungskraft W_f gr	Reibungszahl c_f
3,0	7,0	9,9·10⁵	0,7	63	0,0051
6,4	10,1	14,2·10⁵	1,5	112	0,0043
14,3	15,1	21,3·10⁵	3,4	244	0,0042
24,9	20,0	28,2·10⁵	6,1	417	0,0041
39,6	25,2	35,5·10⁵	9,7	652	0,0040
57,2	30,4	42,8·10⁵	14,2	881	0,0038
77,7	35,3	49,7·10⁵	19,7	1175	0,0037
101,6	40,5	57,1·10⁵	26,0	1504	0,0036
128,7	45,5	64,1·10⁵	33,2	1975	0,0037
159,0	50,6	71,3·10⁵	40,9	2285	0,0035

9. Widerstandsmessungen an symmetrischen Profilen.[1])

Die Profile der untersuchten Flächen hatten ähnliche Formen, wie sie als Querschnitte von Leitwerken im Flugzeugbau Verwendung finden. Es sollte zunächst im allgemeinen der Widerstand dieser Flächen bei den praktisch vorkommenden Abmessungen und Geschwindigkeiten bestimmt werden. Ferner ist es auch von Interesse zu erfahren, wie weit hierbei bei günstig geformten Querschnitten der Formwiderstand herabgemindert werden kann, d. h. wie groß der Anteil des Formwiderstandes gegenüber dem unvermeidlichen Reibungswiderstand ist. Die Flächen, deren Querschnitte

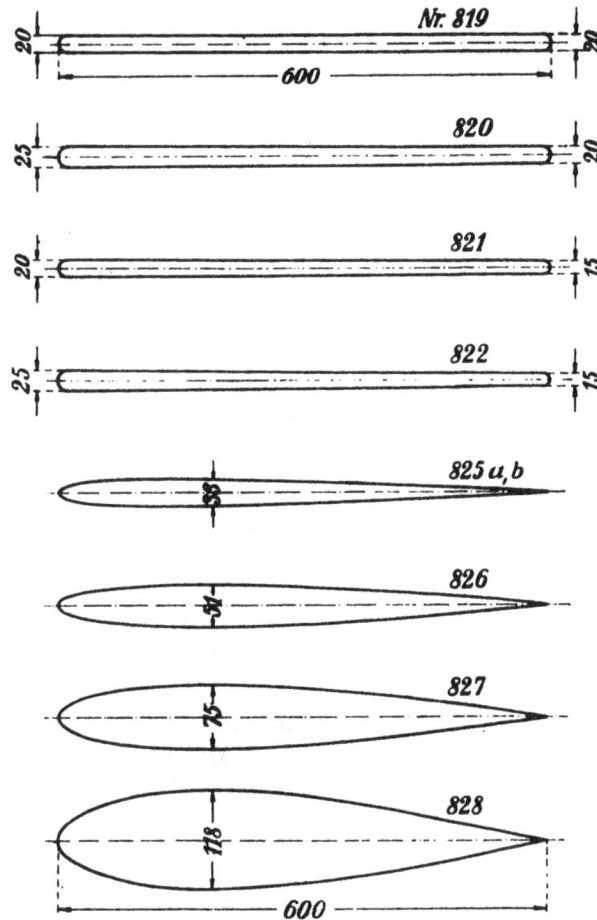

Abb. 78.

in Abb. 78 gezeichnet sind, hatten eine Tiefe von 60 cm und eine Spannweite von 100 cm. Sie waren in ähnlicher Weise wie im Flugzeugbau aus einem Holzgerippe angefertigt, das mit Stoff bespannt wurde. Die Hinterkante derselben bestand aus einer zugeschärften Holzleiste. Mit Ausnahme der Fläche 825 b waren alle Flächen mit Stoff überzogen, dessen Oberfläche in der üblichen Weise mit Zellon geglättet war. Bei Fläche 825 b war der Stoff durch einen Belag aus Sperrholz ersetzt, dessen

---

[1]) Die gleichen zu den Versuchen verwendeten Flächen wurden bereits während des Krieges in bezug auf ihren Widerstand untersucht (vgl. M. Munk, Anblasversuche mit Leitwerken, Lit. Verz. B. II. 16), wobei sich durchwegs kleinere Widerstandszahlen als bei den nachstehenden Versuchen ergaben. Der Grund dieser Unstimmigkeit dürfte darin liegen, daß jene Versuche als erste in der neuen Anstalt mit den neuen Meßeinrichtungen ausgeführt wurden. Es lag daher noch nicht die Erfahrung vor, welche nötig ist, um alle Fehler zu erkennen und zu beseitigen.

Oberfläche glatt poliert wurde. Sonst aber hatten die Flächen 825*a* und *b* gleiches Profil. Die Querschnitte 819—822 müssen als veraltete Leitwerksquerschnitte bezeichnet werden. In neuerer Zeit finden fast ausschließlich solche Formen Verwendung, die den Profilen 825—828 ähnlich sind.

Die Messungen fanden bei Windgeschwindigkeiten bis zu rd 40 m/s statt. Da die Tiefe der Flächen 1 = 60 cm betrug, so wurden Reynoldssche Zahlen von nahezu derselben Größe erreicht, wie sie praktisch vorkommen. Gemessen wurde nur der Widerstand bei symmetrischer Anblaserichtung. Die Flächen waren in gleicher Weise wie die Versuchskörper des vorhergehenden Abschnittes als Windfahnen aufgehängt, damit sie sich von selbst in die Windrichtung einstellten.

Die Messungsergebnisse (Abb. 79 und Zahlentafeln 155—163) sind durch die Widerstandszahl c_f ausgedrückt, welche definiert ist durch:

$$\text{Widerstand } W = c_f \, O \, q.$$

Hierbei bedeutet 0 wieder die gesamte bespülte Oberfläche. Dieser Ansatz wurde hauptsächlich deswegen gewählt, um den gemessenen Widerstand mit dem reinen Reibungswiderstand vergleichen zu können, bei welchem die Widerstandszahl auch auf die Oberfläche bezogen wurde. In Abb. 79 ist die so definierte Widerstandszahl abhängig von der Reynoldsschen Zahl $\frac{vl}{\nu}$ aufgetragen. Ferner ist in dieser Figur der Beiwert der reinen Reibung, den wir nach den Ergebnissen des vorhergehenden Abschnittes durch die Formel

$$c_f = 0,0375 \left(\frac{\nu}{vl}\right)^{0,15}$$

ausdrücken konnten, gestrichelt eingezeichnet. Es zeigt sich, daß der Gesamtwiderstand der schlanken Formen 825*a* und 826 nur wenig größer ist als der reine Reibungswiderstand. Die Fläche 825*b* liefert

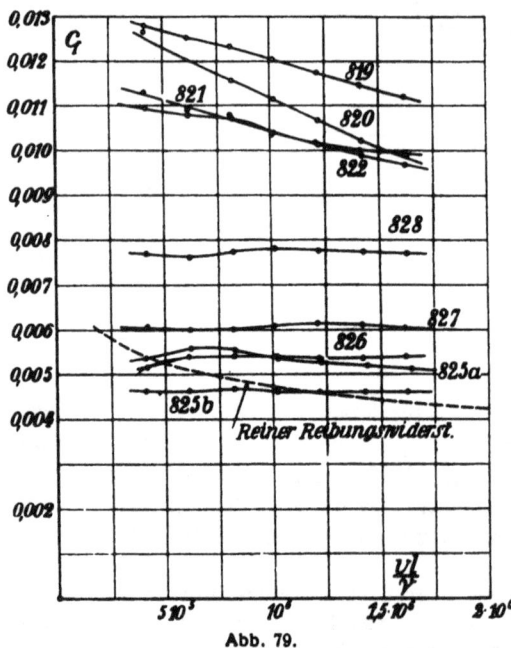

Abb. 79.

sogar Werte, die teilweise noch kleiner sind wie dieser. Dies hat seine Ursache darin, daß die Oberfläche derselben (polierter Sperrholzbelag) besonders glatt war, glatter als die zu den Reibungsversuchen verwendeten zellonierten Oberflächen. Man sieht daraus, daß der Formwiderstand bei günstig geformten Querschnitten auf ein äußerst geringes Maß herabgedrückt werden kann. Die Flächen 819 bis 822 hingegen ergeben wegen ihrer wenig günstigen aerodynamischen Form neben dem Reibungswiderstand auch noch einen erheblichen Formwiderstand.

Auffallend bei diesen Ergebnissen ist die Änderung der Widerstandszahl c_f mit der Reynoldsschen Zahl. Während wir für den reinen Reibungswiderstand eine Abnahme der Reibungszahl c_f mit wachsender Reynoldsscher Zahl finden, ergibt sich bei den vorliegenden günstig geformten Flächen in dem untersuchten Bereich eine von der Reynoldsschen Zahl nahezu unabhängige Widerstandszahl, d. h. der Widerstand befolgt hier annähernd das quadratische Gesetz. Bei den Flächen 819—822 hingegen nimmt die Widerstandszahl mit zunehmender Reynoldsscher Zahl mehr oder weniger ab. Die Ursachen dieses verschiedenartigen Verhaltens der Flächen bedürfen noch der Aufklärung.

1. Fläche Nr. 819. — Zahlentafel 155.

Staudruck q kg/m²	Geschwindigkeit v m/s	$\dfrac{vl}{\nu}$	Widerstand W gr	Widerstandszahl c_f
6,6	10,3	$4,15\cdot10^5$	102	0,0128
14,4	15,2	$6,12\cdot10^5$	217	0,0125
25,4	20,2	$8,12\cdot10^5$	376	0,0123
39,6	25,2	$10,1\cdot10^5$	573	0,0120
56,9	30,2	$12,1\cdot10^5$	803	0,0118
77,0	35,1	$14,1\cdot10^5$	1061	0,0115
100,8	40,2	$16,2\cdot10^5$	1356	0,0112

2. Fläche Nr. 820. — Zahlentafel 156.

Staudruck q kg/m²	Geschwindigkeit v m/s	$\dfrac{vl}{\nu}$	Widerstand W gr	Widerstandszahl c_f
6,5	10,2	$4,12\cdot10^5$	98	0,0127
14,4	15,2	$6,16\cdot10^5$	205	0,0118
25,4	20,2	$8,18\cdot10^5$	353	0,0116
39,4	25,1	$10,2\cdot10^5$	528	0,0112
56,8	30,1	$12,2\cdot10^5$	729	0,0107
77,1	35,1	$14,2\cdot10^5$	947	0,0102
100,7	40,1	$16,3\cdot10^5$	1195	0,0099

3. Fläche Nr. 821. — Zahlentafel 157.

Staudruck q kg/m²	Geschwindigkeit v m/s	$\dfrac{vl}{\nu}$	Widerstand W gr	Widerstandszahl c_f
6,6	10,2	$4,12\cdot10^5$	89	0,0113
14,4	15,2	$6,13\cdot10^5$	189	0,0109
25,3	20,1	$8,10\cdot10^5$	325	0,0107
39,4	25,1	$10,1\cdot10^5$	490	0,0104
56,7	30,1	$12,1\cdot10^5$	693	0,0102
77,0	35,1	$14,1\cdot10^5$	925	0,0100
100,0	40,0	$16,1\cdot10^5$	1191	0,0099

4. Fläche Nr. 822. — Zahlentafel 158.

Staudruck q kg/m²	Geschwindigkeit v m/s	$\dfrac{vl}{\nu}$	Widerstand W gr	Widerstandszahl c_f
6,7	10,4	$4,20\cdot10^5$	88	0,0110
14,5	15,2	$6,18\cdot10^5$	188	0,0108
25,4	20,2	$8,18\cdot10^5$	327	0,0107
39,4	25,1	$10,2\cdot10^5$	492	0,0104
56,8	30,1	$12,2\cdot10^5$	692	0,0101
77,0	35,1	$14,2\cdot10^5$	912	0,0099
100,6	40,1	$16,2\cdot10^5$	1170	0,0097

5. Fläche Nr. 825 a. — Zahlentafel 159.

Staudruck q kg/m²	Geschwindigkeit v m/s	$\dfrac{vl}{\nu}$	Widerstand W gr	Widerstandszahl c_f
6,3	10,0	$4,12\cdot10^5$	40	0,0054
14,2	15,1	$6,19\cdot10^5$	95	0,0056
25,1	20,0	$8,23\cdot10^5$	166	0,0055
39,2	25,0	$10,3\cdot10^5$	251	0,0053
56,3	30,0	$12,3\cdot10^5$	355	0,0053
76,8	35,0	$14,4\cdot10^5$	477	0,0052
100,1	40,0	$16,4\cdot10^5$	615	0,0051

6. Fläche Nr. 825 b. — Zahlentafel 160.

Staudruck q kg/m²	Geschwindigkeit v m/s	$\dfrac{vl}{\nu}$	Widerstand W gr	Widerstandszahl c_f
6,3	10,0	$4,10\cdot10^5$	35	0,0046
14,1	15,0	$6,13\cdot10^5$	78	0,0046
25,0	20,0	$8,18\cdot10^5$	140	0,0047
39,3	25,1	$10,2\cdot10^5$	217	0,0046
56,3	30,0	$12,2\cdot10^5$	309	0,0046
76,7	35,0	$14,3\cdot10^5$	423	0,0046
100,0	40,0	$16,3\cdot10^5$	548	0,0046

7. Fläche Nr. 826. — Zahlentafel 161.

Staudruck q kg/m²	Geschwindigkeit v m/s	$\dfrac{vl}{\nu}$	Widerstand W gr	Widerstandszahl c_f
6,6	10,3	$4,15\cdot10^5$	42	0,0052
14,4	15,1	$6,08\cdot10^5$	95	0,0054
25,3	20,3	$8,18\cdot10^5$	167	0,0054
39,4	25,1	$10,1\cdot10^5$	259	0,0054
56,7	30,2	$12,2\cdot10^5$	370	0,0054
77,0	35,1	$14,2\cdot10^5$	503	0,0054
100,5	40,1	$16,2\cdot10^5$	661	0,0054

8. Fläche Nr. 827. — Zahlentafel 162.

Staudruck q kg/m²	Geschwindigkeit v m/s	$\dfrac{vl}{\nu}$	Widerstand W gr	Widerstandszahl c_f
6,6	10,3	$4,15\cdot10^5$	50	0,0061
14,4	15,2	$6,10\cdot10^5$	106	0,0060
25,3	20,1	$8,11\cdot10^5$	188	0,0060
39,4	25,1	$10,1\cdot10^5$	296	0,0061
56,7	30,1	$12,1\cdot10^5$	428	0,0061
77,0	35,1	$14,1\cdot10^5$	582	0,0061
100,3	40,1	$16,1\cdot10^5$	750	0,0060

9. Fläche Nr. 828. — Zahlentafel 163.

Staudruck q kg/m²	Geschwindigkeit v m/s	$\dfrac{vl}{\nu}$	Widerstand W gr	Widerstandszahl c_f
6,6	10,3	$4,18\cdot10^5$	63	0,0077
14,4	15,2	$6,17\cdot10^5$	137	0,0076
25,4	20,2	$8,20\cdot10^5$	246	0,0078
39,4	25,2	$10,2\cdot10^5$	385	0,0078
56,6	30,1	$12,2\cdot10^5$	549	0,0078
77,0	35,2	$14,3\cdot10^5$	746	0,0078
100,6	40,1	$16,2\cdot10^5$	968	0,0077

10. Untersuchung von 5 Flugzeugschwimmern.

Die Versuche wurden an fünf verschiedenen Schwimmermodellen (Nr. 1 bis 5) ausgeführt, die nach Zeichnungen des Seeflugzeugversuchskommandos Warnemünde hergestellt worden sind und

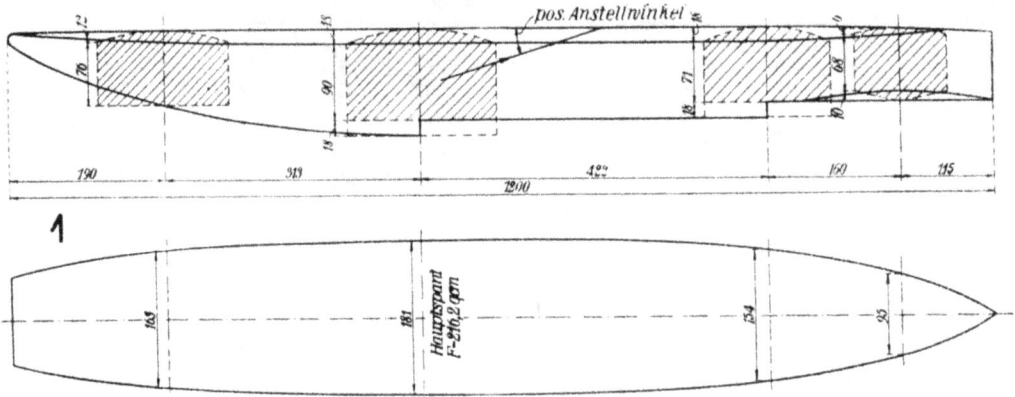

Abb. 80.

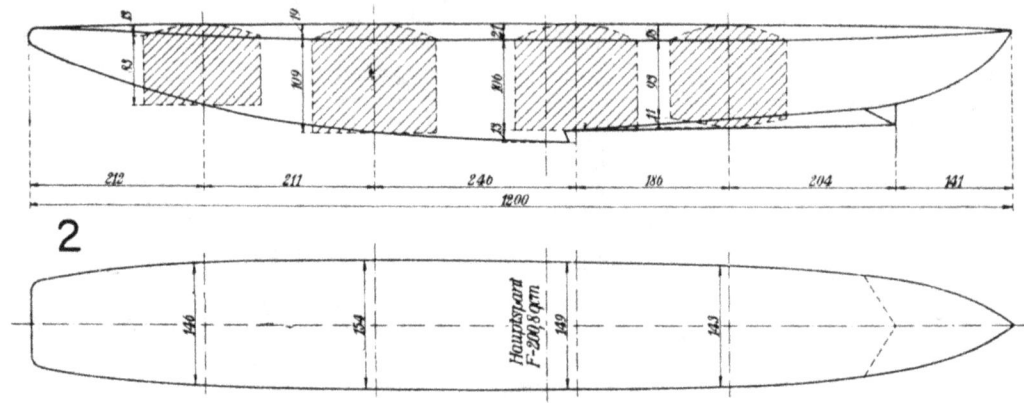

Abb. 81.

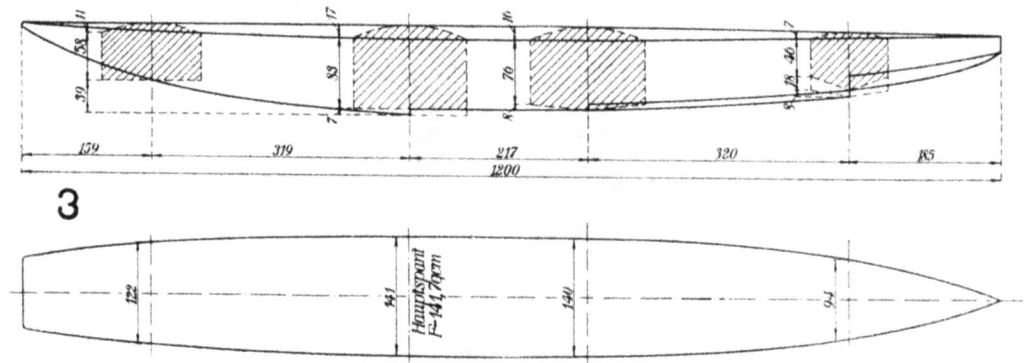

Abb. 82.

welche Nachbildungen von wirklich ausgeführten Schwimmern darstellen. Die Länge der Modelle betrug durchwegs 120 cm; ihre Form ist aus den Abb. 80—84 zu ersehen. Die Änderung des Anstellwinkels erfolgte nach zwei verschiedenen Richtungen, nämlich in einer vertikalen und einer horizontalen Ebene. Letztere Drehung entspricht einer seitlichen Anströmung des Schwimmers, wie dies beim Kurvenflug eintritt. Der Anstellwinkel bezieht·sich im Falle der Drehung des Modelles in einer vertikalen Ebene auf die Tangente im höchsten Punkte der Oberkante des Schwimmers (s. Abb. 80), die in den meisten Fällen schwach gekrümmt ist. Im Falle der horizontalen Drehung bezieht er sich auf die Symmetrieebene. Gemessen wurde Auftrieb, Widerstand und Moment der Luftkraft bei einer Geschwindigkeit von rd. 30 m/s. Da bei Schwimmern wegen der erforderlichen Wasserverdrängung das Volumen von größerer Bedeutung ist als der Hauptspant, so wurden die Bei-

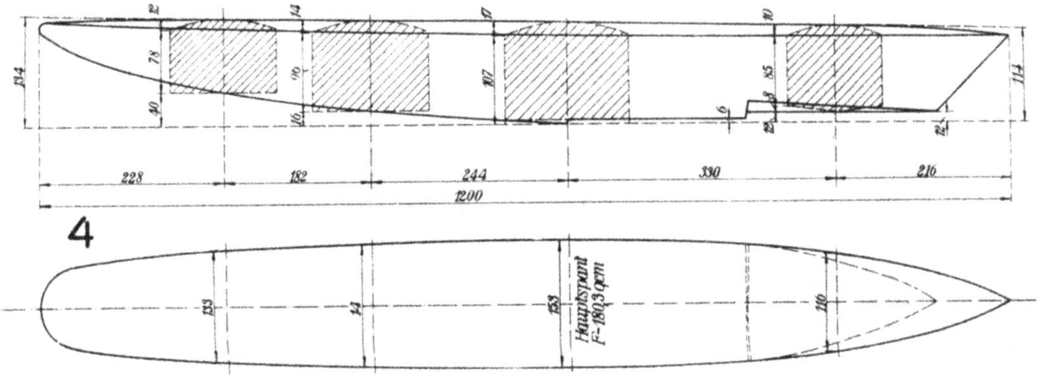

Abb. 83.

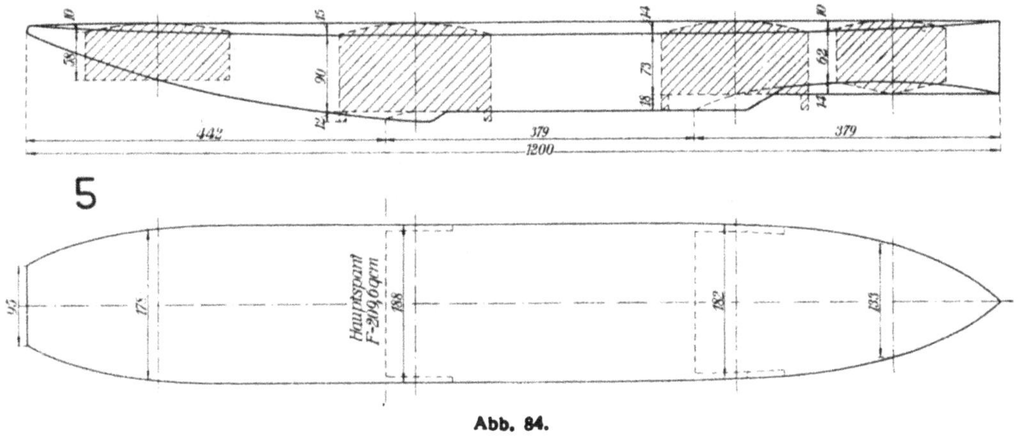

Abb. 84.

werte auf das Volumen bezogen und durch die dimensionslosen Zahlen K_a, K_w und K_m ausgedrückt. Diese Werte sind durch die Gleichungen definiert[1]):

$$\text{Auftrieb} \qquad A = K_a V^{2/3} q/100,$$
$$\text{Widerstand} \quad W = K_w V^{2/3} q/100,$$
$$\text{Moment} \qquad M = K_m V q/100,$$

wobei V das Volumen des Schwimmers und q den Staudruck bedeutet. Das Moment bezieht sich auf den vordersten Punkt der Spitze. Es ist positiv, wenn es bei einer Anströmungsrichtung der Luft von links nach rechts entgegen dem Uhrzeigersinn wirkt. Falls es nötig ist, lassen sich die auf den Hauptspant bezogenen Beiwerte C_a, C_w und C_m in einfacher Weise aus den angegebenen Beiwerten berechnen, denn es besteht der folgende Zusammenhang:

$$C_a = K_a \frac{V^{2/3}}{F}, \quad C_w = K_w \frac{V^{2/3}}{F}, \quad C_m = K_m \frac{V}{Ft}.$$

---

[1]) Vgl. die Vorbemerkung zur Mitteilung 1, III. Folge, Lit. Verz. B. III.

Hierbei bedeutet F die Fläche des Hauptspantes und t eine Längenabmessung, für die vielleicht zweckmäßig die Länge des Schwimmers gewählt wird. Die Hauptspantflächen sowie die Volumen-

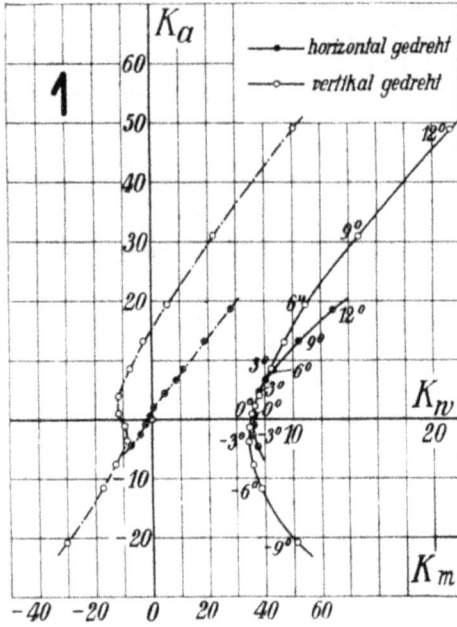

Abb. 85.

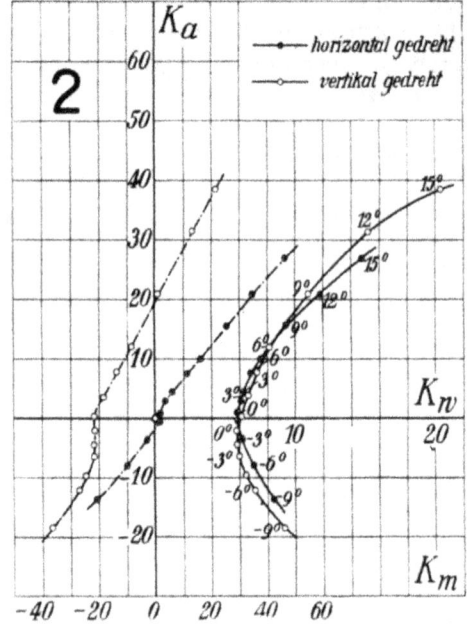

Abb. 86.

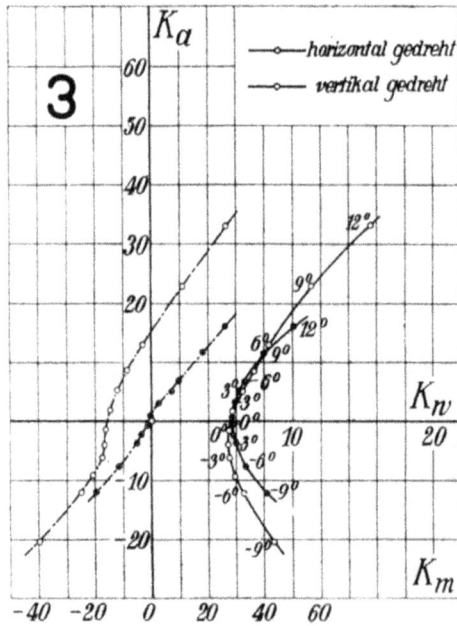

Abb. 87.

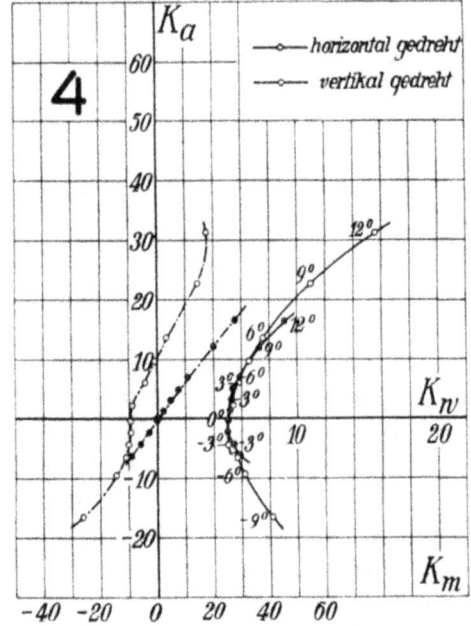

Abb. 88.

inhalte der Schwimmer sind in den am Schluß des Berichtes angefügten Zahlentafeln enthalten. Die Volumeninhalte der Schwimmermodelle wurden aus der Wasserverdrängung beim Eintauchen in Wasser bestimmt.

Die Ergebnisse der Messungen sind in den Abb. 85—89 graphisch dargestellt, ferner in den Tabellen 164—173 zahlenmäßig angegeben. Graphisch aufgetragen sind K_w und K_m abhängig von K_a für vertikale und horizontale Drehung der Schwimmer. Da die Versuchskörper zur vertikalen Mittelebene symmetrisch sind, so ergeben sich bei horizontaler Drehung für entsprechende positive und negative Anstellwinkel dieselben Werte. In diesen Fällen wurde daher die Messung meist nur für

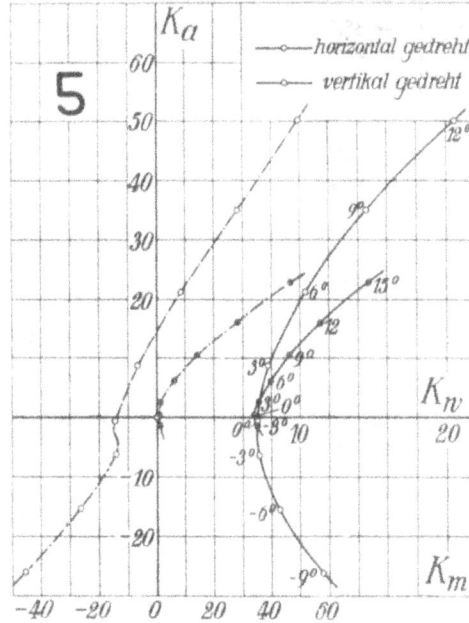

Abb. 89.

positive Anstellwinkel ausgeführt. Die günstigste Form in bezug auf geringen Luftwiderstand ergibt nach den vorliegenden Messungen der Schwimmer Nr. 4, der vorne abgerundet und hinten zugespitzt ist. Am ungünstigsten sind die Formen 1 und 5. Die durch die Schwimmer erzeugten Momente sind im Vergleich zu den sonst am Flugzeug auftretenden Momenten ziemlich klein, so daß sie für die Längs-stabilität nur eine unbedeutende Rolle spielen. Dies wird insbesondere durch Versuche an einem vollständigen Wasserflugzeugmodell bestätigt, über die später noch berichtet werden wird.

Schwimmer Nr. 1.

Gesamtvolumen $V = 15798\ cm^3$, $V^{2/3} = 629,6\ cm^2$, Fläche des Hauptspantes $F = 216,2\ cm^2$, Staudruck $q = 56,4\ kg/m^2$.

a) Schwimmer vertikal gedreht. Zahlentafel 164. b) Schwimmer horizontal gedreht. Zahlentafel 165.

Anstell-winkel	Auftriebs-zahl K_a	Widerstands-zahl K_w	Momenten-zahl K_m	Anstell-winkel	Auftriebs-zahl K_a	Widerstands-zahl K_w	Momenten-zahl K_m
— 9°	— 20,8	10,2	— 30,1	— 4,5°	— 4,58	7,63	— 7,19
— 6	— 11,8	7,78	— 17,0	— 3	— 2,60	7,21	— 3,91
— 4,5	— 7,84	7,25	— 12,7	— 1,5	— 0,99	7,27	— 2,04
— 3	— 3,89	6,93	— 8,67	0	0,56	7,30	— 0,50
— 1,5	— 1,46	6,96	— 9,55	1,5	2,04	7,35	0,79
0	0,90	7,08	— 11,5	3	4,37	7,61	4,98
1,5	3,94	7,66	— 11,7	4,5	6,62	8,06	8,50
3	8,40	8,45	— 7,56	6	8,39	8,62	11,0
4,5	13,0	9,38	— 2,72	9	13,1	10,4	18,8
6	19,3	10,9	5,81	12	18,5	12,9	28,4
9	30,9	14,7	22,1				
12	48,9	21,3	50,5				

Für Anstellwinkel 0°: $C_w = 20,6$.   Für Anstellwinkel 0°: $C_w = 21,2$.

Schwimmer Nr. 2.

Gesamtvolumen $V = 15719$ cm³, $V^{2/3} = 627,5$ cm², Fläche des Hauptspantes $F = 200,8$ cm², Staudruck $q = 56,4$ kg/m².

a) Schwimmer vertikal gedreht. Zahlentafel 166.

Anstell- winkel	Auftriebs- zahl K_a	Widerstands- zahl K_w	Momenten- zahl K_m
— 9,0°	— 18,5	9,25	— 36,3
— 6,0	— 12,2	7,08	— 26,8
— 4,5	— 9,67	6,45	— 24,5
— 3,0	— 6,50	6,00	— 21,6
1,5	— 4,53	5,83	— 21,6
0	— 2,12	5,83	— 21,2
1,5	0,23	6,11	— 21,6
3,0	3,62	6,62	— 18,4
4,5	7,77	7,26	— 13,8
6,0	12,0	8,15	— 8,66
9,0	20,8	11,0	0,88
12,0	31,4	15,2	13,2
15,0	38,4	20,4	21,6

Für Anstellwinkel 0°: $C_w = 18,2$.

b) Schwimmer horizontal gedreht. Zahlentafel 167.

Anstell- winkel	Auftriebs- zahl K_a	Widerstands- zahl K_w	Momenten- zahl K_m
— 9,0°	— 13,6	8,37	— 20,3
— 6,0	— 7,98	6,96	— 10,0
— 3,0	— 3,58	6,17	— 2,80
— 1,5	— 0,49	5,92	1,42
0	0,84	5,83	1,68
1,5	2,74	6,08	3,16
3	4,45	6,28	5,68
4,5	7,55	6,76	11,2
6	10,0	7,52	15,8
9	15,5	9,32	25,4
12	20,8	11,8	34,9
15	26,8	14,8	46,6

Für Anstellwinkel 0°: $C_w = 18,2$.

Schwimmer Nr. 3.

Gesamtvolumen $V = 10644$ cm³, $V^{2/3} = 483,9$ cm², Fläche des Hauptspantes $F = 141,7$ cm², Staudruck $q = 56,4$ kg/m².

a) Schwimmer vertikal gedreht. Zahlentafel 168.

Anstell- winkel	Auftriebs- zahl K_a	Widerstands- zahl K_w	Momenten- zahl K_m
— 9°	— 20,4	8,70	— 39,8
— 6	— 12,2	6,56	— 24,5
— 4,5	— 9,18	5,95	— 20,2
— 3	— 6,15	5,50	— 17,2
— 1,5	— 4,04	5,40	— 16,8
0	— 1,58	5,47	— 16,2
1,5	1,83	5,80	— 14,6
3	5,05	6,46	— 12,0
4,5	8,53	7,30	— 8,30
6	12,9	8,34	— 2,80
9	22,8	11,3	11,0
12	33,0	15,6	26,4

Für Anstellwinkel 0°: $C_w = 18,7$.

b) Schwimmer horizontal gedreht. Zahlentafel 169.

Anstell- winkel	Auftriebs- zahl K_a	Widerstands- zahl K_w	Momenten- zahl K_m
— 9°	— 12,1	8,16	— 19,4
— 6	— 7,75	6,68	— 11,4
— 3	— 3,75	5,96	— 5,05
— 1,5	— 2,38	5,78	— 3,48
0	— 0,73	5,70	— 1,36
1,5	0,73	5,70	— 0,27
3	3,11	5,92	2,40
4,5	5,07	6,22	7,25
6	6,76	6,65	9,90
9	11,6	8,05	18,2
12	16,0	10,1	26,0

Für Anstellwinkel 0°: $C_w = 19,4$.

Schwimmer Nr. 4.

Gesamtvolumen $V = 14021$ cm³, $V^{2/3} = 581,5$ cm², Fläche des Hauptspantes $F = 180,3$ cm², Staudruck $q = 56,4$ kg/m².

a) Schwimmer vertikal gedreht. Zahlentafel 170.

Anstell- winkel	Auftriebs- zahl K_a	Widerstands- zahl K_w	Momenten- zahl K_m
— 9,0°	— 16,4	8,15	— 26,0
— 6,0	— 9,40	6,25	— 14,3
— 4,5	— 6,40	5,68	— 11,0
— 3	— 4,34	5,06	— 10,0
— 1,5	— 2,19	5,00	— 9,30
0	— 0,30	5,06	— 9,53
1,5	2,28	5,43	— 8,73
3	6,10	5,86	— 4,29
4,5	9,76	6,55	— 0,91
6	13,6	7,56	3,50
9	22,7	11,0	14,6
12	31,2	15,6	17,8

Für Anstellwinkel 0°: $C_w = 16,3$.

b) Schwimmer horizontal gedreht. Zahlentafel 171.

Anstell- winkel	Auftriebs- zahl K_a	Widerstands- zahl K_w	Momenten- zahl K_m
— 4,5°	— 6,26	5,88	— 9,27
— 3,0	— 4,36	5,45	— 5,75
— 1,5	— 2,36	5,04	— 2,85
0	— 0,31	4,98	0,19
1,5	1,37	5,13	2,24
3	3,06	5,18	4,95
4,5	4,96	5,42	7,60
6	6,95	5,92	10,9
9	12,0	7,29	20,2
12	16,4	9,10	27,7

Für Anstellwinkel 0°: $C_w = 16,0$.

Schwimmer Nr. 5.

Gesamtvolumen $V = 16584 \, cm^3$, $V^0/_0 = 650,3 \, cm^3$, Fläche des Hauptspantes $F = 209,6 \, cm^2$, Staudruck $q = 55,2$.

a) Schwimmer vertikal gedreht. Zahlentafel 172.

Anstellwinkel	Auftriebs-zahl K_a	Widerstands-zahl K_w	Momenten-zahl K_m
— 9,0°	— 26,1	11,5	— 45,4
— 6,0	— 15,4	8,61	— 26,3
— 3,0	— 6,26	7,11	— 14,3
0	— 0,56	6,96	— 14,7
3	8,78	7,82	— 6,66
6	21,2	10,4	8,58
9	34,9	14,6	28,1
12	50,1	20,6	49,4

Für Anstellwinkel 0°: $C_w = 21,6$.

b) Schwimmer horizontal gedreht. Zahlentafel 173.

Anstellwinkel	Auftriebs-zahl K_a	Widerstands-zahl K_w	Momenten-zahl K_m
— 3,0°	— 1,50	7,03	1,20
0	0,41	6,83	1,10
3	2,59	7,12	1,31
6	6,12	7,98	6,18
9	10,4	9,28	14,3
12	16,0	11,4	28,4
15	22,7	14,8	46,4

Für Anstellwinkel 0°: $C_w = 21,2$.

Anhang I.

Werte der Dichte mittelfeuchter Luft, abhängig von Temperatur und Druck (Abb. 90).

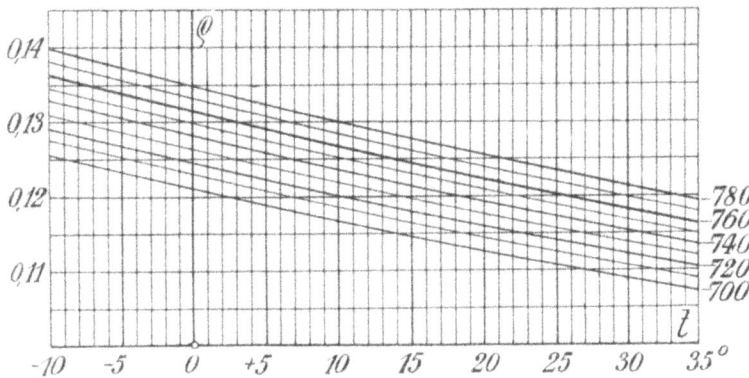

Abb. 90.

Anhang II.

Werte der kinematischen Zähigkeit ν der Luft.

Die kinematische Zähigkeit ν ist dargestellt durch den Quotienten $\nu = \dfrac{\mu}{\varrho}$, wobei. μ den Zähigkeitsbeiwert und ϱ die Dichte der Luft bedeutet. Der Zähigkeitsbeiwert ist eine Funktion der Temperatur; vom Drucke ist er unabhängig. Die Abhängigkeit von der Temperatur wird nach O. Schumann (Wied. Ann. 23, 353; 1884) durch die folgende Beziehung ausgedrückt:

$$\mu_t = \mu_0 \sqrt{1 + \alpha t} \, (1 + \beta t)^2.$$

Hierbei ist:

μ_t die Zähigkeit der Luft bei t^0

μ_0 » » » » » $0^\circ = 0{,}0001679 \dfrac{g}{cm \cdot sec} = 1{,}712 \cdot 10^{-6} \dfrac{kg\ sec}{m^2}$

$\alpha = 0{,}003665$

$\beta = 0{,}00080.$

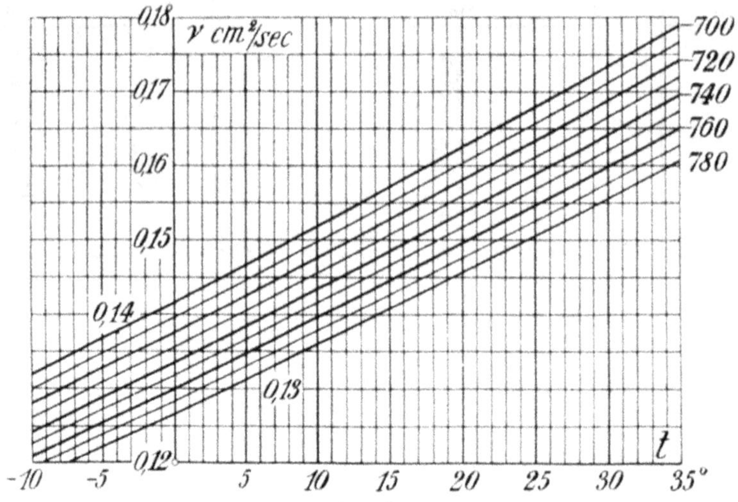

Abb. 91.

Die kinematische Zähigkeit ist, da sie die Dichte im Nenner enthält, auch vom Drucke abhängig. Mit Benutzung der im Anhang I dargestellten Werte von ϱ sind in Abb. 91 die Werte der kinematischen Zähigkeit abhängig von der Temperatur für verschiedene Barometerstände dargestellt.

═══════════

Berichtigung zu Seite 124 Fußnote 3 und Abb. 77 (zugefügt bei der letzten Korrektur). — Die Blasius'sche Formel für die Gebers'schen Werte ist nur giltig für Werte $\dfrac{v\,l}{v}$ größer als $2{,}5 \cdot 10^6$. Der ganze Bereich der Gebers'schen Versuche wird durch die kürzlich von L. Prandtl ermittelte Formel

$$c_f = 0{,}073 \left(\frac{v}{v\,l} \right)^{0,2} - 1600 \cdot \frac{v}{v\,l}$$

dargestellt, in der die Tatsache Berücksichtigung findet, daß am vorderen Plattenende eine gewisse Strecke weit Laminarströmung herrscht. Diese Formel ist nach kleinen $\dfrac{v\,l}{v}$ bis zum Schnittpunkt mit der Linie des Laminar-Widerstandes brauchbar. Das zweite Glied der Formel fällt je nach dem Turbulenzgrad der Strömung verschieden aus; wird, wie bei unseren Versuchen, durch eine dicke Kopfform gleich vorne Turbulenz erzeugt, so ist es beinahe Null. Der erste Ausdruck der Formel ist in der Tat auch mit unseren Versuchen an sechsmal zellonierten Flächen in recht befriedigender Übereinstimmung.

Literatur-Verzeichnis.

A. Berichte und Abhandlungen im Jahrbuch der Motorluftschiff-Studiengesellschaft.

Jahrbuch 1906/07:

1. E. Wiechert und L. Prandtl, Vorschläge für Arbeiten des Unterausschusses für dynamische Fragen der M. St. G. S. 71.
2. L. Prandtl, Beschreibung der Pläne für eine Motorluftschiffmodell-Versuchsanstalt. S. 73.

Jahrbuch 1907/08:

3. L. Prandtl, Vorarbeiten für eine Luftschiffmodell-Versuchsanstalt. S. 48.

Jahrbuch 1908/10:

4. L. Prandtl, Bericht über die Modell-Versuchsanstalt. S. 138.

Jahrbuch 1910/11:

5. L. Prandtl, Bericht über die Göttinger Modell-Versuchsanstalt. S. 43.
6. O. Föppl, Windkräfte an ebenen und gewölbten Platten. S. 51.

Jahrbuch 1911/12:

7. L. Prandtl, Bericht über die Göttinger Modell-Versuchsanstalt. S. 55.
8. G. Fuhrmann, Theoretische und experimentelle Untersuchungen an Ballonmodellen. S. 65.

Jahrbuch 1912/13:

9. L. Prandtl, Bericht über die Göttinger Modell-Versuchsanstalt. S. 75.
10. A. Betz, Systematische Versuche an Luftschraubenmodellen, S. 83.

B. Fortlaufende Mitteilungen von Versuchsergebnissen in Zeitschriften.

I. Folge, erschienen in der Zeitschrift für Flugtechnik und Motorluftschiffahrt.

Jahrgang 1910:

1. O. Föppl, Winddruck auf ebene, schräggestellte Platten von verschiedenem Seitenverhältnis. S. 87.
2. O. Föppl, Winddruck auf gewölbte Platten von verschiedenem Wölbungspfeil. S. 129.
3. G. Fuhrmann, Widerstands- und Druckmessungen an Ballonmodellen. S. 130.
4. G. Fuhrmann, Verhalten von Ballonkörpern bei Schrägstellung. S. 161.
5. O. Föppl, Einfluß des Seitenverhältnisses auf die Windkräfte bei gewölbten Platten. Widerstand von Drähten. S. 193.
6. O. Föppl, Widerstand von Drähten und Seilen. S. 259.

Jahrgang 1911.

7. O. Föppl, Einfluß von seitlichen Abschrägungen und Abrundungen auf die Windkräfte bei gewölbten Platten S. 83.
8. G. Fuhrmann, Widerstands- und Druckmessungen an Ballonmodellen. S. 165.
9. O. Föppl, Auftrieb und Widerstand eines Höhensteuers, das hinter der Tragfläche angeordnet ist. S. 182.

138   Literaturverzeichnis.

Jahrgang 1912:

10. A. Betz, Auftrieb und Widerstand einer Tragfläche in der Nähe einer horizontalen Ebene (Erdboden). S. 86.

Jahrgang 1913:

11. A. Betz, Auftrieb und Widerstand eines Doppeldeckers. S. 1.
12. G. Fuhrmann, Untersuchungen an einem Propellermodell. S. 89.
13. C. Wieselsberger, Geschwindigkeitsverteilung in der Nähe eines Zeppelin-Luftschiffes. Widerstandsmessungen an dem Modell. S. 267.
14. C. Wieselsberger, Untersuchungen zweier Tragflächenmodelle S. 269.

Jahrgang 1914:

15. A. Betz, Systematische Versuche an Luftschraubenmodellen. S. 73.
16. C. Wieselsberger, Der Luftwiderstand von Kugeln. S. 140.
17. C. Wieselsberger, Der Luftwiderstand eines Freiballonmodelles. S. 161.
18. A. Betz, Angriffspunkte der Windkräfte bei Doppeldeckern. S. 162.
19. A. Betz, Untersuchungen von Tragflächen mit verwundenen und nach rückwärts gerichteten Enden. S. 237.

Jahrgang 1915:

20. C. Wieselsberger, Ähnlichkeitsuntersuchungen an Ballonmodellen und Versuche über den Einfluß der Oberflächenbeschaffenheit.
21. G. Wieselsberger, Untersuchungen mit kreisrunden Platten und ebenen Tragflächen. Widerstandsmessungen im freien Luftstrahl und im Kanal. S. 127.
22. A. Betz, Untersuchung einer Schukowskyschen Tragfläche. S. 173.

II. Folge, erschienen in den „Technischen Berichten" (T. B.) der Inspektion der Fliegertruppen.

Band I:

1. M. Munk, Bericht über Luftwiderstandsmessungen von Streben. S. 85.
2. M. Munk und E. Hückel, Systematische Messungen an Flügelprofilen. S. 148.
3. M. Munk und C. Pohlhausen, Messungen an einfachen Flügelprofilen. S. 164.
4. M. Munk, Systematische Versuche an Leitwerkmodellen. S. 168.
5. M. Munk, Modellmessungen an drei Tragflächen von verschiedener Spannweite. S. 203.
6. M. Munk, Weitere Untersuchungen von Flügelprofilen. S. 204.
7. M. Munk und G. Cario, Flügel mit Spalt in Fahrtrichtung. S. 219.
8. M. Munk, Untersuchung eines Leitwerkes mit verschobener Ruderachse. S. 223.

Band II:

9. H. Kumbruch, Der Luftwiderstand von Stirnkühlern. S. 1.
10. C. Pohlhausen, Widerstandsmessungen an Seilen und Profildrähten. S. 15.
11. M. Munk, Weitere Widerstandsmessungen an Streben. S. 13.
12. M. Munk, Stirnkühler und Tragflächenkühler. S. 19.
13. M. Munk, Messungen an Rumpfmodellen. S. 23.
14. M. Munk, Rumpf und Schraube. S. 25.
15. M. Munk, Einzelflügel mit zugespitzten Enden. S. 397.
16. M. Munk, Anblasversuche mit Leitwerken. S. 401.
17. M. Munk und E. Hückel, Weitere Göttinger Flügelprofiluntersuchungen. S. 407.
18. M. Munk und E. Hückel, Der Profilwiderstand von Tragflügeln. S. 451.

Band III:

19. M. Munk und G. Cario, Luftstromneigung hinter Flügeln. S. 10.
20. M. Munk und W. Molthan, Messungen an einem Flugzeugmodell Aeg. D. 1. der Allgemeinen Elektrizitäts-Gesellschaft, A.-G., Abteilung Flugzeugbau. S. 30.

21. C. W i e s e l s b e r g e r, Untersuchung eines Rumpfkühlers. S. 107.

22. C. W i e s e l s b e r g e r, Dreideckeruntersuchungen. S. 302.

23. W. M o l t h a n, Messungen an einem Modell des D-Flugzeuges T. 29 der Deutschen Flugzeugwerke. S. 253.

24. C. W i e s e l s b e r g e r, Luftwiderstandsmessungen an wirklichen Flugzeugteilen. S. 275.

III. Folge, erschienen in der Zeitschrift für Flugtechnik und Motorluftschiffahrt.

Jahrgang 1919:

C. W i e s e l s b e r g e r, Vorbemerkung. S. 93.

1. H. K u m b r u c h, Ähnlichkeitsversuche an Flügelprofilen. S. 95.

Jahrgang 1920:

2. C. W i e s e l s b e r g e r, Der Einfluß der Oberflächenbeschaffenheit auf den Widerstand, untersucht an Streben. S. 54.

C. Sonstige aerodynamische und hydrodynamische Arbeiten des Göttinger Kreises.

(ZFM = Zeitschr. f. Flugtechn. u. Motorluftsch., Z. d. V. d. I. = Zeitschr. d. Vereins d. Ing., T. B. = Technische Berichte.)

1. L. P r a n d t l, Über Flüssigkeitsbewegung bei sehr kleiner Reibung. Verh. d. dritten internationalen Mathematikerkongresses zu Heidelberg. S. 484—491. Leipzig B. G. Teubner 1905.

2. H. B l a s i u s, Grenzschichten in Flüssigkeiten mit kleiner Reibung. (Dissertation, Göttingen 1907.) Zeitschr. f. Math. u. Phys. (1908). S. 1.

3. L. P r a n d t l, Die Bedeutung von Modellversuchen für die Luftschiffahrt und Flugtechnik und die Einrichtungen für solche Versuche in Göttingen. Z. d. V. d. I. 1909. S. 1711.

4. L. P r a n d t l, Betrachtungen über das Flugproblem. IIa-Denkschrift Bd I S. 140 (1909) = Z. d. V. d. I. 1910. S. 698.

5. L. P r a n d t l, Einige für die Flugtechnik wichtige Beziehungen aus der Mechanik. ZFM 1910. S. 61 und 73.

6. L. P r a n d t l, Bemerkungen über Dimensionen und Luftwiderstandsformeln. ZFM 1910. S. 157.

7. P. B é j e u h r, Der Luftschrauben-Wettbewerb auf der IIa. IIa-Denkschrift B. II. S. 210, Auszüge daraus ZFM 1910. S. 16 u. S. 237, ZFM 1911. S. 98.

8. K. H i e m e n z, Die Grenzschicht an einem in den gleichförmigen Flüssigkeitsstrom eingetauchten geraden Kreiszylinder. (Dissertation, Göttingen 1911.) Dingl. Polyt. Journal. Bd. 326 (1911) S. 321.

9. A. B e t z, Ein Beitrag zur Erklärung des Segelfluges. ZFM 1912. S. 269.

10. O. F ö p p l, Ergebnisse der aerodynamischen Versuchsanstalt von Eiffel, verglichen mit den Göttinger Resultaten. ZFM 1912. S. 118.

11. Th. v. K á r m á n und H. R u b a c h, Über den Mechanismus des Flüssigkeits- und Luftwiderstandes. Physikal. Zeitschr. 1912. (13. Jahrgang) S. 49—69.

12. C. W i e s e l s b e r g e r, Über die statische Längsstabilität der Drachenflugzeuge. (Dissertation, München 1913.) Forschungshefte des V. d. I. Heft 137, S. 33 (1913).

13. L. P r a n d t l, Höhenflug und Belastungsflug. ZFM 1913. S. 266.

14. C. R u n g e, Über die Berechtigung aerodynamischer Modellversuche. ZFM 1913. S. 241.

15. L. P r a n d t l, Abriß der Lehre von der Flüssigkeits- und Gasbewegung. (Jena, G. Fischer. 1913. Abdruck aus dem Handwörterbuch der Naturwissenschaften. 4. Bd. Artikel „Flüssigkeitsbewegung" und „Gasbewegung").

16. L. P r a n d t l, Der Luftwiderstand von Kugeln, Nachrichten von der Kgl. Gesellschaft der Wissenschaften zu Göttingen, Math.-phys. Klasse 1914. S. 177.

17. A. B e t z, Die wichtigsten Grundlagen für den Entwurf von Luftschrauben. ZFM 1915. S. 97.

18. C. W i e s e l s b e r g e r, Beitrag zur Erklärung des Winkelfluges einiger Zugvögel. ZFM 1914. S. 225.

18a. A. B e t z, Die gegenseitige Beeinflussung zweier Tragflächen, ZFM 1914, S. 253.

19. H. R u b a c h, Über die Entstehung und Fortbewegung des Wirbelpaares bei zylindrischen Körpern. (Dissertation, Göttingen 1914.) Forschungshefte des V. d. I. Heft 185 (1916).

20. A. B e t z, Einfluß der Spannweite und Flächenbelastung auf die Luftkräfte von Tragflächen. T. B. I. Bd. S. 98.

21. A. B e t z, Berechnung der Luftkräfte auf eine Doppeldeckerzelle aus den entsprechenden Werten für Eindeckertragflächen. T. B. I. Bd. S. 103.

22. M. M u n k, Die Messungen an Flügelmodellen in der Göttinger Anstalt. T. B. 1. Bd. S. 135.

23. M. M u n k, Spannweite und Luftwiderstand. T. B. I. Bd. S. 199.

24. M. M u n k, Beitrag zur Aerodynamik der Flugzeugtragorgane. T. B. II. Bd. S. 187.

25. L. P r a n d t l, Näherungsformel für den Widerstand von Tragwerken. T. B. II. Bd. S. 275.

26. L. P r a n d t l, Der induzierte Widerstand von Mehrdeckern. T. B. III. Bd. S. 309.

27. A. B e t z, Einführung in die Theorie der Flugzeug-Tragflügel. Die Naturwissenschaften 1918. S. 557.

28. L. P r a n d t l, Tragflügel-Theorie, 1. u. 2. Mitteilung. Nachr. von der Kgl. Gesellschaft der Wissenschaften. Math-phys. Klasse 1918 S. 451 u. 1919 S. 107.

29. M. M u n k, Isoperimetrische Aufgaben aus der Theorie des Fluges. (Dissertation, Göttingen 1919.)

30. L. P r a n d t l, Tragflächen-Auftrieb und -Widerstand in der Theorie. Jahrb. der Wissenschaftlichen Gesellschaft f. Luftfahrt. 1920. S. 37.

31. A. B e t z, Schraubenpropeller mit geringstem Energieverlust, mit einem Zusatz von L. P r a n d t l. Nachr. v. d. Kgl. Gesellschaft der Wissenschaften Math.-phys. Klasse 1919 S. 193.

32. A. B e t z, Beiträge zur Tragflügeltheorie mit besonderer Berücksichtigung des einfachen rechteckigen Flügels. (Dissertation, Göttingen 1919.) Auszug in Beiheft II der ZFM 1920. S. 1.

33. A. B e t z, Eine Erweiterung der Schraubenstrahl-Theorie. ZFM 1920, S. 105.

Werkstatte

Ve_rsuchsplatz

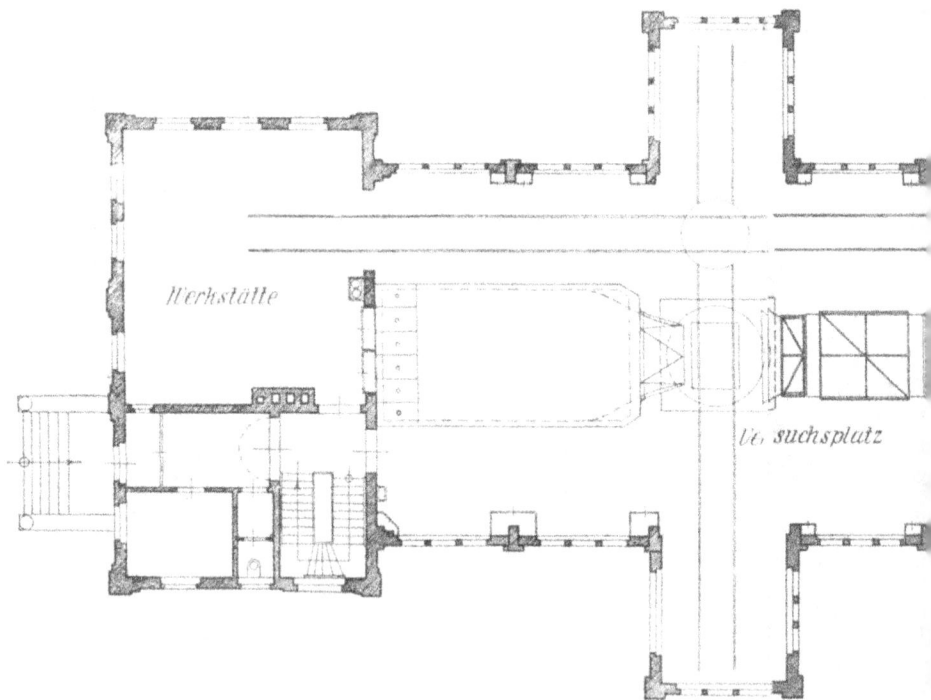

Grundriß des

Prandtl, Ergebnisse der aerodynamischen Versuchsanstalt zu Göttingen.

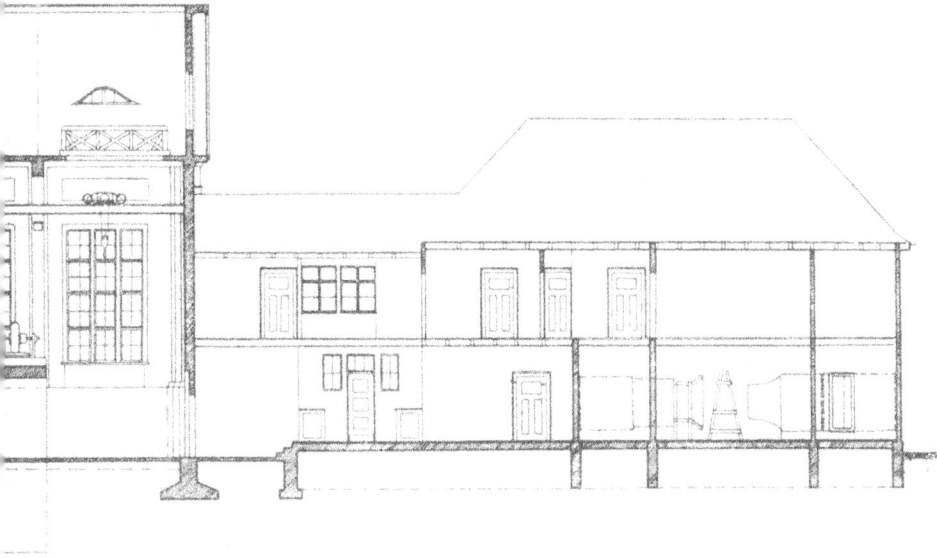

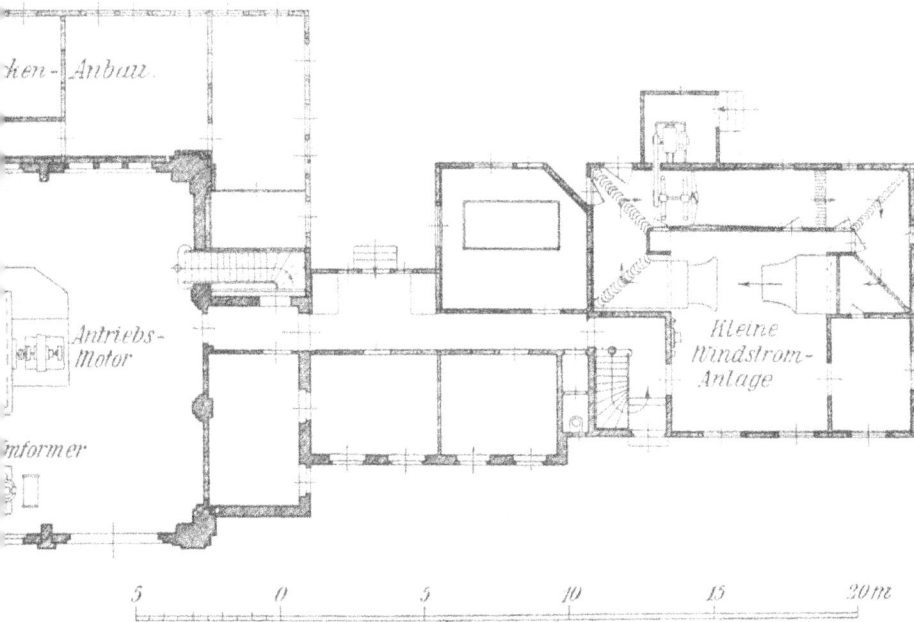

ßstab 1 : 250.

Druck von R. Oldenbourg in München.

Kohlen

Heizung

Schmiede

Lichtpaus-
Raum

Dunkel-K

Laborato
rium

C

D

Kellergesch

Zeichenzimmer

Büro

Büro

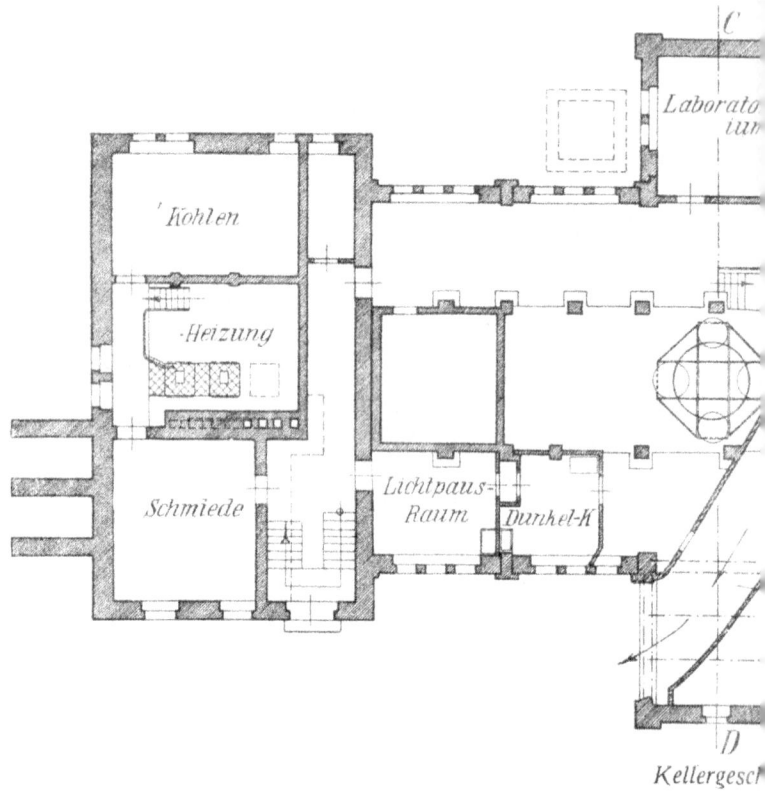

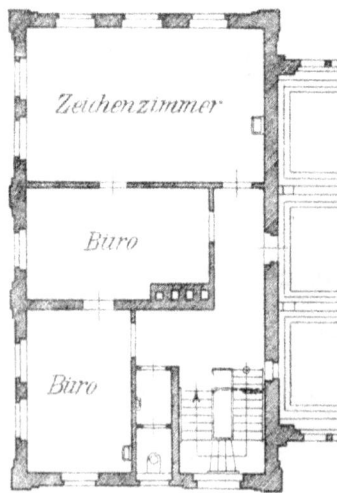

Obergeschoß.

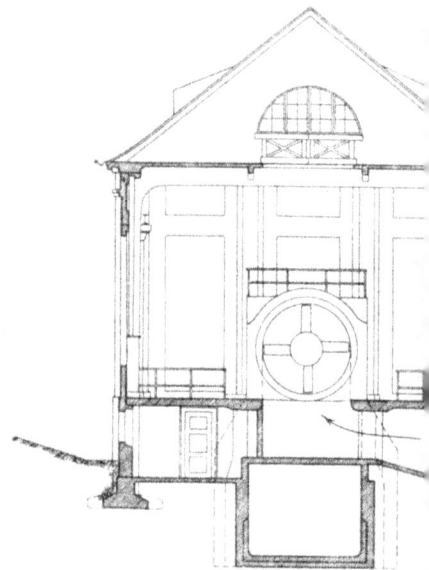

Schnitt A—B.

Prandtl, Ergebnisse der aerodynamischen Versuchsanstalt zu Göttingen.

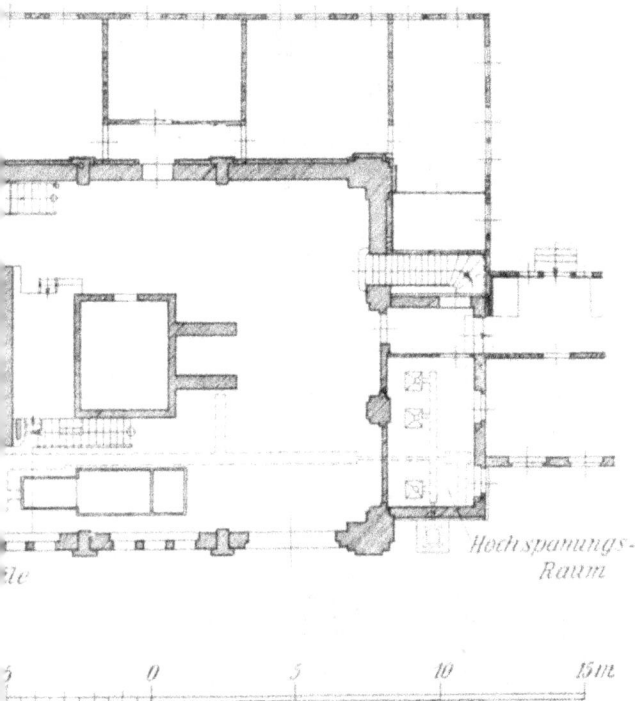

Hochspannungs-
Raum

0   5   10   15 m.

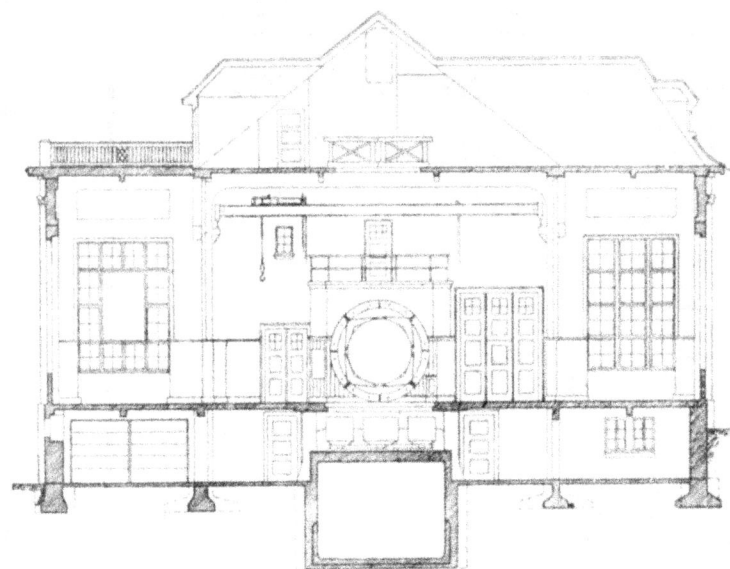

Schnitt C—D.

Druck von R. Oldenbourg in München.

www.ingramcontent.com/pod-product-compliance
Lightning Source LLC
Chambersburg PA
CBHW081434190326

41458CB00020B/6196